Edition
SV
international
SCHWEIZER
VERLAGSHAUS

David Taylor

Das Nilpferd muss ins Bett

Die englische Originalausgabe erschien 1978
unter dem Titel «Doctor in the zoo» bei
George Allen & Unwin, London

Ins Deutsche übertragen von Ursula von Wiese
Schutzumschlag und Zeichnungen von Loser/Brenner, Zürich

Printed in Switzerland
by Druckerei Carl Meyers Söhne AG, CH-8645 Jona
3-7263-6297-5

Inhalt

1. Die Dwoniker

Fünfzig Meter von mir entfernt ertönte aus meinem Auto das hohe Piepsen, das mir sagte, daß ich gesucht wurde. Ich ging hin, schaltete den Apparat ab und rief die funktelefonische Vermittlung an.
«Ein Anruf für Sie aus Holland, Herr Doktor Taylor», sagte die Telefonistin. «In der Nähe von Utrecht ist einem Tierhändler ein Dwoniker entwichen. Sie sollen sofort mit Ihrer Pistole hinkommen und ihn betäuben. Ende.»
«Wird gemacht», antwortete ich, aber während ich nach Hause fuhr, rätselte ich darüber, was dieses sonderbare Wort, Dwoniker, bedeuten könnte.
«Shelagh», rief ich von der Haustür aus meiner Frau zu, «hast du eine Ahnung, was ein Dwoniker ist?»
Shelagh wußte es ebensowenig wie ich. Ich rief die Telefonistin nochmals an, um nachzuprüfen, ob ich den Namen des Tieres richtig verstanden hatte. Ja, sie war ganz sicher. Ein Dwoniker lief im Lande der Windmühlen frei herum. Auf dem Weg zum Flughafen von Manchester erwogen Shelagh und ich, was das rätselhafte Tier sein könnte. Jedes Jahr werden neue Tierarten entdeckt, und es ist noch gar nicht so lange her, als zum erstenmal ein so großes und auffallendes Geschöpf wie das Okapi im dunklen Kongowald gesichtet wurde – genauer gesagt, das war im Jahre 1901 –, aber ich hielt es für unwahrscheinlich, daß der Händler an eine ganz neue Spezies geraten war. Es gab nur zwei Möglichkeiten: Entweder war der Dwoniker ein Tier, von dem ich noch nie gehört hatte, oder der Name war bei dem Ferngespräch von Holland mit England verstümmelt worden und war die holländische Bezeichnung für etwas weltbekanntes wie Hirsch oder Lama. Ich entschied

mich für diese Möglichkeit und erklärte zuversichtlich: «Es ist ein typisch holländisches Wort. Ich wette, es ist ein wildgewordenes Rhinozeros.»
Dwoniker klang zwar holländisch, wie ich fand, doch meine Kenntnisse der holländischen Sprache beschränkten sich auf «Ja», «Nein» und einen unaussprechlichen Teil der Anatomie.
Nach Shelaghs Überzeugung war der Name von den Telefonistinnen verstümmelt worden. «Überleg einmal, was ähnlich wie ‹Dwoniker› klingt», riet sie mir, «dann kommst du darauf.»
Wir versuchten es, aber wir fanden nichts Besseres als den Ducker, eine kleine Antilope, die in vielen Arten in ganz Afrika südlich der Sahara vorkommt.
Je mehr ich darüber nachdachte, desto mehr leuchtete mir Ducker ein. Aber wenn eines dieser schnellfüßigen kleinen Geschöpfe entwichen war, dann mußte es sehr, sehr schwierig sein, es zu verfolgen und aufzuspüren, um ihm im Freien einen Betäubungspfeil aufzubrummen. Ich hatte schon zehnmal größere Hirsche gejagt und von Glück sagen können, wenn ich nach stundenlanger Suche einen Blick auf sie erhaschte. Außerdem wußte ich nicht viel von den Duckern. Ich hatte sie im Londoner Zoo gesehen, aber die meisten britischen Tiergärten hatten keine. Es sollte also meine erste persönliche Begegnung sein. Ich hoffte, daß diese zierlichen, wahrscheinlich sehr kostbaren Geschöpfe mein Betäubungsmittel vertrugen, wenn es mir überhaupt gelang, auf Schußweite an sie heranzukommen. Gott behüte, daß es eine jener unseligen Antilopen war, bei denen gewisse betäubende Chemikalien das Kontrollzentrum der Körpertemperatur lähmen, so daß das ahnungslose Geschöpf einen jähen Temperaturanstieg erleidet, der das ganze Nervensystem zerkochen kann.

In Schiphol, dem Flughafen von Amsterdam, holte mich der Tierhändler, Herr van den Baars, ab. Als wir zu seinem Wagen gingen, vergaß ich, daß der ‹Dwoniker› ja noch gar nicht identifiziert war, und fragte: «Wo ist der Ducker eigentlich?»

«Der Ducker, was für ein Ducker? Oh, Sie meinen wohl unsere Grachten?» gab van den Baars leicht verwirrt zurück.

«Ich meine den Ducker, der entwichen ist.»

Er lachte. «Ich weiß wirklich nicht, woher Sie das haben. Mein Ducker ist in sicherem Gewahrsam. Nein, es handelt sich um zwei Onager, die aus meinem Quarantänegehege ausgerissen sind.»

Onager! Zwei Onager. ‹Dwoniker.› Als ich das englische Gehaspel des Holländers hörte, wurde mir klar, wieso die Telefonistin ein märchenhaftes Tier erschaffen hatte. Endlich war das Rätsel gelöst, und ich kannte meine Beute: zwei Onager, seltene und wertvolle persische Wildesel, deren letzte kleine Herden heute die nordöstlichen Grassteppen Persiens bewohnen.

«Sie wurden auf einer Riesenwiese ungefähr anderthalb Kilometer von meinem Tiergarten entfernt gesichtet», sagte mein Gefährte. «Die Landschaft ist dort offen, und sie sollen ganz friedlich geweidet haben.»

Wir fuhren auf der Autobahn an den sauberen, braven Vorstädten von Amsterdam vorbei; die Abendsonne strahlte von dem schwarzen Wasser der überall fließenden Kanäle zurück. Auch Onager waren für mich etwas Neues, aber ich wußte wenigstens, daß sie zu den kleinen Vertretern der Pferdefamilie gehören. Ich hatte schon eine ganze Menge Pferde und Zebras betäubt, sogar das Przewalski-Urwildpferd. Ich hatte Betäubungsmittel bei mir, die ich gefahrlos bei allen Pferden anwenden konnte.

Herr van den Baars hielt auf einem schmalen Feldweg und wies über eine niedrige Hecke. Zuerst sah ich bloß eine grüne Riesenwiese. Dann erspähte ich die Onager. Sie befanden sich genau in der Mitte, sahen, von unserem Standort aus betrachtet, wie zwei cremefarbene Mäuse aus und taten sich im goldenen Licht der Abendsonne am üppigen Gras gütlich.
«Da sind sie», sagte van den Baars, «und hier kommen Piet und Kees mit Kisten auf dem Traktor. Was haben Sie nun vor?»
Ich blinzelte in die Ferne. Nirgends gab es in der Nähe der Onager Deckung. Ich mußte es mit der lässigen, scheinbar unbekümmerten Annäherung versuchen. «Ich gehe allein hin, um zu sehen, ob ich die beiden mit dem Pfeil treffen kann», antwortete ich. «Halten Sie Ihre Leute zurück, bis ich winke. Dann schicken Sie sie zu mir. Sollte nicht weiter schwierig sein, wenn ich auf fünfzehn Meter herankommen kann. Aber wenn sie wegrennen . . .» Ich schüttelte den Kopf. Da es bald Nacht wurde und so viel Raum zum Manövrieren zur Verfügung stand, konnten die flüchtenden Onager außer Schußweite bleiben, bis ich's aufgeben mußte. Ich wünschte, ich hätte ein Gewehr bei mir gehabt, denn auf der weiträumigen Wiese vermochte meine Pistole nicht viel mehr als ein Blasrohr.
Nachdem ich Ampullen in zwei Pfeile eingesetzt hatte, kletterte ich über ein Heckengatter und lief eine Böschung hinunter zu der tischflachen Wiese. Während ich auf meine Beute zuging, spannte ich den Pistolenhahn, schraubte den Druck aufs Höchstmaß und hielt einen Finger aufs Sicherheitsventil. Die Sonne war ein orangefarbener Halbkreis über dem Horizont. Als ich den weidenden Onagern näherkam, blickte der eine kauend auf, spitzte die Ohren und warnte den anderen.

Aus 250 Metern Entfernung starrten sie mich an. Jetzt mußte ich eine einfache List anwenden, die sich von zehn Malen dreimal als wirksam und siebenmal als blödsinnig erwiesen hatte. Alles hing von meiner Fähigkeit ab, einen harmlosen Spaziergänger mit lauter unschuldigen Gedanken im Kopf zu mimen. Der Tölpel schlendert dahin und schenkt dem Flußpferd oder dem Erdferkel – oder dem Wildeselchen –, das seinen Weg kreuzen mag, nicht die geringste Beachtung. Ein so dummer Hans-guck-in-die-Luft, der vor sich hinsummt, ist das genaue Gegenteil des menschlichen Raubtiers, das auf der Pirsch ist. Wesentlich ist dabei, daß man sich den Tieren nicht direkt nähert. Man muß einen kleinen Umweg machen, so daß man breitseits und nicht zu nahe herankommt.

So ging ich also vor. Die Narkosepistole war verborgen unter meinen lässig verschränkten Armen. Ich schien, wie ich hoffte, tief in Gedanken versunken zu sein, in Gedanken, die von einer Onagerjagd weit entfernt waren. Ab und zu trat ich mit einer Schuhspitze nach einem Grasbüschel, schaute vorbeifliegenden Vögeln nach und sang leise ein Liedchen. Nach einem verstohlenen Blick auf die Stellung der Onager betrachtete ich alles andere, nur nicht die Esel. Ich war zufrieden mit meiner Vorstellung. «Dumdidelidum», trällerte ich. Der Abstand verringerte sich langsam, aber stetig. Mit gewaltigem Planschen war ich plötzlich bis zu den Knien im Wasser und sank noch tiefer, als meine Schuhe auf Schlamm trafen. Ich war in einen schmalen, schnurgeraden Wassergraben gefallen, der die Wiese berieselte und aus zwanzig Meter Entfernung unmöglich zu sehen war, weil die Ränder fast ineinander übergingen. Tropfend arbeitete ich mich hinaus und schaute mich um. Die Onager standen immer noch friedlich am selben

Fleck, fraßen und behielten mich im Auge, als ich meine Hosenbeine mit einer Hand auszuwringen versuchte. Ja, sie hielten mich offenbar für den Dorftrottel. Sie schüttelten den Kopf und kauten weiter.

Ich setzte meinen Schlendergang fort, achtete aber von nun an scharfen Auges auf Wassergräben. Es ging mir auf, daß die ganze Wiese sauber unterteilt war von Wasserkanälen statt von Zäunen oder Hecken, und jedesmal war ich jeweils beinah schon hineingetreten, wenn ich einen entdeckte. Der harmlose Dörfler mußte einige Sprünge vollführen, rückte aber allmählich auf Schußweite vor. Schließlich konnte ich es meines Erachtens wagen und stillstehen, um die beiden Esel aus dem Augenwinkel zu beobachten. Sie beobachteten mich ebenfalls, anscheinend ohne sich zu fürchten. Ich schätzte die Entfernung auf zwölf Meter. Nahe genug. Ich entsicherte die Pistole, folgte mit dem Blick einem Reiher, der sich vom Himmel abhob, bis mein Gesicht den Onagern zugewandt war und nahm die Arme auseinander. Liebenswürdig summend zielte ich und drückte ab. Plupp! Ein Pfeil bohrte sich in die pralle Keule des einen Tieres. Schwanzwedelnd machte es ein paar Schritte und schaute sich nach seiner Flanke um. Inzwischen hatte ich den Onagern den Rücken gekehrt, scheinbar unbekümmert, in Wirklichkeit, um den zweiten Pfeil einzusetzen. Gemächlich drehte ich mich um. Der zweite Onager starrte mich unsicher an, fluchtbereit, sollte er das geringste Anzeichen wahrnehmen, daß ich eine Gemeinheit im Schilde führte. Er sah, daß ich die Pistole zückte, witterte Gefahr, fuhr aber zu spät zur Flucht herum. Ein Pfeil mit roter Quaste grub sich in seinen Schultermuskel ein.

Beide Tiere waren injiziert und mußten in fünf Minuten bewußtlos sein. Ich fuchtelte wild mit den Armen zu dem Feldweg hin, wo Herr van den Baars und seine Gehilfen warteten. Bis sie kamen, sollten die Onager für die Verladung in die Kisten reif sein. Danach hatte ich nichts anderes mehr zu tun, als die Wirkung des Betäubungsmittels durch ein Antidot aufzuheben, und meine Arbeit war getan.

Die Onager torkelten und trotteten mit den besonders hohen Schritten herum, die Pferde zeigen, wenn ein Betäubungsmittel die Umwelt vor ihren Augen verschwimmen läßt. Dann taten sie etwas, das viele halbbetäubte Tiere tun – sie strebten dem nächstbesten Hindernis zu. Sei es ein Zebra, ein Hirsch, eine Antilope oder ein gezähmtes Pferd, wenn ein Stacheldrahtzaun, ein Felsloch, ein Sumpf oder ein Weiher in der Nähe ist, sie alle fühlen sich oft auf unheimliche Weise von dem Hindernis angezogen.

Die beiden Onager tänzelten hochtrabend dem nächsten Kanal zu. Mit einem verzweifelten Sprung gelang es mir, den einen am Schwanz zu packen, um ihn zu bremsen. Vergeblich. Der Onager zog mich blindlings hinter sich her. Ich wollte ihn am Schwanz seitwärts steuern, aber der Wildesel war zu stark für mich. Unter einer mächtigen grünen Fontäne plumpste mein Onager in den Kanal. Sekunden später tat sein Gefährte zwanzig Meter entfernt das gleiche. Nun mußte ich damit rechnen, zwei kostbare, seltene Geschöpfe bewußtlos in anderthalb Meter tiefem Wasser ertrinken zu sehen.

Außer mir sah ich zum Feldweg hinüber. Van den Baars' Leute lenkten den Traktor mit den Kisten gerade durchs Gatter auf die schmale Grasbrücke des ersten Wassergrabens zu. «Kommt schnell her! Schnell!» schrie ich, in der Hoffnung, daß sie mich auch auf diese Entfernung trotz Motorengeknatter hören konnten.

Der Kopf des einen Onagers ruhte mit glasigen Augen auf dem Schlammrand des Kanals. Bei dem anderen tauchte das Maul mehrmals unter. Er war fast gänzlich bewußtlos. Mir blieb keine Wahl. Ich sprang neben ihm in den Wassergraben und packte den schweren Kopf. Ich bewahrte mühsam das Gleichgewicht, während ich, auf dem Schlammboden ausrutschend, die Nasenlöcher des Tieres über Wasser zu halten suchte und von seinem Gewicht schier erdrückt wurde. Unter Anspannung aller Kräfte zog und zerrte ich, bis die Nase knapp auf dem Kanalrand ruhte. Jetzt ging der andere Onager unter. Wie ein nasses Handtuch schleppte ich mich aus dem Wasser, latschte über das Gras und sprang abermals in den Kanal, um den Kopf des zweiten Tieres zu ergreifen. «Schnell! Schnell!» schrie ich immerzu.
Nach endloser Zeit kamen die Männer an, sprangen vom Traktor und rannten zu mir herüber. «Holt die Kisten vom Traktor herunter, schnell!» stieß ich hervor. «Ich kann den Kopf nicht mehr lange halten.» Ich mußte das Gegenmittel injizieren, während die Tiere noch im Wasser waren. Wir drei vermochten die schweren bewußtlosen Onager nicht über den abschüssigen Kanalrand zu schleifen; aber vielleicht konnte ich sie so weit zu sich bringen, daß sie selbst hinausstrebten. Nur mußten wir sie dann in die Kisten schaffen, bevor sie genügend wach waren, um Reißaus zu nehmen. Unter Wasser kramte ich aus meinen Taschen Plastikspritze, Nadel und Antidot hervor. An Sterilisieren oder Desinfizieren war nicht zu denken. Die beiden Esel und ich waren von oben bis unten schlammbedeckt.
Ich zwängte meinen Kopf unter den Unterkiefer des einen Onagers und stützte seinen Kopf unter Qualen

mit dem meinen, so daß ich beide Hände zum Füllen der Spritze frei hatte. Dann drückte ich eine Faust in die Basis seines Halses – irgendwo unter der Wasseroberfläche –, so daß die Drosselader über dem Wasser hervortrat. Eine Minute nachdem ich die Nadel eingestochen und das Gegenmittel injiziert hatte, fühlte ich, daß sich die Muskeln des Onagers strafften. Ohne Unterstützung hob ich seinen Kopf in die Höhe. Mit einem raschen Blick überzeugte ich mich, daß sein Gefährte immer noch über Wasser atmete. Ich teilte den Männern mit, wie es weitergehen sollte: «Ich tauche jetzt, packe ein Vorderbein nach dem andern und schiebe sie aufs Ufer. Dann stellt ihr die Vorderhufe auf und zieht den Esel am Hals. Wenn ich dann hinten schiebe und das Tier die Hinterbeine selbst gebraucht, sollte es hinauszuschaffen sein.»
Die Männer nickten. Ich tauchte und merkte erst jetzt, wie kalt das Wasser war. Blindlings tappte ich unter dem prallen Leib des Wildesels herum, bis ich ein Vorderbein fand. Die Männer griffen von oben zu. Als beide Vorderbeine oben waren, watete ich zum Hinterteil des Onagers. Mit Püffen ermunterte ich ihn, sich zu bewegen. Die Wirkung des Betäubungsmittels war jetzt so gut wie vergangen. Mit einem schwerfälligen Sprung hievte sich das Tier über den Kanalrand, die Männer klammerten sich an seinen Hals, und ehe es alle seine Sinne wieder beisammen hatte, wurde es in die eine Kiste verfrachtet.
Ich füllte meine Spritze von neuem, und zum viertenmal an diesem Tage entfaltete ich meine Kunst als Olympia-Anwärter, indem ich neben dem anderen Onager ins Wasser sprang. Wir wiederholten unsere Taktik; das wiederbelebte Tier kletterte hinaus und wurde zur Kiste gezerrt. Doch während es manipuliert

wurde, trat es mit dem einen Hinterbein aus. Der unbeschlagene, aber feste Huf traf mich mitten in die Brust, da ich Steuermann am Schwanz spielte. Ich klatschte rückwärts ins Wasser. Während ich mich aus dem Schlamm aufraffte, fragte ich mich, was mich eigentlich dazu bewogen hatte, einen Beruf zu wählen, bei dem ich in der Tiefe eines holländischen Kanals herumschwimmen und mir von Schlamm Augen und Nasenlöcher verkleben lassen mußte.

Als beide Onager im Quarantänegehege eingesperrt waren, bekamen sie von mir noch eine Injektion, diesmal mit langfristig wirkendem Penicillin, weil zu befürchten war, daß meine unhygienischen Maßnahmen im Kanal ihnen Krankheitserreger eingeimpft hatten.

«Nun ja, Herr Doktor», sagte Herr van den Baars, als ich schlotternd in Unterhosen stand und mich umzog, «jetzt möchten Sie sich vielleicht mit unserem guten holländischen Gin aufwärmen. Verdient haben Sie es wirklich. Ich muß mich sehr herzlich bei Ihnen bedanken – im Namen der Dwoniker.»

2. Wie alles anfing

Die ersten Schritte auf dem langen Weg zu dem schlammigen holländischen Wassergraben wurden von einem Schuljungen unternommen, der sich glühend für alles interessierte, was fleuchte und kreuchte, schwamm und kroch. Beim Umherstreifen auf den Torfmooren und in den Heidetälern der Penninischen Kette rings um meine Heimat Rochdale (in der Nähe von Manchester) fand ich immerzu Geschöpfe, die offensichtlich in Not waren, vor allem Schafe. Bewegungsunfähig, oft mit entzündeter und geschwollener Scheide, halb zerfressen von Schmeißfliegenmaden, lagen diese bedauernswerten Tiere allein auf windumbrausten Hügelhängen, in Steinbrüchen oder zappelten in Moorlandbächen. Es hätte keinen Zweck gehabt, die Eigentümer der Schafe zu suchen. Die Torfmoore dehnten sich weit, und die Herden wanderten nach Lust und Laune in ferne Gegenden. Nur ein- bis zweimal im Jahr wurden sie von Schäfern zusammengetrieben, die rätselhafterweise immer wußten, wo sie sich gerade aufhielten. «Da kann man nichts mehr machen, Junge», sagten sie, kehrten dem leidenden Tier den Rücken und schoben ab.

Das Moor war jedermanns Eigentum, das Gras kostenloses Futter. Ein paar Schafe durch Krankheit, Füchse oder Diebe zu verlieren, das gehörte zum Leben. Man verdiente trotzdem seinen Unterhalt.

Die Hausaufgaben waren vergessen, wenn ich im Regen neben einem durchnäßten Wollbündel hockte oder in dem Buch «Kranke Tiere» las. Dieses Buch war eigentlich für Tierhändler gedacht, die ihre Kunden in Erster Hilfe beraten sollten. Es war illustriert mit Radierungen, auf denen bärtige, befrackte Herren unwahrscheinliche Katzen, deren Kopf verhüllt war, über dampfende Schüsseln hielten und kunstvoll frisierte Damen anscheinend Panzerhandschuhe benutzten, um Hunden Tabletten in den Schlund zu stopfen. Was mich betraf, so war es das Evangelium der Tierheilkunde. Ich wußte nicht, daß die Schafe, die ich sah, nach schwieriger Lammung an feuchtem Brand starben oder durch Schmarotzer, die ihre Leber zerfraßen, oder infolge Kalziummangels; denn nichts davon war in meinem Buch erwähnt. Ich bedeckte die Tiere halt mit meiner Joppe, um sie zu wärmen, behandelte ihre entzündeten Körperteile mit desinfizierender Salbe, las die Maden ab und flößte den Ärmsten zwangsweise den Brandy meines Vaters ein.

Ich glaube nicht, daß auch nur eines meiner erkrankten Schafe genas. Zweimal, manchmal sogar dreimal am Tage ging ich zu meinen Patienten hinaus, und früher oder später fand ich sie tot vor. An einem schwarzen Tag traf ich auf einen Widder, der in einen Steinbruch gestürzt war, aber noch lebte. Die zersplitterten Enden des gebrochenen Oberschenkelknochens staken zehn Zentimeter aus der Haut hervor und wimmelten von Schmeißfliegenmaden. Zitternd und elend vor Grauen beging ich meinen ersten Mord an einem Patienten; ich erstickte ihn, indem ich meine Joppe fest um seine Nase und sein Maul wickelte. Er brauchte lange Zeit zum Sterben. Benommen ging ich nach Hause. Zwei Nächte fand ich überhaupt keinen Schlaf.

Neben der desinfizierenden Salbe und dem Brandy enthielt meine Medikamententasche ein Vitamintonikum und Arnikatinktur, ein scharfes braunes Gebräu, das Allheilmittel meiner Großmutter. Großmutter kam selten mit mir aufs Moor, war aber meine Verbündete, Mentor, Mitverschworene und Assistentin bei all meinen tierärztlichen Maßnahmen zu Hause. Sie war sehr lebhaft, immer beschäftigt. Sie war kräftig und untersetzt, hatte glänzende graue Augen in einem runden Gesicht und aß fast immer ein Kuttelgericht, das ihr anscheinend nie verleidete. Nur montags wechselte die eintönige Ernährung mit fettem Hammelfleisch und Pfefferminzsauce ab. Die Buben in der Nachbarschaft hegten große Hochachtung vor ihr, weil sie, wenn sie Lust hatte, mit ihren genagelten Holzschuhen auf dem Kopfsteinpflaster unserer Gasse einen Funkenregen erzeugen konnte. Viele von uns, auch ich, waren imstande, Funken aus den Steinen zu schlagen, aber keiner verfügte über die pyrotechnische Fertigkeit, mit der die alte Dame auf dem Wege zum Metzger ein Feuerwerk hervorbrachte.

Es gab noch einen Grund für die Ehrfurcht der Buben. Abgesehen davon, daß wir unsere jahreszeitbedingten Liebhabereien hatten – wir zündeten das vergilbte Gras am Rande des Moores an, duellierten uns mit Roßkastanien, spielten Kricket und schlugen Kreisel über Steinfliesen –, abgesehen davon hielten wir alle Mäuse. In den Kriegsjahren war es fast unmöglich, zahme Mäuse zu bekommen, und in den Käfigen, Taschen und Privatverstecken der Buben herrschte arger Mangel an den kleinen Nagetieren, bis Großmutter das Problem löste. Irgendwie fand sie heraus, daß im Gaswerk von Rochdale Mäuse gehalten wurden, sowohl weiße als auch schokoladefarbene, wahrscheinlich zur Warnung vor ausströmendem Gas, so wie man in den Kohlengruben Kanarienvögel benutzte. An einem Samstagmorgen führte sie eine Bubenschar zum Gaswerk. Jeder von uns hatte einen Behälter, eine Dose oder eine Schachtel. Begeistert kamen wir mit Mäusen heim, denn Großmutter kannte den Mann, der den Schlüssel zu dem Raum hatte, wo die Mäuse gehalten wurden. Gewöhnlich war er recht sauertöpfisch, aber in Großmutters Gegenwart taute er auf, und er schmunzelte vergnügt, als er in jeden Behälter, der ihm unter die Nase gehalten wurde, ein paar samtige Tierchen legte. Nach diesem Durchbruch ließen wir es uns angelegen sein, allein zum Gaswerk zu gehen, aber ohne Großmutter klappte es nie. Es gäbe keine überflüssigen Mäuse, hieß es dann immer, Mäuse würden überhaupt nicht gehalten, der Mann hätte keine Zeit. Aber für Großmutter, die von einer Bande Sechs- und Siebenjähriger beschworen wurde, auf ihrem Samstagsgang zum Markt einen Umweg zu machen, waren stets Mäuse zu haben.

So arbeitsam und praktisch sie auch war, gleichzeitig war sie sehr gefühlsbetont. Sie wendete jede Woche drei Pence für uns auf, damit am Sonntagabend für sie eine schmalzige Ballade «Ich will an deiner Seite gehen» gesungen wurde, wobei Mutter uns auf dem Klavier begleitete. Dieses schauerliche Ritual trieb ihr jedesmal die Tränen in die Augen (die gleiche Wirkung hatte es auf alle anderen Familienmitglieder, wenn auch aus anderen Gründen), und zum Glück fand es ein Ende, als bei mir der Stimmbruch begann.

In ihrer Jugend war Großmutter Näherin gewesen, und sie bestand darauf, daß ich Nähen und Stricken lernte, mit der Begründung, daß die Kunst der Chirurgie, an die ich mein Herz gehängt hatte, nur aus Schneiden und Nähen bestehe, und daß man das saubere Gefädel an lebendigem Fleisch am besten an Flanell-, Seiden- und Kammgarnfetzen erlernen könne. Viele Stunden verbrachte ich damit, unter Großmutters falkenscharfen grauen Augen Stoffstückchen zusammenzunähen, und immer wenn ich nachlässig wurde, gab sie mir mit ihren dicken Metallstricknadeln schmerzhafte Schläge auf die Fingerknöchel. Ihre Weisheit fand später Bestätigung, als der Chirurgie-Professor an der Universität den Studenten bei ihren ungeschickten Versuchen, tote, unblutige Tiere zu operieren, zusah und ihnen riet, bei jeder Gelegenheit Strümpfe zu stopfen und Knöpfe anzunähen. «Weniger Bier und Weiber, aber mehr Nadelarbeit, meine Herren», brüllte er, wenn wir an den Kadavern herumfummelten.

Großmutter und ich bildeten ein gutes Gespann. Sie verstand sich auf das einzige Betäubungsmittel, das wir hatten: Äthylchlorid, das die Haut vereist und durch Kältewirkung örtlich betäubt. Mit der einen Hand hielt sie vorsichtig eine zappelnde Drossel fest, die ich im Gebüsch gefunden hatte, und mit der anderen sprühte sie die betäubende Flüssigkeit auf den gebrochenen Flügelknochen des Vogels. Nachdem sich auf den blutenden Flugfedern Reif gebildet hatte, hieß sie mich den Knochen mit Streichhölzern schienen, die ich mit Heftpflaster zusammenhalten mußte. Durch ihre goldgeränderte Brille verfolgte sie die Bewegungen meiner Finger.

Meine Eltern duldeten anfangs die genesenden Kröten im Badezimmerschrank, die gelähmte Eule, die auf der Standuhr in der Diele saß, und die Kaninchen, Opfer von Verkehrsunfällen, die entweder gesund wurden oder in der Notfallstation, die ich in leeren Zinkwaschzubern eingerichtet hatte, unrettbar dahinsiechten. Doch mit der Zahl der Patienten nahmen auch die Schwierigkeiten zu. Die Eule brachte die antike Uhr zum Stehen, als ich einmal vergaß, das Zeitungspapier, auf dem sie hockte, zu wechseln. Da fielen ihre Exkremente durch ein Loch im Gehäuse und verklebten das Messinguhrwerk. Mit großer Mühe reinigte mein Vater es, aber die Uhr ging nie mehr richtig. Wenn jedoch irgendein Familienglied die Sache mit der unseligen Uhr zur Sprache brachte, verschränkte Großmutter die Arme, ließ ihre Brust schwellen und erinnerte in spitzem Ton alle Anwesenden daran, daß die Uhr ihr gehöre, und daß sie nie richtig gegangen sei, eine ungeheuerliche Behauptung, wie wir alle wußten, aber keiner wagte zu sagen, das entspreche gar nicht der Wahrheit. In dem grollenden Schweigen zwinkerte mir Großmutter dann mit ernstem Gesicht zu.

Als der Krieg ausbrach, wurde unser alter Keller in den Luftschutzraum der Familie verwandelt. Man verstärkte die Decke mit Stützbalken und Pfeilern; Pritschen und Gestelle für Konservenvorräte wurden eingebaut. Tatsächlich blieb Rochdale von Bombenangriffen verschont, und bei den seltenen Fliegeralarmen machte die Familie nie Gebrauch von ihrem Luftschutzraum. Ich erkannte bald, welche Vorteile ich daraus schlagen konnte; denn es war wegen meiner tierärztlichen Tätigkeit zu Zusammenstößen mit meinen Eltern gekommen. Bei der Besichtigung der Treibbeete, wo mein Vater unter Glasglocken Radieschen und Salat zog, stellte er nicht nur fest, daß sein reifer, knuspriger Salat als lebenswichtiges Nahrungsmittel für die verwundeten Kaninchen in den Zinkbütten verwendet worden war, sondern daß sogar zwei alte Igel ihr Krankenlager in der Reihe der Glasglocken hatten. Wieder kam mir Großmutter zu Hilfe. Sie pflanzte sich zwischen meinem gereizten Vater und mir auf und verteidigte ihren geliebten siebenjährigen Enkel. «Genug davon, Frank», sagte sie mit drohend erhobenem Zeigefinger zu meinem Vater. «Wir sind im Krieg.»

Mehr sagte sie nicht. Ihre Macht lag in der Art, wie sie es sagte. Ich erinnere mich deutlich an die schiere Kraft ihrer Worte, während sie, ohne mit der Wimper zu zucken, aufgereckt dastand. Nichts hätte weniger unvernünftig oder einleuchtender klingen können: Da wir im Krieg waren, mußten alle Engländer und Engländerinnen, alle Kaninchen, Eulen und Igel Schulter an Schulter für die gemeinsame Sache kämpfen.

Nachdem Großmutter am folgenden Tag Vater mit neuen Salatsamen beglückt hatte, zog ich sie ins Vertrauen und weihte sie in meinen Plan ein, die streitsüchtigeren Exemplare meiner Vögel und Säugetiere in den offenbar unbenutzten Luftschutzkeller zu verlegen.

«Deine Mutter wird dagegen sein», murmelte sie, als wir die Möglichkeiten erörterten. «Ich weiß, der Luftschutzraum wird fast nie benutzt, aber angenommen, es ist irgendwann einmal notwendig?»

Ich hielt das für ganz und gar unwahrscheinlich, und abgesehen von der alten Waschküche im Hof blieb mir keine Wahl. Großmutter willigte schließlich ein und riet mir, meine Patienten durch den Schacht, über den früher die Kohlen in den Keller gerutscht waren, in den Luftschutzraum zu befördern. Dann brauchte ich nicht durch die Türen zu gehen, womit ich bei den andern Aufmerksamkeit erregt hätte. Das war ein guter Ratschlag. Meine Komplizin wachte in dem großen Raum neben dem Kohlenkeller, wo Früchte eingemacht, Wäsche gemangelt und einzelne Kleidungsstücke gewaschen wurden. Ich hob das schwere Eisengitter vor dem in Straßenhöhe angebrachten Schacht heraus und rutschte mit einem Patienten nach dem andern in den neuen Krankensaal. Hier hatte ich auf den Pritschen die Schachteln, Dosen, Krüge und Käfige für die Kranken aufgestellt. Als die Küste klar war, schlüpfte Großmutter zu mir herein, und wir machten uns gemeinsam an die Arbeit.

Das Krankenhaus überstand die erste Entdeckung durch meine kleine Schwester Vivienne, die eines Tages hereinplatzte, aber von Großmutter gekauft wurde: Vivienne bekam für ihr Stillschweigen ein kleines Medaillon. Aber kurz darauf führte ein Luftangriff auf Manchester dazu, daß in Rochdale ein langer Alarm ertönte. In jener Nacht hörten wir in unserem Hause deutlich die Bomben, und meine Eltern beschlossen, wir sollten alle im Luftschutzraum schlafen. Beim Betreten stellten die Pyjamagestalten fest, daß ihr Zufluchtsort bereits von pelzigen, geschuppten und gefiederten Geschöpfen besetzt war. Was noch schlimmer war, mein Vater entdeckte, daß ich den ganzen Vorrat an Cornedbeef den Igeln verfüttert hatte, und meine kleine Schwester wurde, als sie sich verschlafen auf die unterste Pritsche setzte, von dem verwaisten Fuchswelpen gebissen, der diese Pritsche als seinen Bau betrachtete.

Wunderbarerweise beschwichtigte Großmutter jedermanns zerrissene Nerven und gab furchtlos zu, sie habe die Cornedbeef-Büchsen für mich geöffnet; aber mein vielgeplagter Vater beschloß an Ort und Stelle, die Waschküche auf dem Hof in ein anerkanntes Tierspital umzuwandeln. Bei dem Tierspital ergab sich allerdings das Problem, daß für mich und Großmutter kein Platz zum Arbeiten blieb. Das mußte woanders besorgt werden. Am liebsten arbeiteten wir in der Küche. Das Licht war gut – sehr wichtig, besonders für unsere regelmäßige Behandlung der Igel, die von Zecken heimgesucht wurden. Zusammen bestrichen wir die blutgeschwellten Zecken mit Chloroform, und nachdem wir kurze Zeit gewartet hatten, bis die Zecken ihren Halt am Bauch unserer stachligen Patienten verloren, trat Großmutter zurück, während ich als Oberarzt die Zecken mit einer Pinzette ablas. Ein Ärgernis ist es, daß Igel, insbesondere kranke, oft auch noch eine erkleckliche Ladung von Flöhen mit sich herumtragen. Die Wärme in der Küche schien diese Springer zu ermuntern, ihre Wirte zu verlassen, und eines schlechten Tages fand meine Mutter Dutzende von energiegeladenen Pünktchen auf einem Teig herumhüpfen, den sie ausrollen wollte. Großmutter ergriff einen Floh, zerknackte ihn zwischen Zeigefinger- und Daumennagel und erklärte, es sei ein Mückchen. Da es Ende Januar war, mußte sie hinzufügen, es sei eine unzeitgemäße junge Mücke. Danach bestäubten wir die Igel mit DDT, bevor wir sie ins Spital brachten. Großmutter vergewisserte sich stets, daß Mutter ausgegangen oder woanders im Hause beschäftigt war, wenn wir Igel zu behandeln hatten. Wir benutzten den Küchentisch und sprachen im Flüsterton.

Wenn alles gut ging, summte Großmutter vergnügt vor sich hin und umarmte mich zum Schluß. Sie hatte ihre helle Freude daran, mich für sich zu haben. Zweifellos liebte sie die Tiere, mit denen wir uns befaßten, aber in erster Linie sah sie ihre Belohnung wohl darin, daß sie mir beistand, einen kleinen Grundstein für meine Zukunft zu legen; denn wir wünschten beide, daß ich dereinst Tierarzt würde. Wir kamen gar nicht auf den Gedanken, daß ich einen anderen Beruf ergreifen oder mich für das Studium nicht qualifizieren könnte. «O ja», sagte sie zu ihren Freundinnen, «eines Tages wird David Tiger behandeln.»

Sie behielt recht.

Als wir mit Goldfischen, Wassermolchen und Fröschen, die Hautkrankheiten hatten, zu tun bekamen, ging es zuerst nicht gut. Ich rieb ihre Geschwüre mit Salben und antiseptischen Extrakten ein, aber das Wasser

spülte alles sehr bald wieder weg. Immer wieder mußte ich meine Mißerfolge im Garten begraben.
«Mir ist etwas eingefallen», sagte Großmutter eines Tages, als sie zusah, wie ich mein neuestes Opfer, einen Goldfisch, der Erde übergab. «Hol mir die Paste, die ich für mein Gebiß benutze, David!»
Ich ging die Paste holen, die sie im verschlossenen Badezimmer beim geheimnisvollen Ritual ihrer Morgentoilette zu benutzen pflegte.
«So», sagte sie, als ich ihr die Dose mit der zähen grauen Substanz gab, «wenn wir das nächstemal einen Goldfisch mit einem häßlichen Geschwür haben, reiben wir ihn wie gewöhnlich mit Arnika ein, aber bevor wir ihn ins Wasser zurücksetzen, schmieren wir ihm dieses Klebemittel auf. Es ist ein sonderbares Zeug, sowie es naß wird, sitzt es fest wie Wachs. Dadurch behalte ich meine Zähne im Mund, junger Mann. Hier, versuch es einmal.»
Ich nahm ein bißchen von dem Zeug und tat es auf meine Zunge. Es schmeckte nach nichts, aber ich fühlte, daß sich die Konsistenz veränderte und daß es festklebte. Ich fuhr mit der Zunge über das Gaumensegel, aber die Paste ging nicht ab, und sie klebte immer noch, als ich mir am Abend die Zähne putzte. Auch am Morgen saß das Zeug noch fest, und da wurden mir die Möglichkeiten dieses Mittels klar.
Jetzt brauchten wir nur noch einen geeigneten Krankheitsfall.
Einige Wochen später brachte mir ein Freund einen entzückenden großen Frosch. Er war grün, glänzte und saß unangefochten auf meiner Handfläche, wobei seine Kehle zu schlucken schien. Ein Vorderzeh war geschwollen und sah entzündet aus. Durch die Haut quoll Körperflüssigkeit. Ich zeigte ihn meiner Großmutter.

«Das Zeug für dein Gebiß», erinnerte ich sie. «Jetzt haben wir eine Gelegenheit, es zu erproben.»
Sie war begeistert. «Hol schnell die Paste aus meinem Zimmer», rief sie. «Wir streichen sie auf Beinwohlsalbe.»
Beinwohlsalbe gehörte zu den Kräuterheilmitteln, deren vorzügliche Eigenschaften Großmutter predigte. Sie lehrte mich nicht nur den Gebrauch von Arnikatinktur, sondern auch von Chinin, Senneskraut und Brechwurzabkochung. Ich wurde überwacht, wenn ich Jod, Gentianaviolett und klebrige Kaolinumschläge anwendete. Wenn wir Tiere hatten, die an Atembeschwerden litten, gingen wir zu den Arbeitern, die Straßen teerten. Großmutter gab den Männern, die große Augen machten, einen Shilling Trinkgeld, wenn sie unsere schnüffelnden Igel eine Viertelstunde lang an den qualmenden Teerkesseln riechen ließen. «Was für Kinder mit Keuchhusten gut ist, wird wohl auch gut für Igel sein», sagte sie zuversichtlich.
Großmutter hielt den Frosch behutsam fest, während ich den entzündeten Zeh mit lindernder dunkelgrüner Beinwohlsalbe einrieb. Dann bedeckte ich den ganzen Fuß mit dem Gebißklebemittel und setzte den Frosch in eine große Karaffe, die fünf Zentimeter hohes Wasser und einen Kletterstein enthielt. Tags darauf war die Beinwohlsalbe immer noch da. Großmutter freute sich sehr und tätschelte mir den Kopf.
Drei Tage später entfernten wir die Klebepaste und die Salbe und sahen uns den Zeh an. Kein Zweifel, die Schwellung war zurückgegangen, und der Zeh war nicht mehr so stark entzündet. Ich wiederholte die Behandlung, setzte den Frosch wieder in sein Krankenzimmer und schenkte ihm ein halbes Dutzend dicke Schmeißfliegen, die ich für ihn gefangen hatte. Der

Frosch und Großmutter machten tierheilkundliche Geschichte, denn der Zeh war in einer Woche vollständig geheilt, ein Rekord für Frösche in meiner Klinik. Wir ließen ihn im Teich eines nahe gelegenen Parkes frei. Ich benutze die Gebißpaste meiner Großmutter noch heute, wenn ich bei Delphinen und Seelöwen Wunden zu behandeln habe.

Großmutter erfand auch ein neues Heilverfahren für Schildkröten, die abgestürzt waren oder so harte Schläge erhalten hatten, daß ihr Panzer Sprünge bekommen hatte und das weiche Gewebe darunter bloßlag. Heute schneide ich große Fenster in den Schildkrötenpanzer, wenn ich operieren muß; das Loch im Panzer wird mit Epoxydharzen und Glasfasern repariert und ist in ein paar Monaten geheilt. Als Großmutter und ich praktizierten, gab es Epoxydharze und Plastik noch nicht, aber sie war auf der richtigen Spur. Ich muß etwa zwölf Jahre alt gewesen sein, als sie ihren Gedankenblitz hatte.

«Weißt du was», sagte sie eines Tages, als wir das septische, ausgezackte Loch im Panzer einer Schildkröte betrachteten, das der Biß einer Katze verursacht hatte, «wenn du die Wunde desinfiziert hast, sollten wir das Fleisch schützen, indem wir das Loch richtig versiegeln. Geh und hol deinen Mechanikerkasten.»

Mein Mechanikerkasten enthielt nur das Werkzeug, das ich brauchte, um Löcher in den Reifen meines Fahrrads zu flicken, Schmirgelpapier, Klebstoff, Talkum und Gummischeiben für Schläuche. Ich holte ihn. Für Schläuche gut und schön, dachte ich, als ich mit dem Kasten zurückkehrte, aber für Schildkröten?

Doch mit meiner Großmutter war nicht zu streiten. «Nun, mein Junge, mach die Wunde sauber.» Sie sprühte Äthylchlorid auf die Stelle. «Tu die Arnikasalbe darauf.» Ich tat wie geheißen. «Und jetzt mach weiter, als ob die Verletzung bloß ein gewöhnliches Reifenloch wäre.»

Die Schildkröte zog leise zischend den Kopf ein, anscheinend ergeben in ihr Schicksal, ein Fahrrad darzustellen. Ich rieb die Lochränder des Panzers mit Schmirgelpapier ab, bestäubte sie leicht mit Talkum, bestrich sie mit Klebstoff und drückte einen Gummiflicken von passender Größe darauf. Tadellose Arbeit.

Großmutter strahlte. «So», sagte sie, «nach der Größe des Lochs zu urteilen, und wenn man bedenkt, wie lange es dauert, bis ein Fingernagel um zwei Zentimeter gewachsen ist und auch in Rechnung stellt, daß Schildkröten kaltblütig sind und wahrscheinlich längere Zeit zum Heilen brauchen als wir Säugetiere, meine ich, du solltest dir die Sache in ungefähr einem Monat begucken können.»

Die durchlöcherte Schildkröte, deren schwarzer Flick auf dem Panzer wie eine Falltür aussah, hinter der sich ihre Maschinerie verbarg, streckte Kopf und Beine wieder hervor, als sie sicher war, wieder in ihrem Aquarium zu sein und nicht etwa mitten in der Tour de France zu stecken. Sie sah unbekümmert aus und begann an einer kleinen Wasserschnecke zu knabbern.

Der Flicken hielt unter Wasser. Jeden Tag schaute ich nach, ob die Ränder in Ordnung waren. Als die Tage vergingen, schien «Schwarzfleck» viel glücklicher zu sein, als es dem Namen, den ich der Schildkröte gegeben hatte, entsprochen hätte. Auf den Tag genau nach einem Monat brachte ich sie in die Küche. Sogar Großmutter hielt den Atem an, als ich den Gummiflicken mit ihrer Nagelschere aufschnitt. Ich schälte den Gummi ab, und wir stießen mit den Köpfen zusammen, als wir uns gleichzeitig vorbeugten, um die Wunde näher zu betrachten. Ich jauchzte. Der Panzer war vollständig geheilt, kein Loch war mehr da. «Schwarzfleck» regte sich nicht weiter auf, als wir uns umarmten und vor Freude lachten – wir nahmen unsere Arbeit sehr ernst und freuten uns über unsere gelegentlichen Erfolge ebenso gemeinsam, wie wir den Kummer über unsere häufigen Fehlschläge teilten.

«Großmama», sagte ich, «eines Tages werde ich dir den Nobelpreis für Medizin geben.»

Ich hegte unbegrenztes Vertrauen zum Wissen meiner Großmutter, und nur allmählich änderte sich diese Sachlage. Als ich zur Universität ging, litt sie an einer chronischen Herzkrankheit und nahm kein einziges Medikament ein, mochte es auch der hervorragendste Facharzt verschrieben haben, solange ihr Enkelsohn und ehemaliger Mitarbeiter nicht seine Zustimmung gegeben hatte. Sie war riesig stolz, als ich mein Veterinärexamen machte. Sie hängte das Diplom über ihr Bett und lebte nur dafür, mit mir über die alten Zeiten zu sprechen und meine Ansicht über die neueste Verordnung ihres Arztes zu hören.

Einige Jahre später bekam ich es mit meiner ersten Riesenschildkröte zu tun, einer der mächtigen und seltenen, 300 Pfund schweren Galapagos-Schildkröten im Bellevue-Zoo von Manchester. Da ich keine Ahnung von der ungeheuren Zusammenziehungskraft ihrer Hinterbeinmuskeln hatte, konnte mir das Biest die Hand im Panzer einklemmen, wo ich an der Seite eine Injektion in die weiche Haut gegeben hatte. Ich dachte gerade, was Großmutter wohl dazu sagen würde, da zogen die Wärter schnell an dem verschwindenden Bein, das mich festhielt. Ich wollte sie am Abend besuchen und es ihr schildern. Sie war zwar bettlägrig, aber geistig rege wie eh und je. Ich konnte mir vorstellen,

wie ihr verrunzeltes Gesicht von einem Lächeln erhellt wurde, wenn ich sie an «Schwarzfleck» erinnerte und ihn mit seinem Riesenverwandten von den Galapagos-Inseln verglich.
Das Telefon klingelte. Der Hauptwärter im Reptilienhaus nahm den Anruf entgegen und kam dann zu mir herüber.
«Herr Doktor», sagte er, «leider eine traurige Nachricht. Ihr Vater hat angerufen, um Ihnen mitzuteilen, daß Ihre Großmutter soeben gestorben ist.»

3. Ein denkwürdiger Mittwoch

Dank der Ermutigung von seiten meiner Großmutter bewahrte ich mir meine Leidenschaft für Tierpflege während der ganzen Schulzeit, und beim Universitätsstudium fühlte ich mich immer mehr zu den exotischen Tierarten hingezogen, zu den sogenannten wilden, mancherorts recht seltenen Tieren. Es schien mir, daß die tierärztliche Arbeit auf diesem Gebiet am interessantesten sein mußte, gerade weil es ein neues Feld war, das zu beackern sich lohnen würde. Nachdem ich Ende der fünfziger Jahre meinen Doktor gemacht hatte, praktizierte ich bei einem älteren Kollegen in meiner Heimatstadt Rochdale in der Grafschaft Lancashire. Rochdale, eine trübgraue Stadt mit rund 100 000 Einwohnern, liegt unter den feuchten Westhängen der verlassenen, felsigen Penninischen Kette, achtzehn Kilometer von der großen Industriestadt Manchester entfernt. Manchester, westlich von uns auf dem Flachland, ist umgeben von kleinen Ortschaften, die alle durch die industrielle Umwälzung ihre große Zeit erlebt haben, unter der Herrschaft des Königs Baumwolle, als das feuchte Klima von Lancashire ideal war fürs Garnspinnen, bevor man etwas von Klimaanlagen und Luftbefeuchtern ahnte. Über die Kopfsteinpflaster von Rochdale ragte ein Wald von hohen Fabrikschornsteinen auf, aber was für Tiere konnte man in diesen nassen Straßen, auf den schäbigen kleinen Bauernhöfen im düsteren, windigen Moorland finden? Gewiß keines der aufregenden wilden Geschöpfe, von denen ich träumte: Tiger, Büffel und Gürteltiere.

Die zu behandelnden Tiere einer tierärztlichen Praxis in Rochdale waren Haustiere und das Vieh der Landwirte. Meine Patienten waren überfahrene Hunde,

Säue, die Entbindungshilfe brauchten und Schafe, die plötzlich von einer tödlichen Epidemie heimgesucht wurden; an ihnen übte ich mich in der Kunst der Chirurgie, Geburtshilfe und Medizin. Es waren nützliche, wertvolle Erfahrungen in einer Allgemeinpraxis, die es zu Hunderten in Nordengland gab; aber etwas anderes, etwas viel Wichtigeres lockte den jungen Veterinär, der sich brennend für exotische Tiere interessierte. Zu unserer Klientel gehörte der Zoologische Garten Bellevue in Manchester. Manch eine tierärztliche Praxis lag in größerer Nähe des Zoos, aber die Verbindung reichte ins neunzehnte Jahrhundert zurück, als Rochdale das Veterinärzentrum dieses Teiles von England gewesen war. Mein Chef, Norman Whittle, war schon jahrelang der diensttuende Arzt im Zoo, und als Student hatte ich ihn manchmal begleitet und eine Ahnung von den Schwierigkeiten im Umgang mit exotischen Tieren bekommen. Jetzt wollte ich als sein Assistent in seine Fußstapfen treten und mich mit den Krankheiten der Zootiere befassen. Aber wie? Der Zoodirektor arbeitete gut mit Norman Whittle zusammen und hatte Vertrauen zu ihm. Wenn ein Elefant krank oder eine Python in schlechtem Gesundheitszustand war, wurde Whittle gerufen. Was konnte Taylor, dieser Neuling, überhaupt? Ich sah keinen Ausweg aus meiner Lage. Unmöglich, einfach hinzugehen und die Arbeit zu tun, denn meine Erfahrung war gleich Null; doch wenn ich keine Bresche schlug und einige Zootiere behandelte, wie sollte ich dann Erfahrungen sammeln?

Der Mittwoch wurde der wichtigste Wochentag in meinem Leben; denn mittwochs hatte Norman seinen freien Nachmittag, und ich vertrat ihn. Da mußte sich mir eine Gelegenheit bieten, dachte ich; aber monatelang wurde ich enttäuscht. Wenn er im Zoo dringend gebraucht wurde, ließ man ihm ausrichten, er solle am Donnerstagmorgen kommen, und in den seltenen Notfällen gelang es Edith, unserer Empfangsdame, ihn irgendwo zu erreichen, und damit war seine Freizeit zu Ende. Es war zum Verzweifeln; eine Gelegenheit hätte sich mir nur geboten, wenn er einmal nicht zu erreichen gewesen wäre; doch am Mittwochnachmittag schienen es die Tiere im Bellevue darauf angelegt zu haben, vor Gesundheit zu strotzen, alle miteinander bis zum zartesten Backenhörnchen im kleinen Säugetierhaus.

Dann geschah es. Es war an einem Mittwochnachmittag: Norman Whittle war zur Küste gefahren und wurde erst spät abends zurückerwartet. Herr Wilson, der Zoodirektor, rief an. Edith erklärte ihm, Norman sei verreist und nicht zu erreichen. Also gut, lautete die Antwort, wenn es der Dr. Taylor sein müsse, dann müsse es eben Dr. Taylor sein. Aber rasch! Eine Schimpansin hatte einen Daumen verloren. Ich sprang glückstrahlend in meinen verbeulten alten Jowett-Kastenwagen und fuhr los.

Das Ganze hatte mit Spargeln angefangen. Jeden Tag wurde vom Ausverkaufsmarkt in der Stadt Gemüse und Obst ans große Affenhaus im Bellevue geliefert, je nach Preis, Überschuß und Jahreszeit. Aus der täglichen Auswahl stellte Len, der älteste Affenwärter, eine ausgewogene und leckere Mahlzeit für seine Schimpansen, Orang-Utans und Gorillas zusammen. Er sah mit seinen blinzelnden Augen hinter dicken Brillengläsern wie ein magerer, phlegmatischer Beamter aus; er achtete liebevoll darauf, daß die Affen ihren Bedarf an Eiweiß, Vitaminen und Ballaststoffen erhielten. Wenn möglich, fügte er eine Delikatesse hinzu, an der sich seine Schützlinge aus reiner Gaumenfreude erlaben konnten – etwa Weintrauben, Granatäpfel oder Pfirsiche. Eine

Kiste Auberginen oder Avocados, die am Ende des Tages keinen Käufer gefunden hatten, landete gewöhnlich im Zoo, und an diesem Tage nun war eine Kiste mit zarten Spargeln angekommen. Len brachte ein paar Bündel zum Affenhaus, um zu sehen, was seine Schimpansen damit anfangen würden.

Robert, das große Männchen, teilte seinen Käfig mit zwei ihm ergebenen Weibchen, Saphir und Chloe. Robert war ein sehr erfolgreicher Casanova, dem zahlreiche gesunde Schimpansenkinder ihr Leben verdankten. Sein Ruf als zuverlässiger Zuchtschimpanse hatte sich so verbreitet, daß er als Ersatzgatte für viele Weibchen amtete, die von anderen Zoologischen Gärten geschickt wurden. Ob sie hübsch oder häßlich, friedlich oder zänkisch, intelligent oder einfältig waren, das war ihm gleich. Er nahm alle Ankömmlinge mit Anstand auf, und die bisher unfruchtbaren Weibchen verließen nach einigen Flitterwochen in Manchester die Stadt in unbezweifelbar trächtigem Zustand. Robert war aber nicht nur ein galanter und freundlicher Gatte, sondern auch ein Gourmand, ja, er war richtig verfressen. Wehe dem, der sich zwischen ihn und seine Lebensmittel stellte! Wenn er etwas für schmackhaft hielt, mußte er es haben, und keine seiner Gefährtinnen wagte auch nur anzudeuten, vielleicht seien Roberts Augen größer als sein Magen.

Als Len den drei Schimpansen, die ihre Arme durchs Gitter streckten, die zarten weißen Spargeln gab, sahen sie dieses Gemüse zum erstenmal. Robert durchforschte sein Bündel, schnupperte an den lila Spitzen, nahm einen Bissen und fand den Geschmack köstlich. Seinen Frauen erging es ebenso. Robert verschlang seinen Anteil und gierte nach einer zweiten Portion. Saphir hatte ihr Bündel aufgefressen, aber Chloe hielt noch ein paar Stangen in den Händen; wie die Ernährungswissenschaftler war sie für gründliches Kauen. Grunzend schlurfte Robert zu Chloe hinüber und streckte gebieterisch seine behaarte Hand nach den restlichen Spargelstangen aus. Chloe versteckte sie flink hinter dem Rücken und keifte mit aufgeworfenen Lippen und klappernden Zähnen das unverschämte Männchen an. Ein paar Sekunden lang war Robert verblüfft – er war es gewohnt, seinen Willen widerstandslos durchzusetzen. Er nahm sein drohendes Aussehen an und stieß das Gesicht nahe an Chloes Stirn. Aug in Auge, ohne mit der Wimper zu zucken, versprühte Robert seinen bösesten Blick, der noch nie wirkungslos geblieben war, wenn es galt, mutwillige Schimpansinnen oder furchtsame Wärter einzuschüchtern und der schon manch eine aufsässige Affenmatrone vernichtet hatte. Chloe aber tat etwas Unglaubliches: Sie biß ihn ins Ohr; mitten ins Ohrläppchen punzte sie ein kleines, doch schmerzhaftes Loch. Verwundert wich Robert zurück. Das war die Höhe! Mit kurzem Anlauf warf er seine 150 Pfund auf Chloe, so daß sie umkugelte und griff mit beiden Händen nach den Spargeln, die sie eigensinnig festhielt. Schreiend setzte sie sich zur Wehr, ließ auch nicht los, als Robert ihre geballte Hand an seine entblößten Zähne zog. Sein ungeheuer starker Zeigefinger konnte nicht in ihre Faust eindringen, und auch seine Zähne vermochten den Griff nicht zu lockern. Da sah sich Robert zu verzweifelten Maßnahmen gezwungen, mit einem einzigen Zuschnappen seiner Kiefer biß er Chloes Daumen ab, schnitt ihn glatt durch wie eine weiche Kartoffel. Sofort ließ Chloe die restlichen Spargeln fallen. Robert verschlang sie im Nu, hob dann den amputierten Daumen auf, roch gleichgültig daran und warf ihn aus dem Kä-

fig, auf Len zu, der das Drama hilflos mitangesehen hatte.
Die achtzehn Kilometer lange Fahrt ließ mir Zeit zum Nachdenken. Vorläufig wußte ich bloß, daß eine Schimpansin einen Daumen verloren hatte. Immerhin, Finger waren wie Zehen, und ich hatte schon Dutzende von Haustieren behandelt, die Zehen eingebüßt hatten, sei es durch einen Unglücksfall, sei es durch Amputation. Die Wunde mußte nur verbunden werden, und ich beherrschte längst allerlei Kniffe, indem ich Lack, Klebeband, unangenehm riechende Sprühmittel, Lederschühchen oder Plastiksäcke benutzte, um den Verband vor den Zähnen und Krallen der entrüsteten Katzen und rasenden Pudel zu schützen. Ja, bestätigte ich mir selbst, während ich mich durch den Verkehr wand, Finger waren wie Zehen.
Dann aber kamen mir Bedenken. Katzen und Pudel, übrigens auch Kühe, waren allesamt ziemlich leicht zu anästhesieren. Es war stets ein liebevoller Eigentümer oder ein stämmiger Bauer da, der das Tier festhielt, derweil ich das Betäubungsmittel injizierte. (Narkosegewehre gab es damals noch nicht.) Wer würde die Schimpansin festhalten? Außerdem hatte ich meine Kunst des Verbindens an Tieren entwickelt, die nicht über Fingerfertigkeit verfügten. Konnte ein pfiffiger Affe meinen kunstvollen Verband nicht schneller entfernen, als ich ihn anzulegen vermochte? Es fiel mir auch ein, daß ich nicht wußte, welche Dosis Barbitursäure für Schimpansen am besten geeignet war. Ein Barbitursäurepräparat mußte es wahrscheinlich sein, denn alle meine übrigen Betäubungsmittel waren entweder Gase wie Äther und Halothan – unmöglich einem 150 Pfund schweren Affen eine Maske aufzusetzen und ihn zu bitten, von hundert an rückwärts zu

zählen – oder andere injizierbare Narkotika, die überholt, gefährlich oder ätzend waren. Barbiturate, damals die neuesten Betäubungsmittel der Veterinärmedizin, waren wenigstens sicher, nur mußte man über die Dosis Bescheid wissen. Angenommen, ich verlor meinen ersten Zoo-Patienten! Ich schluckte leer. Diese Möglichkeit war so gräßlich, daß ich sie gar nicht bedenken mochte. Beruhige dich, sagte ich mir, was regst du dich auf? Gib dem Affen immer nur ein klein wenig in die Vene, bis der gewünschte Schlafzustand erreicht ist. Auf diese Weise – vorausgesetzt, ich ließ mir Zeit – konnte ich die Sicherheitslinie nicht überschreiten.

Noch drei Kilometer. Ich wollte nicht mehr an das Narkoseproblem denken, die Tröpfelmethode war genau das richtige. Aber nein, das langsame Injizieren ist ja gut und schön, doch was wird die Schimpansin in den Sekunden oder gar Minuten tun, wenn das Schwindelgefühl einsetzt, wenn sie doppelt sieht oder der Raum sich um sie dreht? Es bleibt ihr viel Zeit, sofern man ihr das Bewußtsein nicht schlagartig nimmt, die sorgfältig eingestochene Nadel wegzureißen und ihr Mütchen am Homo sapiens zu kühlen, in diesem Fall dem Anästhesisten. Als ich in den Eingang zum Zoo einschwenkte, war ich nicht mehr so zuversichtlich, ja, sekundenlang verwünschte ich meine Sterne, die es so eingerichtet hatten, daß dic Schimpansin ausgerechnet an einem Mittwochnachmittag ihres Daumens verlustig gehen mußte. Der Torwärter äugte mißtrauisch durchs Wagenfenster und bedeutete mir, es herunterzukurbeln.

«Sie wünschen?» knurrte er.

Ich schüttelte meine unguten Gefühle ab und setzte eine amtliche Miene auf. «Ich bin der Tierarzt», sagte ich selbstbewußt.

«Sie sind nicht Doktor Whittle.»

«Nein, aber man hat mich gerufen.» Ich fand es selbst ein bißchen großspurig, als ich hinzufügte: «Wegen der Schimpansin. Ein Notfall.»

Das Tor wurde geöffnet, und ich fuhr hindurch.

Als ich vor dem großen Affenhaus hielt, spähte Matt Kelly, der Oberwärter, durch die Tür. Ich ergriff meine Tasche und stieg aus. Das Herz pochte mir in einer Mischung von Freude und Bangen. Jetzt war es soweit. Noch eine Gestalt tauchte auf. Es war Wilson, der Zoodirektor. Das mußte ja sein, dachte ich, daß ich es bei meinem ersten Fall im Zoo mit diesen beiden Kelten zu tun bekam. Ich kannte sie von der Zeit her, als ich Norman Whittle ins Bellevue begleitet hatte. Kelly war ein zäher, erfahrener und schlauer Ire und Wilson ein herber Schotte mit einem Gesicht, das aussah wie eine Walnuß. Beide waren Tierkenner, kannten keine Nachsicht mit Dummköpfen und Ignoranten und hielten nicht viel von Veterinärmedizinern im Zoo. Wie ich selbst erfahren hatte, verachteten sie Studenten, und zweifellos betrachteten sie mich, was exotische Tiere betraf, immer noch als Studenten. Damit hatten sie recht, aber verdammt noch mal, irgendwo mußte ich ja anfangen. Das Dumme war, sie wußten, daß ich ein Anfänger war, und ich wußte, daß sie es wußten. Im Geist klopfte ich auf Holz.

«Guten Tag, Herr Direktor, guten Tag, Herr Kelly» hob ich an. «Herr Doktor Whittle ist verreist, und so müssen Sie leider mit mir vorlieb nehmen.» Ich lachte ziemlich gezwungen.

Die beiden Zoomänner begrüßten mich steinern. «Na ja, kommen Sie, und sehen Sie sich Chloe an», sagte Wilson und führte mich in einen Gang, wo rechts und links vergitterte Zellen nur von verrammelten elektrischen Birnen erhellt wurden. Es war mir, als ginge ich

durch einen Gefängniskorridor. Ringsum machten die Schimpansen und Orang-Utans einen ohrenbetäubenden Lärm; sie kreischten, rüttelten an den Gitterstäben und schlugen mit ihren Eßnäpfen an die Wände. Ein großer Schimpanse rülpste, als ich vorbeikam und drückte das Gesicht an die Käfigstäbe. Ich lächelte ihn an und streckte die Hand aus, um ihn an den Fingerknöcheln zu kitzeln.
«Vorsicht! Tun Sie das nicht!» zischte Kelly, der hinter mir ging. «Er reißt Ihnen den Arm ab, wenn Sie nicht achtgeben. Das ist der Kerl, der Chloe den Daumen abgebissen hat.»
Ich blickte Robert forschend in die Augen, die nicht von mir wichen. Als ich weiterschritt, fühlte ich etwas Warmfeuchtes durch meine Hose dringen. Robert hatte mich durchs Gitter angepinkelt.
Chloe saß allein in einem Käfig; mit der unverletzten Hand schlug sie eine Trinkschale aus rostfreiem Stahl auf den Boden. Die verstümmelte Hand hielt sie hoch über den Kopf, damit alle Welt sehen konnte, was ihr der böse Robert angetan hatte.
«Da sehen Sie», brummte Wilson. Kelly sagte nichts. Beide Männer verzogen keine Miene. Sie schienen nicht erpicht darauf zu sein, meine weisen Worte zu hören. Ich spähte angespannt durchs Gitter. Die Diagnose war klar und einfach: Der Daumen war weg. Nun das nächste Stadium: die Behandlung. Auf dem Boden waren Blutstropfen zu sehen, aber nun floß kein Blut mehr. Offenbar hatte Robert die Amputation sauber durch den Daumenwurzelknochen geführt, so daß meinerseits keine chirurgischen Maßnahmen mehr erforderlich waren; aber die Hautränder waren unregelmäßig. Mußte ich das nicht in Ordnung bringen, das Loch zunähen und einen Verband anlegen? Bestand nicht In-

fektionsgefahr? Normalerweise kommen im Schimpansenmund vielerlei Mikroben vor, von denen einige ernste Entzündungen verursachen können, wenn sie Gelegenheit haben, in gesundes Fleisch einzudringen. Ja, es sah ganz so aus, als müßte ich etwas unternehmen.

Ich beschloß, das Problem, wie man Chloe in den Griff bekommen konnte, diplomatisch anzugehen. «Hm», murmelte ich tiefsinnig, «hm». Ich hoffte, daß Ton und Dauer des «Hm» nicht etwa den Gedanken nahelegten, ich sei ratlos, sondern ganz im Gegenteil, derartige Fälle seien durchaus meine Sache. Wilson und Kelly sagten nichts und behielten ihre ausdruckslose Miene bei.

«Ja, ja», fuhr ich fort, Selbstbewußtsein und Zuversicht vortäuschend, anstatt meine Verzagtheit zu verraten. Sie schwiegen weiter; sie zwangen mich, ihnen einen Vorschlag zu unterbreiten, wie Chloe zu behandeln sei. Ich schob es immer noch hinaus. «Wie ist sie?» fragte ich, um Zeit zu gewinnen.

Wilson runzelte die Stirn. «Meinen Sie ihren Charakter? Ob sie Sie heranlassen wird?»

«Ja, gewiß», antwortete ich rasch.

«Unmöglich», sagte Kelly düster. «Unmöglich.»

«Je nun, ich denke, wir sollten das Loch zunähen, wenn's geht, die Wunde verbinden und ihr ein Antibiotikum verpassen», erklärte ich. «Wie wäre das am besten zu machen?»

Auf Wilsons Walnußgesicht erschien ein unverkennbar ärgerlicher Ausdruck. «Unmöglich», sagte er ebenfalls. «Läßt sich unmöglich machen.»

Ich mußte mit der Sprache herausrücken. Sehr höflich fragte ich: «Könnten Sie sie nicht festhalten, während ich ihr Barbitursäure in die Vene injiziere?»

Beide Männer brachen in lautes, unfrohes Gelächter aus. «Sie festhalten? Chloe? Ausgeschlossen.» Wilsons

Ton war abweisender denn je. «Wie stellen Sie sich das denn vor?»
Der Ball war wieder in meinem Feld. «Na ja, wenn Sie sie nicht festhalten können, läßt sich die Injektion nicht machen, und dann bleibt uns nur der Ausweg, das Narkotikum in ihr Futter zu mischen.»
«Zwecklos.» Diesmal war Kelly an der Reihe. «Sie ist heute schon gefüttert worden und wird nichts mehr fressen. Außerdem ist Chloe gescheit genug, es sofort zu merken, wenn an ihrem Futter herumgedoktert worden ist.»
Wenn ich bis zum nächsten Tage warten mußte, dieses ohnehin unsichere Mittel anzuwenden, verlor ich kostbare Zeit. Bis dahin konnte die Infektion eingesetzt haben, und die Stiche hielten die Wundränder vielleicht nicht mehr zusammen.
Ich betrachtete die verletzte Schimpansin. Es war ein ganz einfacher Fall, die Therapie offensichtlich, aber ich konnte nichts tun. Der Zoodirektor und der Oberwärter wußten, daß ich ohnmächtig war; sie mußten es schon gewußt haben, als ich telefonisch aufgeboten wurde. Es begann mir langsam klar zu werden, daß Veterinärmedizin auf Zootiere nicht anzuwenden war. Vor der Erfindung des Narkosegewehrs hatte der Zootierarzt nur zwei Möglichkeiten: Kleine, verhältnismäßig harmlose Geschöpfe wie Eidechsen und Schildkröten, von deren Krankheiten man so gut wie nichts wußte, wenn man sich nur mit Haustieren auskannte, mit erwiesenermaßen ungefährlichen Mitteln zu behandeln; oder vor einem Käfig zu stehen und zu mutmaßen, was einem cholerischen Gorilla oder einem apathischen Tiger wohl fehlen mochte, einem Tier im Käfig, das zwar offensichtlich krank war, aber kein Patient, den man untersuchen und gegebenenfalls behandeln konnte.

Chloe gehörte zu diesem letztgenannten Schlag. Ich wußte, daß es möglich gewesen war, einige Tiere mit brutaler Gewalt unbeweglich zu machen, indem man ihnen ein Netz übergeworfen und sechs bis acht schwere Männer auf den Gefangenen gesetzt hatte, bis er fast erstickt war oder durch ein Loch in den Maschen einen der Wärter gebissen hatte. Mochte diese menschliche Barbarei auch Erfolg haben, die moralische Wirkung auf Tier und Mensch war niederdrückend. Das Endergebnis war ein verängstigter, erschöpfter Patient, die Untersuchung sinnlos, denn die Temperatur mußte ja hoch sein; zwecklos, mit den Fingern einen Leberabszeß oder eine Krebsgeschwulst im Unterleib ertasten zu wollen, die Bauchwand war steinhart. Selbst wenn man das Stethoskop an die richtige Stelle setzen konnte, ohne daß es zerbissen wurde, das rasend klopfende Herz sagte nur etwas über den Gemütszustand des Patienten aus. Ich hegte nicht die Absicht, meinen ersten Zoopatienten so zu behandeln.
Es blieb mir nichts anderes übrig, als dem Zoodirektor ein Antibiotikum mit breitem Wirkungsspektrum zu geben, mit der Anweisung, es eine Woche lang Chloes Fruchtgetränken zuzusetzen. Hierauf kehrten wir um. Robert umklammerte immer noch seine Käfigstäbe. Ich schaute ihn an, hielt mich aber auf der anderen Seite des Ganges außer Reichweite. Verriet sein Blick nicht Spott? Er schnitt eine Grimasse und streckte mir die Zunge heraus. «Kss, kss», sagte er.
Vor dem Affenhaus blieben wir noch ein Weilchen stehen. «Na ja, besten Dank, daß Sie gekommen sind», sagte Wilson.
«Die Wunde wird wohl ohne Komplikationen heilen», versicherte mir Kelly. «Ich habe schon schreckliche Dinge gesehen, die Schimpansen einander angetan ha-

ben. Erstaunlich, was die Natur vermag. Heilt alles im Nu. Auch bei Pavianen, die nach dem Kampf manchmal Wunden haben, daß man die Hand hineinstecken könnte. Aber sie sind in zwei Wochen ohne die geringste Schererei zugeheilt.»
«Ach, ich hätte Chloes Hand gern genäht», erwiderte ich. «Vielleicht werden wir eines Tages Mittel und Wege haben, so etwas ohne weiteres zu tun.»
Ich stellte immer noch Betrachtungen darüber an, warum sie mich überhaupt so dringend hatten kommen lassen, denn meine Tatenlosigkeit schien sie keineswegs aus der Fassung zu bringen. Nachdem sich mein größter Wunsch – einmal einen Zoopatienten zu haben – erfüllt hatte, fuhr ich in schwarzer Niedergeschlagenheit nach Rochdale zurück. Mußte es doch mit Rindern und Pferden sein Bewenden haben?
Am Abend schilderte ich meiner Frau mein unbefriedigendes Debut mit Chloe, Herrn Wilson und Matt Kelly. Shelagh und ich hatten uns kennengelernt, als wir noch in die Schule gingen, und wir waren sechs Jahre lang verlobt, während sie sich als Röntgenologin ausbildete und ich Veterinärmedizin studierte. Ihre grünen Augen und ihre Willenskraft zeugen von ihrer irischen Abstammung. Sie liebt Tiere, und gemeinsam haben wir um das Leben manch eines Tieres gekämpft, das uns sterbend gebracht wurde, Seite an Seite, mitten in der Nacht an einem Mutterschaf einen Kaiserschnitt vorgenommen, wenn mir kein Anästhesist oder Chirurg zur Verfügung stand. Ihr Optimismus war nicht zu erschüttern, und sie wußte mit Tierpatienten und deren Besitzern immer richtig umzugehen.
«Mach dir keine Sorgen», tröstete sie mich. «Chloe wird es überstehen, und dir wird sich ein andermal eine Gelegenheit bieten. Eines Tages wirst du's ihnen zei-

gen! Es braucht nur etwas entdeckt zu werden, wie diese Tiere bewußtlos gemacht werden können, und dann hast du die Oberhand. Männer wie Wilson und Kelly sind nur auf ihre Art Fachleute. Erinnere dich nur an die Schwierigkeiten, die du mit den altmodischen Bauern gehabt hast, als du zu praktizieren anfingst – wie sie die neuen Methoden ablehnten und dich auslachten, wenn du bei einer Kuh mit Milchfieber vor der Injektion die Haut desinfiziertest, wie sie von dir verlangten, tuberkulösen Kühen den Schwanz abzuschneiden, um den ‹Wurm› zu entfernen, der den Tieren das Fleisch von den Knochen saugte –, all das wirst du mit der Zeit überwinden. Genauso wird es mit den Zootieren sein. Du mußt dich nur auf dem laufenden halten, was exotische Tiere betrifft und zugreifen, wenn sich eine Möglichkeit bietet. Ein einziger Erfolg wird alles ändern.»

Shelagh hatte recht. Ich mußte allerdings einen langen Weg gehen, bis ich jemals imstande sein würde, mich im Zoo mit Selbstvertrauen zu bewegen und sowohl den Tieren als auch den Menschen gegenüber das Feingefühl an den Tag zu legen, das ich in der allgemeinen Praxis erworben hatte. Der Gedanke, eines Tages selbständig mit exotischen Tieren zu arbeiten, schien der kühnste aller Träume zu sein. Sogar Shelagh hegte Zweifel, ob wir das jemals erreichen würden.

Am Tag nach meinem ersten Besuch bei Chloe sprach ich mit Norman Whittle darüber. Norman war ein ruhiger Mann mit blondem Schnurrbart und, wenn man das von einem Tierarzt sagen kann, taktvollem Verhalten bei Krankenbesuchen.

«Warum rufen sie uns überhaupt, wenn sie doch wissen, daß wir so wenig tun können?» fragte ich ihn. Er lächelte. «Ganz einfach, um sich den Rücken zu

decken. Dem Verwaltungsrat gegenüber. Die ganze Zeit erlebe ich das. Wenn ein Tier krank wird, fummeln sie selbst ein paar Tage herum, so gut sie können, bis es so aussieht, als ginge das arme Vieh ein, und dann lassen sie schnell den Veterinär kommen. Verreckt es dann, so können sie dem Verwaltungsrat melden, der Veterinär sei zugezogen worden, aber das Tier sei trotzdem eingegangen. Bei Chloe war zwar nicht mit dem Tod zu rechnen, aber da gilt derselbe Grundsatz. Ein wertvolles Tier, bei dem sie nichts unternehmen können, doch für den Fall, daß etwas schiefgeht oder ein Zoobesucher beim Tierschutzverein Beschwerde über einen neunfingrigen Affen führt, können sie sagen, der Fall sei dem Veterinär übertragen worden.»
«Das heißt also, wir sind die Sündenböcke für die Zooleitung?»
«Ja, im Grunde. Na ja, wir liefern ihnen Medikamente, die sie den Tieren, die Durchfall haben, ins Futter tun können, oder Vitamine und Sirup für geschwächte, wacklige Geschöpfe, aber letzten Endes läuft es darauf hinaus, daß im Monatsbericht folgendes steht: ‹Trotz tierärztlicher Behandlung sind soundsoviele Säugetiere, Vögel und Reptilien eingegangen.›»
«Finden Sie nicht, daß Sie trotzdem für die Zootiere wichtige Arbeit leisten?»
«Manchmal, ja – eine Giraffe, die schwer kalbt, ein Elefant, der einen Abszeß hat, aber das sind Ausnahmen. Meistens ahne ich nicht, was den Tieren fehlt, und Leute wie Matt Kelly wissen, daß ich im dunkeln tappe. Im allgemeinen haben die Zoologischen Gärten keine Verwendung für Tierärzte.»
«Aber sie brauchen unseren Stempel für den Totenschein.»
«So ist es leider.»

Nicht nur behielt Matt Kelly in bezug auf Chloes Hand recht – die Wunde verheilte in drei Wochen tadellos, ohne die geringste Komplikation –, sondern ich wußte nun auch, daß Normans Analyse der Beziehung zwischen Tierärzten und Zoologischen Gärten im Grunde stimmte. Die Tierärzte waren wohl größtenteils selbst daran schuld, weil sie sich in der Vergangenheit ausschließlich mit Haustieren befaßt hatten. Noch vor gar nicht so langer Zeit hatte sich die Ausbildung der Veterinäre nur auf Pferdekrankheiten beschränkt. Allmählich, als sich herausstellte, daß das Automobil mehr war als ein neuntägiges Wunder, dehnte sich das Studium auf Rinder und später auf Hunde und Katzen aus. Aber sogar heute noch wird den Krankheiten und der Behandlungsweise exotischer Tiere im fünf- bis sechsjährigen Studium der Veterinäre nur sehr wenig Zeit eingeräumt.
Je mehr ich über Normans Bemerkung nachdachte, desto klarer wurde es mir, daß ich drei Dinge tun mußte, wenn ich Zooarzt werden wollte: Erstens mußte ich in Erfahrung bringen, auf welche Weise Tieren, bei denen wegen ihrer Gefährlichkeit oder Nervosität Injektionen nicht in Frage kamen, Medikamente einverleibt werden können; zweitens benötigte ich starke und sichere Beruhigungs- und Betäubungsmittel für jede Gattung, und drittens mußte ich von erfahrenen Tierwärtern wie Kelly den Umgang mit schwierigen und gefährlichen Zootieren lernen. Mochte Matt Kelly auch nichts von den Taschen in der Leber des Nashorns oder von der Zahnformel der Schleichkatze wissen, von der Pflege wilder Tiere verstand er eine Menge. Ich mußte ihm da einiges abgucken.

4. Papageien und Riesenschlangen

Nach dem Vorfall mit Chloes Daumen fielen Norman Whittles freie Mittwochnachmittage, seine Ferien und seine Arbeitsunfähigkeit wegen Grippe wieder für lange Zeit mit den Tagen blühender Gesundheit im Bellevue-Zoo zusammen. Plötzlicher Frost, der mittwochs im November mit erstickendem gelbem Nebel auftrat, rief bei den Giraffen und Antilopen nie die Lungenentzündung hervor, die bei solchem Wetter an anderen Wochentagen Norman davonstürzen ließ, und im Sommer schienen die zahlreichen Besucher, die die Elefanten mit schimmligen Wurstbroten, Schirmen und Zigaretten fütterten oder empfängnisverhütende Mittel, Nadeln und Glasscherben in die Affenkäfige warfen, immer dann von der Erdoberfläche verschwunden zu sein, wenn Norman abwesend war oder sonstwie außerstande, sich persönlich mit den Folgen – Koliken und Darmentzündungen – zu befassen.
Für mich gab es nur eine Möglichkeit, praktische Erfahrungen zu gewinnen, nämlich durch die wenigen exotischen Tiere, die mitunter meinen Alltag als Facharzt für Haustiere und Vieh unterbrachen. Sogar im dunkelsten Lancashire gab es Leute, die lieber Galago-Loris als Siamkatzen hielten oder eine Vorliebe für Riesenschlangen hatten. Wenn ihre Lieblinge medizinische Betreuung brauchten, riefen sie den Zoo an, der sie an uns verwies. Das war nicht viel im Vergleich zu der von mir ersehnten Erfahrung mit Zootieren, aber ein junger Veterinär konnte dabei einiges lernen; manchmal allerdings mehr über Menschen als über Tiere und immer auf mühselige Weise.
Die meisten meiner damaligen exotischen Patienten waren Papageien, cholerische bunte Vögel, die in vielen

Lokalen von Manchester auf einer Stange saßen, ganz freundlich und behutsam die Erdnüsse aufpickten, die ihnen die geliebte Wirtin auf ihrem üppigen Busen darbot, allen übrigen Vertretern des Menschengeschlechts, die in ihre Nähe kamen jedoch die Finger abzuhacken suchten. Diese Vögel, die sich durch ein schönes Gefieder und lange Lebensdauer auszeichnen, hegten ausnahmslos eine Abneigung gegen mich, und wenn ich die alten Narben an meinen Händen zähle, kann ich nicht behaupten, daß ich eine Vorliebe für sie habe. Papageien waren Dünnbier, fand ich, aber das Bier wurde bald ausgesprochen sauer.

Als ich ungefähr ein Jahr bei Norman arbeitete, lernte ich Charlie kennen, einen schönen blau-goldenen Ara, der infolge zwanzigjähriger Bewegungslosigkeit im Käfig eines Lokals in Manchester übergroße Krallen hatte und fettsüchtig war, weil er am liebsten süßen Sherry trank. Ob ich so gut sein wolle, ihm die Krallen zu schneiden? Gewiß doch. Der Ara sah mich böse an aus seinem Käfig, der mitten auf meinem Behandlungstisch stand. Seine Besitzerin, die Wirtin des Lokals, lächelte stolz über ihren «frechen kleinen Charlie». Sie war eine stattliche Dame mit einem Busen wie ein Galeonenbug und wasserstoffsuperoxydblonden Löckchen.

«Können Sie ihn bitte festhalten?» bat ich. Der freche kleine Charlie legte den Kopf auf die Seite und fixierte mich aus einem rotgeränderten bösartigen Auge. Ein leises Krächzen kam aus seiner Kehle, und er klapperte nachdenklich mit dem Schnabel.

«Du meine Güte, nein!» rief die Wirtin. «Charlie ist ein Goldkind, aber anfassen darf ich ihn nicht. Er würde mich in Stücke reißen. Übrigens kann er Männer nicht ausstehen.»

Das klang nicht gerade verheißungsvoll. Ich kannte die

Kunst der Papageienbeherrschung noch nicht, die darin besteht, daß man ihnen mit einem Stöckchen einen schnellen Kung-fu-ähnlichen Schlag versetzt, worauf sie im Nu zahm werden.
Charlie trat auf seiner Stange von einem Fuß auf den anderen, wie ein Boxer, der sich zum Kampf rüstet.
«Können Sie ihn nicht wenigstens aus dem Käfig locken?» fragte ich.
«Er kommt vielleicht, wenn ich ihm seinen Lieblingsnachtisch anbiete, Pfefferminztabletten. Er sitzt dann auf meiner Schulter und pickt sie von meinem Mund ab. Er ist so lieb!»
Da sich herausstellte, daß wir keine Pfefferminztabletten im Hause hatten, schickte ich Edith ins nächste Geschäft. Ich mußte noch lernen, daß ein Zooarzt nicht nur Medikamente und Instrumente in seiner Tasche herumschleppen muß, sondern auch allerlei Delikatessen, darunter Pfefferminztabletten für Papageien, Nüsse für Affen, Zuckerstücke für Elefanten, kleine Stumpen für Mähnenschafe und andere Ziegen.
«Also», sagte die Wirtin, als wir die Pfefferminztabletten hatten, «jetzt stecke ich eine Tablette zwischen meine Lippen. Charlie wird herauskommen, und während er knabbert, können Sie ihm vielleicht die Krallen schneiden.»
Der Ara hielt sich genau an die Regie der ersten Szene. Sowie er die Süßigkeit erspähte, watschelte er an seiner Stange entlang, aus der Käfigtür hinaus und setzte sich auf die Schulter seiner Herrin nahe bei ihrem Ohr. Mit dem einen goldenen Auge schaute er zu, wie sie die Pfefferminztablette zwischen die Lippen nahm, während er mit dem anderen unentwegt mich beobachtete. Wie die Puppe eines Bauchredners reckte er den Kopf um ihre Wange und begann an der Tablette zu knab-

bern. Langsam schlich ich wie von ungefähr heran und hob die Kneifzange zu den langen Krallen des Papageis, die für mich sehr günstig unter der linken Schulter der Wirtin, an ihrem Kleid saßen. Acht Zentimeter, sechs Zentimeter, zwei Zentimeter – ich kam den gebogenen Krallen immer näher. Sie bedurften wirklich einer Maniküre, denn einige waren fast zu einem Kreis gebogen. Irgendwo darin war Fleisch mit Nerven und Blut. Da durfte ich nicht schneiden, sondern nur das überflüssige, gefühllose Horn entfernen. Wie aber ließ sich erkennen, wo das eine aufhörte und das andere anfing? Ich mußte eben Stückchen um Stückchen abschnippeln, jedesmal nachsehen, wie sich die Sache verhielt, und dann wieder ein bißchen wegschneiden.
Als ich die erste Kralle mit meiner Kneifzange berührte, richtete Charlie die Augen fest auf mich, zerknackte aber weiter die Pfefferminztablette. Ganz behutsam klemmte ich die Kralle zwischen die Zangenbacken. Auf einmal wurde es Charlie zu bunt. Irgend etwas Heimtückisches ging da vor, und er wollte es sich nicht gefallen lassen. Um sich weiter vorlehnen und mich angreifen zu können, mußte er einen sicheren Halt haben; deshalb grub er die schwarzen Krallen seines linken Fußes durch das Kleid der Wirtin tief in ihre Schulter. Die Ärmste spuckte die Pfefferminztablette aus und gab einen durchdringenden Schrei von sich, der die im Wartezimmer sitzenden Hunde bellen und jaulen ließ. Als guter Taktiker gedachte Charlie seinen stählernen Schnabel als Waffe im Nahkampf zu benutzen, aber nicht etwa übereilt, weil er sonst seine Verteidigungsstellung verloren hätte; also brauchte er auch für den rechten Fuß einen besseren Halt. Den Stützpunkt, den er suchte, hatte er vor sich – das Ohr seiner Herrin. Charlie packte fest zu und grub seine geboge-

nen Krallen ein. Die Dame stieß einen zweiten, noch schrilleren Schrei aus und ergriff den Papagei mit beiden Händen, worauf er ihr einen Finger blutig hackte. Noch lauteres Geschrei.

Dieser Szenenablauf hatte sich in wenigen Sekunden abgespielt, derweil ich wie gelähmt war, unfähig, etwas zu tun. Jetzt aber sprang ich vor. Ohnmächtig meine Kneifzange schwingend, bemühte ich mich, gesträubte Federn und blonde Löckchen, Krallen und Finger auf der Schulter der Wirtin voneinander zu trennen. Hack, hack – schon hatte ich an zwei Fingern schmerzhafte Bisse abbekommen. Mit wilden Augen und gesträubtem Gefieder unternahm Charlie kreischend einen neuen Angriff auf meine Kneifzange. Klingklang! Sein geöffneter schwarzer Schnabel schoß wohlgezielt vor und stieß sie mir aus der Hand. Sie rutschte genau in den Ausschnitt der Wirtin.

Obwohl der Feind entwaffnet war, gab Charlie seinen Stützpunkt nicht auf. Das flammend rote Ohr, das an eine zerquetschte Erdbeere erinnerte, blieb für weitere militärische Zwecke beschlagnahmt, und von der linken Schulter war Charlie um keinen Zentimeter gewichen. Er hatte ein paar grüne Federn geopfert und in der Aufregung des Kampfes verabsäumt, die Latrine aufzusuchen; statt dessen hatte er, um seinen Posten nicht zu verlassen, dem Ruf der Natur an Ort und Stelle Folge geleistet. Das besserte weder das Aussehen der Wirtin noch ihre Stimmung.

«Um Gottes willen, können Sie denn nichts tun?» schrie sie. «Befreien Sie mich doch von diesem elenden Taugenichts!»

Charlie biß sie in den fuchtelnden Handrücken. Als ich abermals versuchte, ihn zu packen, verstärkte er seinen Halt an Ohr und Schulter, fuhr mit dem Schnabel hin

und her und hackte geschickt ein Stück von meinem linken Zeigefingernagel weg.
Ich blickte mich verzweifelt nach einem Hilfsmittel um. Neben dem Waschbecken hing ein Handtuch; vielleicht konnte ich damit seinen tödlichen Schnabel lange genug in Schach halten, um den Vogel von der Schulter loszueisen und in den Käfig zurückzusetzen. Die Krallen mußten eben warten. Ich nahm das Handtuch, warf es Charlie über und trat zurück. Unter dem Handtuch zappelte, kreischte und klapperte es wütend.
«Keine Sorge», keuchte ich erleichtert, «ich glaube, jetzt haben wir ihn.»
«Er hält sich aber immer noch an meinem Ohr fest», jammerte die Wirtin, während sich die handtuchbedeckte Gestalt auf ihrer Schulter herumwarf.
Ich hielt es für klug, mich zu vergewissern, wo der schnabelbewehrte Kopf war, bevor ich den gefangenen Papagei von seinem Stützpunkt loseiste. Mit einem Bleistift stieß ich vorsichtig an das ausgestopfte Handtuch. Knackend brach der Bleistift entzwei; ich hatte zufällig das Kopfende berührt. Ohne Zeit zu verlieren, packte ich den Teil, der wahrscheinlich der rundliche kleine Leib war und zog kräftig daran. Der Papagei zog ebenso kräftig an dem Ohr seiner Herrin. Ihr Geschrei ertönte von neuem. Da ich offenbar Verstärkung brauchte, zog ich meinen Arztkittel aus und warf ihn über das Handtuch, so daß der Kopf der Dame vollständig bedeckt wurde. Ich tastete nach dem Kopf des Aras, hielt ihn fest und machte mich daran, den Griff von dem verletzten Ohr zu lösen. Die Wirtin legte beide Hände um den verdeckten Vogel, damit ich sie von der Klaue an ihrer Schulter befreien konnte. Als ich unter dem Tuch herumtastete, stellte sich heraus, daß jetzt auch die zweite Klaue fest mit ihrer Schulter

verbunden war. Charlie war kein leicht zu besiegender Gegner.
Plötzlich merkte ich, daß ich genau das berührte, was alles Unheil heraufbeschworen hatte: die viel zu langen Krallen. Ganz vorsichtig lüftete ich einen Tuchzipfel und betrachtete sie. Alle waren sie da, schön nebeneinander. Eine glänzende Gelegenheit! Da Charlies gefährlichster Körperteil irgendwo weiter oben in den Stofffalten gurgelte und fauchte, hätte ich jetzt meine Arbeit tun können – wenn ich mein Werkzeug gehabt hätte. Da fiel mir ein, daß die Kneifzange in den Ausschnitt der vollbusigen Dame gerutscht war, die vor mir stand, mit meinem weißen Kittel über dem Kopf und mit beiden Händen das widerstrebende Bündel auf ihrer Schulter festhaltend.
Ich räusperte mich. «Tja, jetzt könnte ich seine Krallen schneiden», hob ich an. «Ich habe sie vor mir. Können Sie ihn noch ein Weilchen so festhalten?»
«Ja, aber machen Sie schnell. Mein Ohr brennt wie Feuer. So ein Tunichtgut! Nur zu!»
Ich räusperte mich abermals. «Ach, meine Kneifzange . . . Sie haben meine Kneifzange in Ihrem . . .»
«Ich weiß. Holen Sie sie heraus. Lange kann ich ihn nicht mehr festhalten!»
«Ich muß aber dazu die Hände in Ihren Ausschnitt stecken . . .»
«Natürlich. So tun Sie's doch!»
Ich drückte die Finger zusammen, als ob ich einem Schaf beim Lammen helfen wollte, ließ sie talabwärts gleiten und tastete nach dem Instrument. Als meine widerstrebende Hand vollständig in dem Kleid war und ich mich gerade fragte, wie weit sie noch hinunterklettern mußte, fühlte ich zum Glück Metall, das unter irgendeinem Wäschestück eingezwängt war.

«Das alles tut mir schrecklich leid», sagte ich verlegen, während ich die Kneifzange zwischen zwei Finger nahm und sie herauszuziehen begann. In diesem Augenblick öffnete sich die Tür, und Edith kam herein. Meine Hand stak immer noch im Ausschnitt der Dame. «Ich schneide dem Papagei die Krallen», erklärte ich ihr munter.

Edith war eine freikirchliche Laienpredigerin, und ich stellte manchmal Betrachtungen darüber an, ob sie ihren Schöpfer wohl mit der gleichen flotten, unermüdlichen Tüchtigkeit behandelte, vor der sowohl säumig zahlende Bauern als auch ungeschickte junge Tierärzte einen Horror hatten. Sie sah mich durch ihre Brillengläser eisig an und zog sich schnell zurück. Inzwischen hatte ich mich wieder mit der Kneifzange bewaffnet und machte mich ans Schneiden der Krallen. Plangemäß schnippelte ich Stückchen um Stückchen weg, bis sie eine annehmbare Länge hatten. Als ich fertig war, gewahrte ich am Ende einer jeden Kralle ein Blutströpfchen. Von einer Blutung konnte keine Rede sein, aber ich hatte offenbar ein klein wenig zuviel weggeschnitten. Ich betupfte jede Kralle mit einem blutstillenden Mittel, um sie sauber zu versiegeln.

Endlich war Charlie, vor Wut einem Herzschlag nahe, wieder sicher in seinem Käfig. Seine Herrin brachte ihr Kleid in Ordnung, und während ich ihr Ohr desinfizierte und ihre zerhackten Finger verband, ließ ich mich tröstend darüber aus, was für liebenswerte, wenn auch unartige Bürschchen Papageien seien. Sie schien beruhigt, sogar dankbar zu sein, und wenn unser Erlebnis den Stolz eines Menschen verletzt hatte, dann ihre Würde gewiß nicht.

Zu meinem Entsetzen trugen Charlies Herrin und sein Veterinär nicht als einzige körperliche Wunden von unserer Begegnung davon, denn Charlie hatte meine Praxis noch keine zehn Minuten verlassen, als seine Krallen von neuem zu bluten begannen. Erst nach zehn Tagen und erheblicher Pflege hörten die zeitweiligen Blutungen auf. Bei seinen häufigen Besuchen lernte ich ihn geschickter behandeln, und die Erfahrung lehrte mich einiges über das Beschneiden der empfindsamen Krallen zukünftiger Aras.

Es gab deren viele; die Papageien in Manchester schienen empfänglich für überlange Krallen und für einen Durchfall zu sein, der schwer zu behandeln war, weil die eigensinnigen Vögel ihre Medizin nicht nehmen wollten, außerdem für Asthma und Erkältungen, die schwer zu behandeln waren, weil die eigensinnigen Erreger meine Medikamente mißachteten, und für Kahlheit. An der Kahlheit waren die Vögel selbst schuld, denn sie rupften sich immerzu die Federn aus, bis sie rosignackt, dickbäuchig und dürrhalsig waren. Ich suchte zwar die Ursache dieses verrückten Exhibitionismus, konnte aber weder juckende Hautparasiten noch Mangelkrankheiten finden.

Mein Mißerfolg bei der Diagnose dieses sturen Verhaltens wurde von ihrer Seite unterstrichen durch rauhe Verwünschungen, mit denen sie mich überhäuften, wenn ich Woche um Woche die Ergebnisse meiner ohnmächtigen Bemühungen, auch nur eine Feder auf ihren Altmännerkörpern wachsen zu lassen, begutachtete. Am meisten ärgerte ich mich über die Frechheit der Nudisten. Nachdem sich eines dieser aufreizenden Geschöpfe fast alle Federn ausgerissen hatte, saß es auf seiner Stange, schielte mit einem zornigen, rotgeränderten Auge nach mir – und zitterte dann fröstelnd. Natürlich frierst du, du Knallkopf! hätte ich in meiner Ohnmacht am liebsten geschrien. Wenn ich die Kühnheit

gehabt hätte, eine Habilitationsschrift über Papageienkrankheiten zu verfassen, hätte ich mit Blut aufs feinste Pergament geschrieben: «Papageien sind zügellos keuchende Asthmatiker, die Maniküre und am ganzen Körper Perücken aus Wolframdraht benötigen. Sie werden gesund, wenn sie Lust dazu haben, sonst nicht.» Nichtsdestoweniger mußte ich weitermachen. Ließ ich die Papageien verwahrlosen, so gab es vielleicht niemals Kondore, Kasuare oder Königspinguine für mich zu behandeln. Ich mußte auch die liebevollen Besitzer überzeugen, daß Rochdale das Mekka für kranke und reizbare Papageien sei. Obwohl meine Behandlung nicht die geringsten Erfolge zeitigte, konnte ich wenigstens verhüten, daß die Nudistengesellschaft Selbstmord beging. Verdammt wollte ich sein, wenn diese Vögel zuletzt lachten, indem sie an Untertemperatur oder Lungenentzündung eingingen.
Als erstes gab ich Anweisung, diese Patienten eine bis zwei Wochen lang nur in Zimmern zu halten, wo die Lufttemperatur nie unter 26 Grad Celsius sank. Dann ging mir auf, daß Papageien offenbar recht gewöhnlich waren. Der Vergleich mit den alten Männern schien mir gar nicht schlecht zu sein. Im Gegensatz zu vornehmeren Vögeln wie etwa Tauben, die vielleicht hin und wieder beschwipst werden, wenn sie sich im Herbst an gärenden Beeren allzu gütlich tun, haben Papageien die stieren, tränenden Augen von Schnapssäufern, die den Branntwein das ganze Jahr hindurch den Trauben vorziehen. Da die unentwegten Keucher meine Antibiotika und Sulfonamide verschmähten, wollte ich doch einmal sehen, wie es ihnen bei einem Tropfen starkem Alkohol erging. Sowie ich all meinen kranken Papageien winzige Mengen Rum oder Brandy zu verschreiben begann, setzte der Erfolg ein. Meine Kenntnisse der

Krankheiten exotischer Vögel hatten zwar nicht sehr zugenommen, aber die neue Medizin bewirkte in fast allen Fällen, daß die Durchfallpatienten eine gute Verdauung hatten, die Schnaufer leichter atmeten und den Kojak-Typen ein weicher grauer Flaum wuchs, aus dem später das ihnen eigene bunte Gefieder wurde. Mit der Zeit gelangten etliche Papageienbesitzer zu der Überzeugung, daß Dr. Whittles Assistent mit seiner Sauftherapie sich auf ihren geliebten Vogel gut verstanden hatte.

Ich erwarb mir auch die überschwengliche Dankbarkeit einer Dame, die fast ebenso exotisch war wie ihr Haustier. Es fing damit an, daß das Telefon läutete, als ich gerade wieder einmal einen Papageienbesitzer hinausbegleitete, der sich freute, nach der Heimkehr seiner Frau gegenüber einen hieb- und stichfesten Vorwand zu haben, die Branntweinflasche hervorzuholen.
«Hallo», sagte eine schwül-erotische Stimme, als ich den Hörer abnahm, «ist dort Herr Doktor Taylor?»
«Ja», antwortete ich. «Wer spricht?»
«Hier ist Fräulein Seksi. Wahrscheinlich haben Sie noch nie von mir gehört. Ich bin die Spezialtänzerin im ‹Garten Eden›.»
Diese überraschende Aussage verblüffte mich nicht so sehr, wie man annehmen könnte. Ich kannte nämlich den ‹Garten Eden›, ein lockeres Nachtlokal in Manchester, durch dessen Tür immer eine Duftwolke von abgestandenem Bier, kaltem Zigarrenrauch und billigem Parfüm wehte.
«Womit kann ich Ihnen dienen, Fräulein ... ähem ... Seksi?» Edith blickte scharf von ihrer Buchhaltung auf.
«Also, es ist streng vertraulich. Privat, wenn Sie wissen, was ich meine.»

«Verstehe. Aber wie kann ich Ihnen helfen? Soll ich Sie besuchen, oder wollen Sie zu mir in die Praxis kommen?»
«Wenn Sie sich verbürgen, daß alles vertraulich bleibt, komme ich mit ihm in Ihre Praxis, sobald es Ihnen paßt.»
«Mit wem kommen Sie, Fräulein Seksi?»
«Mit Oscar natürlich.»
Wer oder was war Oscar? Ich bezweifelte, daß sie von der Hollywood Academy preisgekrönt worden war und hielt Oscar für ihren Freund oder Ehemann. Eigentlich hätte sie wissen müssen, daß ich kein Humanheilkundiger war. Manchmal warteten Pakistani und Leute, die sich aus Osteuropa abgesetzt hatten, stundenlang geduldig im Vorzimmer unter Hunden, Katzen und Sittichen, nur um dann zu erfahren, daß wir keine Menschenzähne zogen und keine Gesundheitszeugnisse ausstellten. Obwohl diese Dame tadelloses Englisch sprach, sollte ich ihren Oscar behandeln. Immerhin, sagte ich mir, ein paar Humanpatienten hatte ich. Da war der Fensterreiniger, der sich regelmäßig eine brennende Pferdesalbe für sein arthritisches Knie von mir geben ließ; manch ein Bauer schwor darauf, nur mit unserem Medikament sei die Scherpilzflechte zu heilen, mit der er sich bei seinen Kälbern angesteckt hatte, und bei den Bergbauern der Penninischen Kette hatte ich es schon mit allen möglichen Beschwerden zu tun bekommen, von Hautausschlag bis zu Impotenz; sie fanden es leichter, bei einer Tasse Tee mit dem Veterinär zu reden, der soeben einer Kuh beim Kalben geholfen hatte, als mit dem Arzt in dessen Praxis in der Stadt.
«Werden Sie und Oscar das Tier mitbringen?» fragte ich vorsichtshalber.
«Ich arbeite mit Oscar. Er ist meine Riesenschlange.»

«Ach so», sagte ich, höchst erfreut, daß jedenfalls ein Teil des Geheimnisses entschleiert war.
Eine vertrauliche Konsultation ohne Anwesenheit eines Dritten wurde für den leidenden Oscar um drei Uhr vereinbart, und ich wartete beunruhigt und gespannt. Punkt drei Uhr fuhr ein Taxi vor, und Edith führte eine auffallend geschminkte Dame von junonischen Maßen herein. Sie trug einen Mantel aus unechtem Tigerfell, der an einigen Stellen echt wirkende Anzeichen der Räude aufwies. Sie trippelte auf fünfzehn Zentimeter hohen Bleistiftabsätzen und schleifte mit der einen Hand mühsam einen großen Sack. Nachdem sie sich gesetzt hatte, tupfte sie sich den Schweiß vom Gesicht und erneuerte flink und geschickt ihre Bemalung. Dann schaltete sie das Tausend-Volt-Lächeln an, das dafür gedacht war, sich durch Zigarrenschwaden, Pfiffe, grobe Bemerkungen und peinliche Stille mit der Leichtigkeit eines Skalpells einen Weg zu bahnen. Ihre ersten Worte lauteten: «Verdammt schwer ist er, mein armer kleiner Liebling.»
Sie schaltete das umwerfende Lächeln ab, knüpfte die Schnur auf, mit der der Sack fest zusammengebunden war und versenkte den einen Arm darin. Langsam zog sie eine glänzende, dicke Schlange heraus, eine Anakonda, die meiner Schätzung nach vier Meter lang war.
«Da ist er», sagte sie. «Armer, armer Oscar, ich bin seinetwegen wirklich in Sorge.»
«Was fehlt ihm denn?» stammelte ich und betrachtete Fräulein Seksis Partner, der sich in seiner ganzen Länge um ihre Schultern und ihre Leibesmitte wand. Sein Gewicht schien normal zu sein, und die Schuppen hatten, wenn das Licht darauf fiel, einen gesunden Glanz. Oscar wollte in Fräulein Seksis Pelzmantel verschwinden. Schon ließen seine ersten zweieinhalb Meter ihren

Torso schwellen und wabbelten unter dem Mantel, als bestünde sie aus Gummi. Eingedenk des Papageis Charlie und des Schicksals meiner Kneifzange beschloß ich, ihm nicht nachzugehen. Statt dessen packte ich Oscars Schwanzende, spannte meine Oberarmmuskeln und stand fest mit gegrätschten Beinen. Wie alle ungiftigen Riesenschlangen bestand Oscar zu neunzig Prozent aus Muskeln. Er fuhr fort, seinen kräftigen langen Körper zusammenzuziehen, während ich unentwegt seinen Schwanz festhielt und mich weigerte, in die parfümierten Abgründe von Fräulein Seksis Tigerfellmantel gezogen zu werden. Das Ergebnis war vorauszusehen. Wenn ich den Schwanz nicht losließ und Oscar hartnäckig weiterzerrte, mußte einer von uns nachgeben, und das war Fräulein Seksi. Ich wurde unerbittlich zu ihr hingezogen. Lieber Gott, laß Edith jetzt nicht hereinkommen! betete ich, als ich Nase an Nase und Schenkel an Schenkel mit der Dame aus dem ‹Garten Eden› stand. Oscar klebte uns wie ein Pflaster zusammen. Als er eine Schlinge um mein Handgelenk wand, fragte ich mich, wer eigentlich wen festhielt.

«Was seine Krankheit betrifft», sagte Fräulein Seksi aus vier Zentimeter Abstand, «so ist sie ganz persönlich. Es sind seine Augen.» Sie blies mir eine Wolke von Chanel 5 und Zwiebeln ins Gesicht. «Wenn Sie meine Handtasche erreichen können, Herr Doktor, finden Sie darin die Karte. Sie werden schon sehen, was ich meine.»

Mit der einen Hand hielt ich Oscar immer noch am Schwanz fest, mit der anderen knipste ich ihre Handtasche auf, fischte darin herum und entnahm ihr eine längliche Karte.

«Das ist sie», sagte Fräulein Seksi, «das ist die Karte von der Klinik.»

Ich hatte keine Ahnung, wovon sie redete. «Was für eine Klinik?» fragte ich.
«Die Klinik für Geschlechtskrankheiten», antwortete sie gedämpft und blickte auf die Tür, um sich zu überzeugen, daß sie geschlossen war. «Ich glaube, Oscar hat's erwischt.»
«Was, eine Geschlechtskrankheit?»
«Ja. Sehen Sie, Oscar und ich sind im Schaugeschäft. Wir sind schon in Paris und in Beirut aufgetreten. Nicht wahr, Oscar?» Oscars Kopf war unter ihrem Mantelsaum aufgetaucht, und züngelnd untersuchte er meine Schuhe. «Ja, wir hatten immer großen Erfolg, Oscar und ich. Eine sehr exotische Nummer, müssen Sie wissen. Wird auch gut bezahlt.»
«Wie arbeiten Sie denn mit Oscar zusammen?»
«Ich bin Schlangentänzerin, sehr exotisch, verstehen Sie.»
«Striptease?» fragte ich aufs Geratewohl.
Fräulein Seksi schenkte mir einen fünf Sekunden langen Vollkraftausbruch ihres Lächelns. «Ja, aber nicht von der niedrigen Klasse, mein Bester. Seksi ist mein Künstlername, in Wirklichkeit heiße ich Schofield.»
«Bitte weiter, Fräulein Schofield.»
«Also, in unserer Nummer bringe ich einen sehr exotischen Tanz als Kleopatra. Verstehen Sie, was ich meine? Dazu ist Oscar wie geschaffen.»
Wir stießen mit den Köpfen zusammen, und vor meinen Augen sprühten Sterne.
«In diesem Tanz – übrigens ein Riesenerfolg in Beirut – entkleide ich mich langsam zu exotischer Musik.» (Jedesmal wenn Fräulein Schofield ihr Lieblingswort gebrauchte, betonte sie die dritte Silbe.) «Der Höhepunkt kommt, wenn ich nackt bin und Selbstmord verübe. Sie verstehen doch, Herr Doktor?»

«Oscar ist demnach die giftige Uräusschlange?»
«Ganz recht. Oscar ist die Kobra. Ziemlich exotisch, finden Sie nicht auch?»
Wenn sich Kleopatra wirklich mit Hilfe einer Schlange das Leben nahm, dann muß es eine der kleinen ägyptischen Giftnattern gewesen sein, bestimmt keine 65 Pfund schwere südamerikanische Boa.
«Jawohl, Herr Doktor», fuhr die Schlangentänzerin fort, «mein Agent findet es ein unerhört dramatisches Finale, wenn sich Oscar ganz um meinen Körper wickelt.»
«Verstehe, verstehe», warf ich schnell ein.
«Also, die Sache ist die, Herr Doktor. Ich hatte einen kleinen Tripper. In der Klinik gab man mir Karten, die ich allen aushändigen sollte, mit denen ich in Berührung gekommen war – ja, so drückten sie sich aus. Das habe ich natürlich getan, obwohl es mir gleich sein kann, was meinen Freunden zustößt – sie taugen alle nichts. Aber Oscar ist mein Partner, mein kleiner Schatz. Er bedeutet mir alles.»
«Wie kommen Sie auf den Gedanken, Oscar könnte sich angesteckt haben?»
«Seine Augen, Herr Doktor, schauen Sie sich nur seine Augen an. Sie machen mich ganz krank vor Sorgen. Es geht um meinen Beruf, Herr Doktor. Er hat es bestimmt von mir.»
Fräulein Seksi vergoß Tränen. Wir waren immer noch so eng miteinander verwoben, daß mein Kittel bald durchtränkt sein würde.
«Das dumme ist», schluchzte sie, «in der Klinik wollte man ihn nicht untersuchen, obwohl ich ihnen alles von ihm erzählte – wie er mit mir arbeitet. Da haben Sie unser Gesundheitswesen! Deshalb bin ich zu Ihnen gekommen.»

«Schaffen wir erst einmal Ordnung, damit ich seinen Kopf sehen kann», sagte ich. Mein eigener Kopf drehte sich. Was seinen Augen auch fehlen mochte, von Gonorrhöe konnte es nicht herrühren. Die Geschlechtskrankheiten des Menschen sind auf andere Säugetiere nicht übertragbar, und bei Reptilien wie Oscar kam es schon gar nicht in Frage. Immerhin, überlegte ich, meines Wissens hatte kein Forscher jemals kategorisch erklärt, daß Anakondas und andere Riesenschlangen gegen die Gonokokken des Trippers immun seien.

Endlich hatte Fräulein Seksi/Schofield die Schlange entknotet, und ich trat erleichtert rückwärts. Zum erstenmal konnte ich den Kopf richtig sehen. «Schauen Sie sich nur die Augen an, Herr Doktor!» jammerte die Tänzerin. «So sind sie in weniger als einer Woche geworden!»

Beide Augen der Anakonda waren tatsächlich anomal. Statt klarer dunkler Juwelen waren es milchigblinde Flecken. Ich betrachtete sie gründlich durch die Vergrößerungslinsen eines Ophthalmoskops mit starkem Lichtstrahl, und da erkannte ich das Auge unter dem milchigen Überzug.

«Wann hat sich Oscar das letztemal gehäutet?» fragte ich. Ich hatte einen solchen Augenzustand bei Schlangen noch nie gesehen, aber es war mir ein Gedanke gekommen.

«Vor ungefähr acht oder zehn Tagen. Im Nu hatte er sein Natternhemd abgestreift.»

«Und danach fielen Ihnen seine Augen auf?»

«Ja.»

Schlangenaugen sind von einer unbeweglichen, durchsichtigen Haut bedeckt, die sie beim Kriechen im Gebüsch schützt. Wenn die Schlangen ihre Oberhaut abwerfen, kommt dieses Schutzhäutchen mit. Wenigstens

sollte es so sein. Meiner Überzeugung nach war Oscars Augeninfektion mit Tripper-Gonokokken nichts anderes als die zurückgebliebene Augenhaut, ein zähes totes Gewebe, das die sonst ganz gesunden Augen bedeckte. Während ich Vorbereitungen traf, dem klaglos leidenden Varietékünstler das Augenlicht wiederzugeben, wurde seine Partnerin wieder weinerlich. «Wenn er blind ist, kann ich nicht mehr mit ihm auftreten», stöhnte sie. Ich verstand nicht recht, wieso die Sehkraft für Oscars Nummer wesentlich war. «Wie soll ich ihn ersetzen? Eine so gut abgerichtete Schlange bekomme ich nie mehr. Und etwas anderes habe ich nicht gelernt.» Das Schluchzen verstärkte sich, während ich ein wenig Paraffinöl in jedes weiße Auge träufelte.
«Halten Sie bitte seinen Kopf fest», befahl ich.
Oscar begann uns wieder zu umschlingen, und ich fühlte, daß mich sein Schwanzende abermals in intime Berührung mit seiner Partnerin brachte. Sie war so verweint und durchschwitzt, daß die Schminke längst verschmiert war.
Mit einer feinen Pinzette zupfte ich den Rand des einen Überzugs ab. Millimeter um Millimeter, immer wieder Öl einträufelnd, löste ich langsam die Kruste. Darunter glänzte dunkles Gold – Oscars unverletztes Auge. Endlich war das ganze tote Gewebe abgelöst, und Oscar starrte mich unergründlich an. Ich machte mich beim anderen Auge an die Arbeit, und bald war es ebenfalls klar. Die «Geschlechtskrankheit» war weg. Ich legte die Pinzette fort, befreite mich von Oscars liebevoller Umschlingung und trat zurück, um mein Werk zu begutachten.
Fräulein Seksi hielt den Mund offen vor Erstaunen und Freude; sie gurgelte und ließ ein echtes Lächeln erstrahlen. Auch sie machte sich von Oscar frei und kam auf

mich zu. «Herr Doktor, wie soll ich Ihnen jemals danken?» schnurrte sie, umfing mich in pythonhafter Umarmung und drückte mir einen feuchten Schmatzkuß auf die Stirn, gerade als Edith die Tür öffnete.
«O Edith», sagte ich, «Sie kommen im richtigen Augenblick . . .»
«Das sehe ich», unterbrach sie mich trocken.
«. . . um mir zu helfen, Oscar in seinen Sack zu bugsieren.»
Gemeinsam entrollten wir die jetzt kläräugige Anakonda, und Edith begleitete Fräulein Seksi hinaus.
«Wir können ohne diese Sorte auskommen», sagte Edith, als sie zurückkehrte, um die Pinzette zu sterilisieren.
Mit ihrem theatralischen Auftreten hatte Fräulein Seksi mir Abwechslung beschert, und was den durchaus ungekünstelten Oscar betraf, so verdankte ich ihm meine erste Erfahrung mit einem Übel, das, wie ich später feststellte, bei Schlangen oft vorkommt.
Ich antwortete: «O nein, das können wir nicht, Edith.»

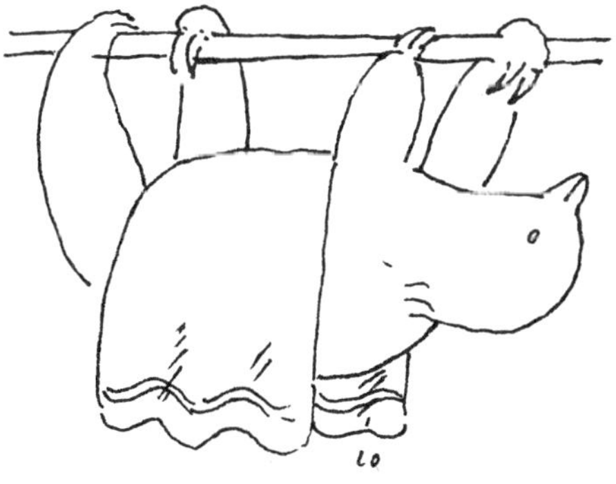

5. Im Zoo Bellevue

Obwohl ich nun seit fast zwei Jahren in der Praxis Norman Whittles arbeitete, war ich meinem ersehnten Ziel nicht viel näher gekommen. Ohne weitgefächerte Fachausbildung geriet ich häufig in eine Klemme, die meine Unwissenheit deutlich erkennen ließ. Es lag nicht nur an der Schwierigkeit, bei Tieren, die im orthodoxen Veterinärstudium nirgends aufgeführt waren, Krankheiten zu diagnostizieren, ach nein, es kam vor, das ich nicht einmal Gattung, Art und Familie des Geschöpfs kannte, das ins Sprechzimmer getragen, gezogen oder geschoben wurde. Tierbesitzer sind dem Veterinär, der Katzen und Hunde behandelt, nicht wohlgesinnt, wenn er die Namen «Fluffy», «Putschlie» oder «Garibaldi» vergessen hat, selbst wenn Jahre seit dem letzten Besuch vergangen sind. Noch viel verflixter war meine Lage, als ein braunes Pelztier von der Größe eines Frettchens mit großen orangefarbenen Augen auf meinen Tisch gesetzt wurde, und der stolze Besitzer sagte: «Horaz, das ist Herr Doktor Taylor. Sei jetzt schön brav», und dann zu mir: «Ich komme mit Horaz aus Carlisle, Herr Doktor, weil man mir dort im Zoo sagte, Sie könnten die Hautkrankheit heilen, die das arme Tier schon seit Monaten plagt.»

Ich hätte dem lächelnden Horaz-Besitzer, der mit diesem «Was-weiß-ich» 170 Kilometer zurückgelegt hatte, einen schlechten Eindruck gemacht, wenn ich ihn rundheraus gefragt hätte, was für ein Tier das eigentlich sei. Er war felsenfest überzeugt, ich wüßte es. Ich betrachtete Horaz, und er gab meinen Blick freundlich zurück. Er schien zahm zu sein, denn er spazierte unbekümmert auf dem Tisch herum. Jedenfalls mußte er ein Säugetier sein, da er ein Fell hatte.

«Er hat kleine kahle Stellen am Kopf, Herr Doktor», belehrte mich der besorgte Besitzer.
Ich betrachtete Horaz' Kopf. Er war mungoähnlich mit kleinen Ohren und einem feuchten, niedlichen Näschen, nicht größer als bei einem Chihuahua.
«So, so», begann ich hoffnungsfreudig, «so etwas bekommt unsereins nicht oft zu sehen.» Mit dieser kunstvollen Eröffnung wollte ich den Mann dazu bringen, mir den benötigten Hinweis zu liefern, denn ich stellte mir vor, er werde mir zustimmen und sagen, freilich, Knirschläppchen oder Schlupfkoller, oder was sonst das Tierchen sein mochte, seien recht selten.
Er ging nicht in die rhetorische Falle. «Glaube ich gern, Herr Doktor», antwortete er, «aber Herr Soundso sagt, bei seinem wären hier in der Praxis Wunder vollbracht worden, als er krank war.»
Ich betrachtete Horaz' Füße. Sie waren fingerähnlich und erinnerten mich an die eines Affen. Um Zeit zu gewinnen, wollte ich Horaz streicheln und ihn dann aufnehmen, so daß ich mir die kahlen Stellen näher ansehen konnte. Er schnupperte vorsichtig an meinen Fingern. Ich erschrak, als ich beim Streicheln sein Rückgrat fühlte. Wie alle Säugetiere hatte Horaz eine Wirbelsäule, aber ich staunte, als ich fühlte, daß die Wirbel durch das Fell spürbar waren, als ob sie durch die Haut hervorstießen. Er kam mir durchaus rundlich vor, und von einem Unfall war keine Rede gewesen – wieso sorgte sich sein Besitzer wegen ein paar kahlen Stellen, wenn mit dem Rücken seines Haustierchens etwas viel Ernsteres los war? Vielleicht konnte ich Untersuchung, Diagnose und Behandlung bewerkstelligen, ohne zu wissen, was Horaz eigentlich war. Nein, das war hoffnungslos. Ich war ein Dummkopf – ich hätte meine Unwissenheit sofort zugeben sollen.

In diesem Augenblick beschloß Horaz, mich zu beißen. Er biß nur einmal zu, gezielt und kräftig, und zwar hatte er es auf den Zeigefinger abgesehen, der seinen Rücken streichelte. Als ich mit einem Schmerzensschrei zurückzuckte und den blutenden Zeigefinger in den Mund steckte, schaute er mich wieder zutraulich an.
«Aber, aber, Horaz», rügte sein Besitzer, «so ein unartiges Kerlchen! Aber vermutlich bekommen Sie viele Bisse ab, Herr Doktor, wenn Sie mit diesen Tierchen zu tun haben.»
Mein Finger blutete ausgiebig und tat höllisch weh, doch wenigstens hatte mir Horaz die Gelegenheit gegeben die ich brauchte, um meine angeknackste Würde zu retten. «Ich hole mir nur schnell ein Pflaster», sagte ich und flüchtete aus dem Sprechzimmer.
In einer halben Minute hatte ich den Finger mit einem Pflaster versehen und schoß hinauf zu meinen Tierbüchern. In irgendeinem mußte ich, so Gott wollte, eine Spur finden, die zu Horaz führte. Fieberhaft durchblätterte ich ein dickes Tierlexikon. Die Finger des unbekannten Wesens schienen mir ein wichtiges Merkmal zu sein, doch dann fielen mir seine hervorstehenden Wirbel ein. Kein Affe, aber ebensowenig ein kleines Raubtier wie etwa das Wiesel. Bei den Mungos fand ich nichts Ähnliches. Ich ging die Marderfamilie durch – vielleicht war Horaz ein Olingo, wie immer dieser Schlankbär aussehen mochte. Ich fand die Abbildung eines Olingos. Ja, das Gesicht war ähnlich, aber die Ohren waren viel größer und die klauenbewehrten Füße gar nicht fingerhaft.
Ich prägte mir das Aussehen des Olingos ein, falls mir jemals einer gebracht würde und schlug das Kapitel der Halbaffen auf, jener Ordnung in der Reihe der Herrentiere, die zwischen Insektenfressern und Affen liegt.

Horaz hatte etwas vom typischen Aussehen der Insektenfresser und zugleich Greiffüße. Gewonnen! Als ich die niedlichen Gesichter dieser entferntesten Vettern des Menschen betrachtete, des Fingertiers, des Tupajas und der übrigen, sah ich mich auf einmal Horaz gegenüber, wie er leibte und lebte, auf einer prächtigen farbigen Abbildung.

«Lange her, seit ich das letztemal von einem Potto gebissen worden bin», sagte ich vergnügt, als ich die Tür zum Sprechzimmer öffnete.

Pottos haben, wie in der Beschreibung zu Horaz' Konterfei stand, am letzten Halswirbel und an den ersten zwei Brustwirbeln stark verlängerte Dornfortsätze, die man durch die Haut hindurch fühlt. Wenigstens war meine Befürchtung, Horaz hätte ein verletztes Rückgrat, aus der Welt geschafft. Immerhin war er mein erster Halbaffenpatient, und von den Krankheiten der Halbaffen wußte ich überhaupt nichts; aber ich hatte vor, abgeschilferte Zellen seiner kahlen Stellen analysieren zu lassen, um herauszufinden, was den Haarausfall verursachte.

Eine Woche später übergab mir Edith den Laborbericht, der folgendermaßen begann: «Ihr Abstrich von einem Dotto??? (was für eine Katze ist das eigentlich, oder soll es ein Scherz sein?) . . .»

Ich mußte mich daran gewöhnen, daß man mich für einen Witzbold hielt, der sich gern Scherze erlaubte. Ich mußte lernen, geduldig zu warten, wenn die Person, die das Telefon eines Chemiekonzerns bediente, ungläubig schnödete, weil ein Tierarzt in Rochdale ein besonderes, tropisches Mittel gegen Schistosoma (bestimmte Saugwürmer) bei Pavianen bestellte, oder wenn die Fernamttelefonistin mich mitten im Telegrammdiktat «Vermutlich haben Ihre Pinguine Klumpfüße» mit den Worten unterbrach: «Jetzt machen Sie aber einen Punkt. Ist das ein Aprilscherz oder etwas Ähnliches?» Viele Jahre später mußte ich einem Telegrafisten mit einer gerichtlichen Klage drohen, wenn er mein Kabel über eine todernste Angelegenheit, die weder einen Potto noch sonst ein freilebendes Tier betraf, nicht wörtlich morse. Sie betraf einen Fußballspieler, den Star des berühmten Real Madrid, der sich eine einzigartige Pilzinfektion, eine Mykose, an der Kniescheibe zugezogen hatte und vielleicht nie wieder spielen konnte. Noch nie war diese Mykose bei Menschen verzeichnet worden, aber die spanischen Ärzte wußten, daß ich bei Zootieren verschiedenerlei Mykosen behandelt hatte. Über die Madrider Zoodirektion nahmen sie mit mir Kontakt auf, und ich kabelte ihnen die Auskunft, die ich zu geben vermochte. Man muß dem Telegrafisten seine Ungläubigkeit verzeihen, als ich zu diktieren begann: «Bezüglich der Kniescheibe des Fußballers kenne ich den Fall eines Otters in Afrika und eines Stachelschweins . . .» Schließlich wurde das Telegramm durchgegeben, und ich denke gern daran, daß der Otter und das Stachelschwein dem Fußballstar dazu verhalfen, den Ball weiter ins Tor zu treten.

Des weiteren stand in dem Laborbericht über Horaz, den Potto: «. . . ist Trichophyton positiv.» Damit war eine durch einen Pilz hervorgerufene Hautkrankheit gemeint. Ich gab Edith den Bericht zurück und schrieb seufzend für den Pottobesitzer ein Rezept, das dem Haarausfall bald ein Ende machen würde. So ungewöhnlich ein Potto auch sein mochte, seine Hautkrankheit war es gewiß nicht.

Nachdem ich zweieinhalb Jahre lang Hunde, Katzen, Schweine, Kühe und dazwischen etwa eine Riesenschlange und einen Potto behandelt hatte, war ich ganz

Ohr, als Norman Whittle an einem Wintertag wie von ungefähr eine Neuigkeit erwähnte. Wir saßen in unserem kleinen Büro vor dem Gasofen und wärmten unseren Hosenboden.
«Im Bellevue ist ein neuer Direktor ernannt worden. Heißt Legge. Er hat einen glänzenden Ruf als Zoologe, Fische sind sein Fachgebiet.»
Konnte das für mich endlich eine Gelegenheit sein, als Zooveterinär zum Zuge zu kommen? Durchaus möglich, daß ein Direktionswechsel eine neue Einstellung zur Leitung eines Zoologischen Gartens bedeutete. Der Zoo Bellevue war kürzlich von einem internationalen Hotelkonzern mit Freizeitprogramm übernommen worden, und es ging das Gerücht, es sollten neue Tiere erworben und neue Gehege angelegt werden. Das hörte sich ganz so an, als könnte für einen jungen Veterinär ein neuer Lebensabschnitt beginnen. Ich hakte sofort ein.
«Sie kennen ja mein Interesse für exotische Tiere», sagte ich, «aber die Papageien, Buschbabys und Affen, die uns manchmal in die Praxis gebracht werden, bringen mich nicht viel weiter. Ich lernte mehr, als Sie uns Studenten in den Zoo führten.»
Norman wußte, worauf ich hinaus wollte. «Zoo-Arbeit», antwortete er nachdenklich und wippte mit den Fersen, «glauben Sie, daß das eine Zukunft hat?»
«Ich bin absolut sicher.»
«Wie ich Ihnen schon sagte, David, können wir dort nicht viel ausrichten, weil wir zuwenig wissen. Den meisten kranken Tieren stehen wir machtlos gegenüber. Mit Intuition ist da nicht viel anzufangen, schon gar nichts mit Vermutungen. Tierwärter wie Matt Kelly sind eher die Neunmalklugen. Wir werden nur der Form halber zugezogen.»

«Aber Bellevue gehört zu den größten Zoos in England, und eigentlich müßte es dort für uns viel Arbeit geben. Was ist denn mit Ernährung, Vorbeugungsmaßnahmen, Verbesserung der Fortpflanzung? Es muß viele Dinge geben, die nur ein Veterinär besorgen kann. Und mit einem ehrgeizigen neuen Direktor . . .»

«Möglich, daß Sie recht haben», unterbrach er mich, «aber Sie wissen ja, wie selten ich hinkomme. Ich wurde bisher immer nur gerufen, wenn sie selbst nicht mehr ein und aus wußten. Wir sind nichts weiter als die letzte Zuflucht.»

«Wenn die Veterinärarbeit im Zoo nicht anerkannt wird, müssen wir eben beweisen, wie wichtig sie ist und sie zwingen, den Wert einzusehen. Die neue Firma und der neue Direktor bedeuten eine Chance für eine andere Einstellung.»

Norman seufzte und schüttelte den Kopf: «Wir wissen nicht genug über diese Tiere, von den fehlenden Instrumenten ganz zu schweigen. Sie haben es doch selbst erlebt: Wenn ein Gorilla ein krankes Auge hat, wird ein Spezialist aus der Augenklinik gerufen. Er geht hin, wenn er Zeit hat, aber er ist Menschen gewöhnt, die ihm nicht beide Arme brechen und nicht seinen Augenspiegel zerkauen, wenn er das erkrankte Auge unter die Lupe nehmen will. Also verliert der Spezialist die Lust und der Fall wird nicht weiterverfolgt. Mehrere Humanchirurgen kommen, um den Löwen Blut abzuzapfen, und drei Löwen gehen ein, weil der Anästhesist keine Ahnung gehabt hat, was für schreckliche Dinge Morphium bei Katzen anrichten kann. Also versuchen sie es nochmals, diesmal mit einem Barbiturat, und wieder wacht ein Löwe nicht mehr auf. Es ist deprimierend. Glauben Sie mir, es ist sehr schwierig, in diese Mauer eine Bresche zu schlagen.»

Die Geschichte von den eingegangenen Löwen kannte ich. Sie ergrimmte mich damals sehr, und sie ergrimmt mich noch heute, wenn ich daran zurückdenke.
«Zum Teufel mit den Humanärzten», sagte ich. «Der Veterinär sollte für den Gesundheitszustand der Tiere im Bellevue verantwortlich sein.»
Mein Chef lachte, aber seine Augen hatten einen traurigen Ausdruck. «Sie haben recht, nur dürfte es Ihnen schwerfallen, die zuständigen Leute davon zu überzeugen. Vergessen Sie nicht, bei Tieren wie Nashörnern und Giraffen tappe ich im dunkeln. Ich kann nichts anderes tun, als Zebras wie Pferde, Giraffen und Kamele wie Rindvieh, Löwen und Tiger wie Hauskatzen zu behandeln.»
«Das ist aber nur ein Bruchteil des Tierreichs. Was ist denn mit Reptilien, Primaten und Geschöpfen wie Tapiren, Elefanten und Stachelschweinen?»
Er zuckte die Schultern. «Da bleibt einem keine Wahl, man muß sie eben hinnehmen und die geltenden Grundsätze befolgen.»
«Und die Tiere gehen ein.»
«Ja. Ich muß sogar zugeben, daß ich meistens nicht einmal nach der Obduktion sagen kann, warum und wieso das Tier den Geist aufgegeben hat. Ganz selten vermag ich etwas auszurichten, die Ohnmacht ist zum Verzweifeln. Nun, immerhin haben wir eine Praxis für Kleintiere und Bauernvieh, und da läßt sich viel Gutes tun. Finden Sie nicht auch, daß der Zoo mehr Mühe macht als sich lohnt?»
Seine Worte erschreckten mich. Sie schienen mir anzudeuten, daß er es erwog, die Arbeit im Zoo aufzugeben. Dabei war dies meine einzige Chance, in die Welt der Wildtiermedizin einzudringen. Verzagt fragte ich: «Denken Sie im Ernst daran, den Zoo abzutreten?»

«Nun ja, er ist achtzehn Kilometer entfernt, der Stadtverkehr wird immer schlimmer, unsere ganze übrige Arbeit spielt sich in und um Rochdale ab ... es gibt Tierärzte, die nicht so weit entfernt praktizieren.»
Mein Puls beschleunigte sich. Gerade weil Norman Whittle der zuständige Zoo-Arzt war, lag mir daran, bei ihm als Assistent zu arbeiten; doch wenn er diesen Posten aufgab – allein die Möglichkeit ließ mich schaudern. Ich faßte meinen Entschluß augenblicklich; ich atmete tief, schluckte einmal leer und sagte: «Lassen Sie mich die Arbeit im Bellevue übernehmen. Ich möchte aus der Wildtiermedizin etwas machen.»
Norman lächelte, stand auf und zog seinen Kittel an. Es wurde Zeit für die Sprechstunde. «Na, schön», sagte er, «mir soll's recht sein.»

Endlich sollte ich im Zoo arbeiten, jetzt brauchte nur angerufen und der Arzt verlangt zu werden. Ich sorgte dafür, daß alle wußten, wen sie zu benachrichtigen hatten, ganz gleich, ob ich im Dienst war oder nicht. Ich mußte sofort benachrichtigt werden, wenn der neue Zoodirektor anrief. Gott behüte, daß es geschah, wenn ich draußen auf der Heide gerade beim schwierigsten Kalben war!
Eine Woche verging. Meine Patienten waren nur Hunde, Katzen, Kühe und Schweine. Noch eine Woche verging und noch eine, und jedesmal wenn das Telefon läutete, hieß es: «Habe hier eine Färse mit geblähtem Bauch, so straff wie ein Trommelfell», oder: «Unsere alte Hündin trinkt Tag und Nacht Wasser und kann sich kaum mehr auf den Beinen halten.» Just als ich mich fragte, ob die Tiere mit dem neuen Direktor wohl lauter außergewöhnlich wirksame Amulette erhalten hätten, kam der Anruf, den ich so sehnsüchtig erwartet

hatte. Ein junges Kamel, das mit der Flasche aufgezogen wurde, hatte etwas am Maul. Ob der Veterinär bitte kommen könnte.
Und ob ich konnte! Ich war selig, als ich nach Manchester fuhr. Endlich ein Tier für mein Debüt: leicht zu behandeln, ohne Narkoseprobleme. Ich schmeichelte mir, von Mäulern etwas zu verstehen. Kamelzähne ähneln denen der Rinder, wovon ich schon Dutzende gezogen hatte. Zungeninfektionen, Geschwüre, orale Krebsformen, Fremdkörper – ich hegte keine Zweifel, daß ich mich in allem auskannte, sowohl bei Haustieren als auch bei den Affenarten der Neuen Welt mit der sogenannten Südamerikanischen Primatenkrankheit, bei der sich die Gesichtsknochen deformieren und das Gebiß in grotesk falscher Anordnung wächst. Ich hoffte, daß Kamele nicht etwa einer nur Eingeweihten bekannten Maulseuche unterworfen wären oder einer Zahnfäulnis, die nur ägyptische Kameltreiber und Tierwärter wie Matt Kelly kannten.
Die Straße von Rochdale nach Manchester führte an einer ungebrochenen Folge von terrassenförmig ansteigenden Häusern mit verrußten Ziegelsteinfassaden vorbei, an kleinen Läden, wo alles, von Gummiband am Meter bis zu Zypernwein vom Faß verkauft wurde und an großen Fabriken mit massiven Eisentoren. Es war für mich eine leichte, wohlbekannte Fahrt. Als Kind und später als Student hatte ich sie oft mit dem orange-gelben Doppeldeckerbus gemacht. Von der Stadtmitte aus war ich dann mit der Straßenbahn zum Zoo gefahren, der hinter einem Gewirr von Gassen, Kohlenhalden und Rangiergeleisen lag. Dies war der häßlichste Teil der Stadt, wo die Spatzen ein rußigschwarzes Gefieder gleich einer Uniform trugen, überall Tauben mit geschwollenen gichtigen Gelenken in der Gosse umher-

hinkten und sich die herbstlichen Schwefelnebelschwaden an den Fensterscheiben der Wirtshäuser niederschlugen. An diesem Tag beachtete ich die Fabriken, die trübseligen Wohnhäuser und die Kirchen, die mit ihren Fensterhöhlen vergessen in unkrautüberwucherten Höfen standen, überhaupt nicht. Ich fuhr als offizieller Veterinär zum Zoologischen Garten.

Hinter den hohen Mauern des Zoos fing die Wildnis an. In der grauen Wüste von Manchester gab es eine Oase, wo freilebende Tiere aus allen Erdteilen zu finden waren. Gleich hinter der Kasse, die an der verkehrsreichen Hauptstraße lag, einen Steinwurf entfernt vom gewaltigen Förderturm der Bradford-Zeche und noch näher beim Güterbahnhof, waren Afrika und Asien, das undurchdringliche Grün des Mato Grosso und der endlose Horizont der Steppe. Im ganzen Park gab es nicht mehr als einen Morgen mageres, kümmerliches Gras, das auf einer aufgeschütteten Erdschicht von knapp drei Zentimetern wuchs. Im Frühling roch die Luft nach Lokomotivenrauch, und im November brannte sie in den Augen. Dennoch hausten hier Leoparden und Löwen, Elenantilopen und Elefanten. Hier hatte ich als Kind die Mauern erklettert, obwohl sie oben mit Glasscherben gespickt waren, um unentgeltlich den Tigon zu betrachten, diese seltsame, langlebige Kreuzung aus Löwin und Tiger, die irgendein Maharadscha in einer großzügigen Anwandlung vor einem Vierteljahrhundert dem Zoo geschenkt hatte, und den Bären Grimassen zu schneiden, bis mich ein erzürnter Wärter verjagte. Für mich war es ein Zauberland, und es kam mir unglaublich vor, daß ich endlich beruflich «auf Safari» war (zum fürstlichen Gehalt von acht Shilling und sechs Pence pro Besuch), unter den berückenden Tieren hinter den hohen Mauern.

Der Zoo war angelegt worden, als Königin Viktoria auf der Höhe ihrer Macht stand, als Britannien die Wellen beherrschte und das Indische Reich immer noch voll blühte. Die Gebäude sollten den Stil der indischen Magnaten spiegeln, den man zur Zeit der Herrschaft in Indien so liebte; deshalb hatten die Tierhäuser Fenster, Dächer und Türen, bei denen sich die sinnlichen Kurven der islamischen Kunst mit dem schweren Holz- und Eisenwerk des Viktorianischen Zeitalters innig vermählten. Den Menschenmengen, die mit einem Zug, der geradewegs in den Zoo fuhr, aus den Baumwollstädten kamen, muß das Seelöwenhaus in seiner Glanzzeit wie ein zierlicher Pavillon aus dem Palastgarten von Maisur erschienen sein, ein Ort, wo man, wären das Geniesel, der Nebel und das herübertönende Geratter der Straßenbahn nicht gewesen, mit der Gattin des britischen Obersten unter Jakarandablüten das indische Gabelfrühstück genießen konnte. Gärten und lange Rosenlauben wurden zwischen den Tierhäusern angelegt, künstliche Seen ausgeschaufelt, Bäume und Sträucher angepflanzt, und im Gebüsch nisteten die Zwiebelkuppeln und Minarette ornamentaler Moscheen und Stuckpaläste.
In dieser hübschen Umgebung konnten die Viktorianer lustwandeln und die Tiere der Wildnis hinter massiven Eisenstangen und in tiefen Gruben bewundern. Wenn sie der Betrachtung müde waren, konnten sie der Blechkapelle in einem der vielen Konzertpavillons lauschen, in Restaurants essen, in Wirtshäusern trinken oder sich auf einem Rummelplatz mit Karussellen, Luftschaukeln und Rutschbahnen vergnügen – alles in derselben ummauerten Anlage. Der Park hatte eine eigene Brauerei und eine Bäckerei, außerdem Räume für große Bankette und Bälle sowie einen Platz für Feuerwerk. Als ich

bei schwindendem Tageslicht auf dem Wege zu meinem kranken jungen Kamel durch die Anlagen fuhr, konnte ich mir gut vorstellen, wie das Bellevue vor einem Jahrhundert ausgesehen hatte. Noch immer lugten die abbröckelnden Überreste der Schmuckmoscheen aus den Rhododendronbüschen, der Feuchtigkeit trotzend und auch den zermürbenden Schuhen der Buben, die, ohne die Verbotstafel zu beachten, den Turm des Muezzin zu erklettern trachteten. Obwohl Trockenfäule nagte und die hellblaue Farbe abblätterte, obwohl hundert Jahre lang Seelöwen hier geplätschert hatten und Heringsgeruch das Holzgewölbe von Maisur imprägnierte, der Pavillon stand immer noch, und ein kleiner Rest der Rosenlauben war stehengeblieben. Die dicken Eisenstangen gab es nicht mehr, neue Tierhäuser waren aus armiertem Beton erbaut worden; die Eisenbahnstrecke endete außerhalb des Parks, und die Brauerei war baufällig, aber zwischen den modernen Dingen, darunter einem Kinderspielplatz und einem Transportweg für Motorfahrzeuge, ragte da und dort ein Mauerbogen, eine Kuppel oder ein feinziseliertes Eisenwerk heraus und beschwor ein vergangenes Zeitalter vornehmer Selbstsicherheit herauf.

Das junge Kamel, zu dem ich gerufen worden war, entpuppte sich als ein freundliches Trampeltierweibchen. Es wurde soeben von Legge und Matt Kelly mit der Flasche gefüttert. Ich stellte mich dem neuen Direktor vor, während Kelly, vor Verwunderung über mein Erscheinen die Stirn runzelnd, beiseite stand.

Ray Legge war ein schlanker, blasser, militärisch wirkender Mann Mitte Vierzig, mit dunklem Haar und Schnurrbart, Adlernase und herzlichem Lächeln. Er war adrett gekleidet und bewegte sich mit der abgezirkelten Leichtigkeit eines Bergsteigers. Er hatte die knappe, befehlsgewohnte Sprechweise eines Offiziers. Ein geradezu dramatischer Unterschied zu seinem Amtsvorgänger.

Er drückte mir so kräftig die Hand, daß mir fast die Knöchel zerquetscht wurden. «Sehr erfreut, Sie kennenzulernen. Wie Sie vielleicht wissen, war ich im Zoo von Chester, ich befaßte mich in den letzten Jahren fast ausschließlich mit Tieren des Süß- und Seewassers, insbesondere im dortigen Aquarium. Ich bin Fachmann für Fische, aber ich möchte in den nächsten Monaten die Säugetiere und Vögel hier näher kennenlernen. Also sehen Sie sich nun dieses Kamel an.»

Kelly hielt das Trampeltier mit einer Miene fest, die deutlich besagte, wie skeptisch er dem jungen Veterinär gegenüber stand, der ganz Schulweisheit war und von Zootieren keine Ahnung hatte.

Als ich fragte, was denn dem Trampeltier fehle, knirschte er mit den Zähnen und nahm eine Pose an wie Ignatius von Loyola, der auf einem Barockgemälde zum Himmel aufblickt. Er hatte ein rötliches Gesicht und einen Bürstenhaarschnitt, der würfelförmig wirkte und einen untersetzten, kurzen Körper. Matt hatte mir in der Studentenzeit mit seiner anscheinenden Allwissenheit, seinen zoologischen Kniffen und seinem autokratischen Feldwebelgehaben Gottesfurcht eingeflößt. Jetzt machte er dem Kamelweibchen mit seinen kräftigen Händen das Maul auf.

«Sie saugt zu zaghaft», sagte Legge, «und sie hat einen weißen Belag im Maul.»

Ich schaute hinein. Tatsächlich war die ganze Schleimhaut mit einem milchigweißen Belag bedeckt. «Das ist eine Soormykose», verkündete ich sofort. «Bei Säuglingen erlebt man sie oft. Sie haben doch die Milchflaschen immer sterilisiert, nicht wahr?»

Matt Kelly räusperte sich, wurde noch röter, schwieg jedoch.
«Ja, Kelly kocht die Flasche vor jeder Fütterung aus», antwortete der Direktor. «Ist es etwas Ernstes?»
«Nein, gewöhnlich nicht. Wir werden es bald in Ordnung bringen. Warten Sie bitte einen Augenblick.»
Ich ging zu meinem Wagen und kehrte mit einem Desinfektionsmittel zurück. Während Matt wieder das Maul des Kamels offen hielt, bepinselte ich Zahnfleisch, Zähne und Lippen mit der bitteren Flüssigkeit. Das Tier verzog das Gesicht ob des bitteren Geschmacks und gurgelte roten Speichelschaum hervor, der Matts Hände verfärbte. Matts Backen waren jetzt pflaumenfarbig, und ich befürchtete, mit seinem Zähneknirschen könnte er sich einen Zahn ausbeißen.
«Fertig», sagte ich, «das wird wirken.» Zuversichtlich verabschiedete ich mich und fuhr mit der Überzeugung heim, daß ich den bestmöglichen Anfang gemacht hatte.
Zwei Tage später rief der Zoo abermals an. Matt war am Apparat. «Es handelt sich um das Kamel, Herr Doktor», sagte er mit seinem leichten Dubliner Tonfall. «Ich glaube, Ihre rote Farbe hat gar nichts genützt. Es geht dem Tier schlechter.» Als ob er bereits entschieden hätte, daß ich wegen des kritischen Zustands der Patientin nichts mehr verschlimmern könne, fügte er hinzu: «Sie können herkommen, wenn Sie wollen.»
Ich fluchte innerlich; er tat ja so, als würde ich aufgefordert, die letzte Ehre zu erweisen.
Dem Kamel ging es tatsächlich schlechter. Der weiße Belag bedeckte immer noch die Schleimhäute, und der Allgemeinzustand und die Vitalität des Tieres hatten erschreckend nachgelassen. Überdies wiesen auch die Därme und die Vagina den Belag auf. Noch nie hatte

ich Soor, eine gewöhnlich milde Mykose, so wuchern gesehen; aber in meiner Studienzeit hatte man dem Erreger wenig Aufmerksamkeit geschenkt. Man betrachtete ihn als einen Opportunisten, der unter normalen Umständen ungefährlich war. Doch dieses Kamel war ganz entschieden krank. Konnte die Soormykose das allein anrichten? Erst viel später sollte ich lernen, daß Soormykose bei Vögeln und Delphinen in eine langwierige und manchmal tödliche Infektion ausarten kann; aber damals war ich überzeugt, daß es sich bei dem Kamel um einen viel komplizierteren Fall handelte, als ich zuerst angenommen hatte.

Matt zog die Brauen in die Höhe, als ich meine Zweifel äußerte. «Klar», sagte er, «ich dachte mir gleich, daß sie nicht durchkommen würde. Tiere, die mit der Flasche aufgezogen werden, haben keine Widerstandskraft.» Sein Gesicht drückte müde Nachsicht aus.

Plötzlich kam mir ein Gedanke. Pilze, Hefepilze. Die Hefe, die man zum Brotbacken und Bierbrauen verwendet. Die Hefepilze leben vom Brotteig und beim Bier vom Zucker. Zucker, das war es. Irgendwo hatte ich einmal gelesen, daß Menschen, die mit dem Harn Zucker ausscheiden – das heißt Diabetiker – für Hefepilzinfektionen besonders empfänglich sind.

«Ich will eine Harnprobe nehmen, Herr Kelly», erklärte ich. Er starrte mich an. Noch nie hatte er gehört, daß man bei einem Kamel so etwas machte. Ich konnte mir vorstellen, daß er im stillen dachte, junge Veterinäre unternähmen seltsame Dinge, wenn sie nicht wüßten, wo das Übel zu suchen war.

Mit großer Mühe schob ich den Katheter in die Harnblase des Kamels, zapfte ein paar Teelöffel voll Harn ab und tauchte den Glukoseteststreifen hinein. Er färbte sich dunkelblau – das Kamel war zuckerkrank. «Diabe-

tes, Herr Kelly», verkündete ich aufgeregt. Er runzelte die Stirn. «Ich will auch das Blut noch untersuchen. Das war nur ein Schnelltest.»
Der abnorm hohe Zuckerspiegel bestätigte ohne jeden Zweifel die Ursache der Erkrankung. Die Soormykose war sekundär und konnte wahrscheinlich mit entsprechenden Mitteln behoben werden; schwierig hingegen war die Frage, wie der Diabetes behandelt werden sollte. Ich sprach darüber mit Ray Legge.
«Es sieht ganz so aus, als brauchte sie täglich eine Insulininjektion», warnte ich ihn. «Am besten fangen wir mit einem Depot-Insulin an, das etwa vierundzwanzig Stunden Wirkungsdauer hat und ändern die Dosis je nach Bedarf, bis der Zuckerspiegel normal ist.»
Die Aussicht war nicht sehr rosig, denn wahrscheinlich war ein Kamel noch nie mit Insulin behandelt worden. Ich kannte viele Hundebesitzer, die es gewöhnt waren, ihrem zuckerkranken Haustier jeden Tag Insulin zu injizieren, bis die Hunde am ganzen Körper Knötchen entwickelten und sich wie eine Ananas anfühlten.
«Könnten wir nicht ein Präparat ins Futter mischen?» fragte Legge.
Damals gab es zwei oral einzunehmende Mittel, die sich bei Menschen in einigen Fällen als wirksam erwiesen hatten, aber bei fast allen Tieren hatten sie weder den Zuckerspiegel gesenkt noch den Krankheitsverlauf aufgehalten. Das setzte ich dem Zoodirektor auseinander, und wir entschlossen uns für die Injektionen.
«Und woher nehme ich den Harn?» wollte Matt Kelly wissen. «Ich kann doch nicht den ganzen Tag hinter dem Tier stehen und hoffen, daß es pinkeln wird!»
«Natürlich nicht», antwortete ich. «Sie brauchen nur eine Pfütze auf dem Betonboden, und da tauchen Sie den Teststreifen hinein.»

Matt betrachtete seine Sammlung medizinischer Utensilien mit der Begeisterung eines galligen Kobolds. Auf dem Boden herumkriechen und Kamelharn aufsaugen, so etwas! Er hatte es sich ja gleich gedacht, was geschehen würde, wenn sich Neulinge wie der junge Taylor einmischten!

Als Matt in den folgenden Tagen dem Kamel Insulin injizierte und die Soormykose behandelte, setzte das Tier Gewicht an und sein Zustand besserte sich. Alles ging gut. Dann aber, am neunten Tag, verweigerte es die Nahrung und machte einen jämmerlichen Eindruck. Der Zuckergehalt im Harn schoß in die Höhe. Als Ray Legge am Morgen des zehnten Tages ins Tierlazarett kam, lag das junge Kamel verendet da. Sehr unglücklich fuhr ich hin, um die Obduktion vorzunehmen. Die Bauchspeicheldrüse, die das natürliche Insulin bildet und zahlreiche andere Stoffwechselfunktionen ausübt, war ein zusammengeschrumpftes, kaum mehr vorhandenes Gewebe. Dieser Rest war entzündet, rot und gelb. Matt Kelly gab mir wortlos die unbenutzten Spritzen, Teststreifen und Ampullen zurück. Das wäre also zur veterinärmedizinischen Wissenschaft zu sagen.

Trotz diesem ersten Schlag zeigte sich Ray Legge als rühriger Erneuerer im Bellevue. Er beaufsichtigte den Bau der schönsten Schauaquarien und Reptilienhäuser im Lande und entwarf dann ein modernes großes Affenhaus mit Einzelkäfigen, eigener Küche und Vorratsraum für Len, den ältesten Affenwärter, und mit unterirdischen Gängen, die von den zentralgeheizten, mit Fenstern versehenen Innenräumen in eine Freianlage führten, wo die Affen ebenfalls durch Panzerglas vor den Besuchern mitsamt ihren Krankheitserregern geschützt waren. In diesen Gebäuden sollte ich in den nächsten Jahren viel Zeit verbringen, denn es kam zu

der unausgesprochenen gegenseitigen Vereinbarung, daß ich dem Zoo regelmäßig mindestens einmal in der Woche einen Besuch abstattete, nicht nur wenn ich gerufen wurde. Der Zoo hatte für die neuen Anlagen aufregende neue Exemplare gekauft, Riesenschildkröten und Alligatoren fürs Aquarium und zwei junge Gorillas fürs Affenhaus, die die bisherige Sammlung ergänzten. Es war anregend und angenehm, mit Ray Legge zusammenzuarbeiten. Seine musische Ader – er war ein begabter Bildhauer mit Holz und Stein – und seine feinfühlige und humane Einstellung zu Zootieren vereinten sich wunderbar mit der unersättlichen Neugier des Naturwissenschaftlers. Wenn man ihn erzählen hörte, war sein Militärdienst in Indien ein einziger glorreicher naturgeschichtlicher Streifzug gewesen, auf dem er, wohin er auch versetzt worden war, neue Fische, seltene Insekten und merkwürdige Pflanzen gefunden hatte. Während der Krise auf Zypern, wo er die Terroristen der griechischen Untergrundbewegung EOKA in der Kunst des Bergsteigens unterrichtet hatte, fand er die größte Freude daran, die zierlichen Eidechsen im Troodos-Gebirge unter den getarnten Gewehren der Guerillaspäher des Generals Grivas zu verfolgen.
Aber ich mußte so etwas wie eine Brücke zu Matt Kelly bauen, wenn ich meinen Beschluß, ihm seine Zookenntnisse abzugucken, ausführen wollte. Dieser bestbekannte aller britischen Oberwärter hatte schon viele Jahre im Bellevue gearbeitet und vorher im Dubliner Zoo, der damals einen unübertrefflichen Ruhm wegen seines Löwenbestandes genoß. Matt war kein Naturwissenschaftler, kein Eidechsenjäger, kein Gelehrter, dem lateinische Namen von den Lippen flossen; er war einfach der vollkommenste Oberwärter seiner Zeit. Ein durch und durch praktischer Zoomann, er war geboren

mit jenem «Gefühl» für seine Tiere, das man bei Schäfern findet und bei Bauern, die ihr Vieh mit angeborener Befähigung und scheinbarer Leichtigkeit aufziehen, nicht mit hochqualifiziertem Wissen um Ernährungsanalysen, Stoffwechselfaktoren und anderen wissenschaftlichen Kenntnissen, sondern durch Beobachtung, Erfahrung, persönliche Einfühlungsgabe für individuelle Bedürfnisse und eben jener angeborenen Begabung. Auf die gleiche unergründliche Weise, mit der Seeleute bevorstehende Wetterumschläge spüren, hatte Matt eine Nase für Unannehmlichkeiten. Lange bevor andere etwas merkten, machte er sich Sorgen um ein Nashorn, einen Strauß oder sonst eines der vielen Tiere, mit denen er so vertraut war.
«Sie wissen doch, Matt», sagte ich eines Tages, kurz nach dem Tod des jungen Kamels zu ihm, «daß ich als Student hier im Bellevue viel gelernt habe. Jetzt, wo ich die Veterinärarbeit hier selbst tue, brauche ich Ihre Hilfe, weil ich noch ziemlich unerfahren bin.»
Er schien sich über diese Einstellung zu freuen. Ein breites Grinsen ging über sein Gesicht. «Klar, Herr Doktor, und wir wollen sehen, was wir aus Ihnen machen können», antwortete er.
Mancherlei Kleinigkeiten gingen schief. Was man nur verkehrt oder ungeschickt angreifen konnte, das ließ ich mir zuschulden kommen. Ziemlich bald schon beging ich die größte Sünde, die man in einem Zoo begehen kann: Ich vergaß, eine Tür zu schließen. Matt und ich hatten die Mähnenspringer aus den Wüstengebirgen Nordafrikas begutachtet und festgestellt, daß sie an einer Räude litten. Ich ließ sie einfangen, um Hautabstriche zu nehmen und gab sie wieder frei. Mit entzückender Anmut sprangen sie trittsicher nacheinander in ihrem Gehege von einem Felsen zum andern. Dann

aber, als ich ihnen den Rücken gekehrt hatte, sprang eins der Tiere ins Zoogelände. Ja, ich hatte vergessen, das Tor hinter mir zu schließen. Erhitzt rannte ich hinter dem schäumenden Matt Kelly her, als wir das grazile Tier verfolgten wie zwei lüsterne Satyre eine Waldnymphe. Wir ließen den Zoo hinter uns und liefen auf die Straße, die in die Stadt führte. Der Mähnenspringer gewann an Boden; nach der Art, wie er galoppierte, hätte man meinen können, er wolle zu einem Frachtdampfer gelangen, um in seine Heimat zurückzukehren. Schließlich wurde er mit dem Beistand hilfreicher Bürger, die Zeugen der Jagd geworden waren, im Hof eines Kohlenhändlers in die Enge getrieben. So meisterhaft der Mähnenspringer im Gebirge auch zu klettern vermochte, das Kohlengeröll der schwarzen Pyramiden bot ihm keinen sicheren Halt. Vergeblich suchte er einen Gipfel zu erklimmen, er rutschte unwiderstehlich zurück und wurde eingefangen.

Bedeckt mit Kohlestaub, der an unseren Kleidern und an der verschwitzten Haut haftete, gingen Matt und ich zum Zoo zurück. «Du meine Güte», klagte er, «vor ein paar Wochen haben Sie mich rot gemacht, und heute haben Sie mich geschwärzt!»

Unsere nächste gemeinsame Verfolgung galt einem Affen, der mit einem tödlichen Leckerbissen gefüttert worden war. Überall sind unter den zahlenden Zoobesuchern Dummköpfe, gefährliche Exzentriker und Vandalen vertreten. Ich kann es verstehen, wenn die Leute die Tafel «Füttern verboten» mißachten und Elefanten oder Affen Kartoffelchips und Süßigkeiten verabreichen; es ist mir ein Dorn im Auge, aber ich kann es bis zu einem gewissen Grade nachfühlen, wenn betrunkene Tölpel am Samstag in später Nacht über die Mauern klettern und in ihrer geistigen Verwirrung eine

Heldenhaftigkeit entfalten, zu der nur dieses primitivste aller Säugetiere fähig ist und die sie treibt, wehrlose Geschöpfe wie Pinguine, Känguruhs und Pfauen zu Tode zu erschrecken. Aber ich verstehe nicht, kann es mir in den wildesten Träumen nicht erklären, was im Kopf eines Menschen vorgeht, der einem Affen durch die Gitterstäbe ein Päckchen funkelnagelneue Rasierklingen aus rostfreiem Stahl reicht. Dem Affen gefiel der Anblick der glänzenden Metallplättchen, und um sie seinen Gefährten zu entziehen, versteckte er sie am sichersten Ort – in seinem Mund. Wie jeder, der ein Geschenk erhalten hat, auf das er stolz ist, mußte der Affe sie ab und zu herausnehmen, um sie zu bewundern und damit zu spielen, und gerade als er wieder einmal seinen Schatz betrachtete, erspähte sein Wärter die Rasierklingen und schlug Alarm. Blitzschnell verstaute der Affe die faszinierende Sammlung wieder in seiner Backentasche.

Als Matt und ich auf der Bildfläche erschienen, schaute der Affe uns mit einer Unschuldsmiene an. Aus seinem Mund floß kein Blut. Seine Finger waren unverletzt. Rasierklingen? Was für Rasierklingen? sagten seine Augen. Wie ein indischer Fakir hatte er es bisher vermieden, sich zu verletzen, wenn er die Rasierklingen mit der Zunge behutsam zwischen den Mundschleimhäuten herumschob. Wie aber sollten wir sie ihm wegnehmen? Noch immer hatte ich keine Narkosewaffe, ganz zu schweigen von einem Anästhetikum für Affen. Wenn wir ihn mit dem Netz fingen, mußte er sich dann in dem Getümmel nicht den Mund zerschneiden?

«Was meinen Sie, Matt?» fragte ich meinen Mentor. «Wie bekommen wir die verdammten Dinger heraus, ohne ihn zu tranchieren?»

Matt überlegte und sagte dann gelassen: «Ich brauche einen Besen.»
Ich beschaffte ihm einen Besen, worauf er durch die Falltür in den Käfig schlüpfte. Der Affe flüchtete in einen Winkel und rüstete sich zum Kampf. Offensichtlich wollte der Wärter ihn mit dem Besen in dem Winkel festnageln. Das werden wir ja sehen, dachte der Affe und bereitete sich mit angespannten Beinmuskeln darauf vor, der drohenden Gefahr mit einem Satz zu entgehen. In Anbetracht des verfügbaren Platzes rechnete der Affe wohl damit, daß er mit flinken Sprüngen von Stangen zu Ästen, von Ästen zu Brettern und so weiter ringsum diesen schwerfälligen Menschen mit seinem starren Besen in einen Zermürbungskrieg verwickeln konnte, der seinetwegen den ganzen Tag dauern mochte. In meiner Unerfahrenheit setzte ich auf meinen kleinen Affenfreund.
Wir irrten uns beide. Matt hatte einen ganz anderen Schlachtplan. Unvermittelt begann der vierschrötige Ire zu brüllen und zu fluchen. Jede Verwünschung, die man auf der Insel der Heiligen und der Sünder ersonnen hatte, wurde laut. Mit wutverzerrtem Gesicht schwenkte er den Besen und hieb damit an die Käfigwände, daß es nur so widerhallte. Er vollführte einen gewaltigen Lärm, rückte aber nicht gegen den Affen vor und kam dem geduckten Körper des erschrockenen Tieres nicht mit dem Besen näher. Dem Affen muß es vorgekommen sein, als wäre der Wärter verrückt geworden. Jede Sekunde konnte der herumfuchtelnde Besen seinen zierlichen Leib treffen. Ein solcher Zorn nagelte ihn nicht nur fest, sondern vernichtete ihn! Das war kein Spiel, sondern es ging um Leben oder Tod; irgendwie mußte er sich von diesem mörderischen Irren fernhalten. Er mußte rennen und rennen und rennen.

Wenn man um sein Leben rennt, wirft man alles überflüssige Gepäck weg; also nahm der Affe, auf den ersten Donnerschlag lauernd, die Rasierklingen aus dem Mund und ließ sie zu Boden fallen. Matt hörte mit dem Geschrei auf, legte den Besen fort, ersetzte den Ausdruck gespielter Wut durch eine Miene spitzbübischer Zufriedenheit und hob die Stahlklingen auf. «So macht man das, Herr Doktor», sagte er. «Jetzt können wir ihn getrost einfangen, wenn Sie ihn untersuchen wollen.»
Ich war sehr beeindruckt. Es dauerte nicht lange, bis wir den Affen mit einem großen Schmetterlingsnetz eingefangen hatten und dann wurde der Gefangene ohne viel Federlesens in einem Sack zum Tierlazarett befördert. Hier wurde der Affe im Sack auf einen Tisch gelegt, und ich rüstete mich, meine Pflicht zu tun. Um den Affen zu untersuchen, mußte ich ihn mit einem kleinen Schuß Barbitursäure betäuben. Ich hatte die Wahl, ihm entweder durch den Sack hindurch eine Injektion zu verpassen – ein unhygienisches Verfahren – oder ihn herauszufischen, ihn in den Schwitzkasten zu nehmen und ihn elegant in den Arm oder in den Oberschenkel zu stechen. Ich entschied mich dafür, ihn herauszuholen, aber was war wo? In dem Sack zappelten drei oder vier Wölbungen – waren es Arme, Kopf oder Hinterteil? Ich hielt etwas Kugelförmiges für den Kopf und langte fest in den Sack. Es war nicht der Kopf, sondern das Hinterteil. Eine Sekunde später bissen die dolchartigen Eckzähne des echten Kopfes durch den Sack hindurch zu und schnitten mir den linken Zeigefinger fast entzwei. Als ich die Blutung zu stillen suchte und Anstalten traf, zum Städtischen Krankenhaus zu fahren, um mich nähen und mir eine Tetanusinjektion geben zu lassen, gab mir Matt noch einen Denkzettel. «Greifen Sie nie wieder in einen Sack nach einem Af-

fen, Herr Doktor. Denken Sie daran, er drückt die Augen dicht an die grobe Sackleinwand. Sie können nicht sehen, wo er ist, aber seien Sie versichert, er kann Sie sehen.»

Unter Schmerzen gab ich meine Dummheit zu und fuhr zum Krankenhaus, wo sich der diensttuende Chirurg weigerte, auch nur einen Tropfen Lokalbetäubung anzuwenden, als er meinen durchbissenen Finger zusammenflickte. (Meine Kollegen von der Humanmedizin ahnen nicht, wie leicht ihre Primaten zu behandeln sind; sie sollten das gleiche einmal bei einem Schimpansen versuchen!) Er desinfizierte die Wunde außerdem tief und schmerzhaft, versäumte es, mir ein Antibiotikum zu verabreichen und ließ infolgedessen eine höchst unangenehme Entzündung entstehen.

Als der Zeigefinger endlich geheilt war und ich meine Hand wieder für chirurgische Arbeit zur Verfügung hatte, benachrichtigte mich Ray Legge, einer der Goldfasane habe ein geschwollenes Augenlid. Bei der Untersuchung stellte ich zweifelsfrei fest, daß die harte gelbliche Schwellung ein Tumor war, der sich jedoch leicht entfernen ließ. Ich beschloß, den Vogel in meine Praxis in Rochdale mitzunehmen und die kleine Operation mit Gasbetäubung vorzunehmen. Matt Kelly kam mit mir.

Mit seinem prachtvollen futuristischen Gefieder in Rot, Grün, Gold und Schwarz gehört der Goldfasan zu den schönsten Ziervögeln und entschieden zu meinen Lieblingen. Wie bei vielen Fasanarten prangt der Hahn mit besonders farbenprächtigen langen Schwanzfedern, und einen solch auserlesenen Adonis sollte ich operieren. Alles ging gut, als ich die Geschwulst mit Skalpell und Pinzette herausholte und Edith Luft sowie eine winzige Menge Halothan in den Behälter sprühte, in dem der Kopf des schlummernden Vogels lag. Matt schaute zu; er schien gemäßigt beeindruckt zu sein. Nachdem ich die Wunde mit feinem Nylonfaden genäht hatte, befahl ich Edith, mit der Betäubung aufzuhören und trat zurück, um mein Werk zu bewundern. Der Vogel schlief friedlich auf dem Operationstisch. Dann öffnete er mit der Plötzlichkeit, mit der das Erwachen bei Halothanbetäubung ganz besonders bei Vögeln eintritt, die Augen, hüpfte auf die Füße und flatterte vom Tisch, ehe einer von uns sich zu rühren vermochte. Seine Kraft nahm schnell zu, und kaum sah er sich in einer Umgebung, die ganz anders war als seine heimatlichen tibetischen Wälder und sein Revier im Bellevue, da raste er auch schon munter im Zimmer herum, stieß leichte Ausrüstungsgegenstände um und forderte die Katzen heraus, die in Kisten mit Drahtgeflecht auf ärztliche Betreuung warteten. Edith und ich kamen zur Besinnung und machten uns daran, den energiegeladenen Patienten einzufangen.

«Vorsichtig!» rief Matt, der sich wie der Schlußmann beim Rugbyspiel angriffsbereit duckte. «Überlaßt ihn mir! Ich werde ihn kriegen, wenn er herkommt!»

Aber wir hörten nicht auf ihn, sondern fuhrwerkten in hitziger Verfolgung herum, während Matt abwartete, um den Fasan beim nächsten Sprung in seine Richtung einzufangen. Erpicht darauf, bei Matt mit meinem Können Eindruck zu schinden, stieß ich Edith ungalant weg, setzte zum Spurt an und packte entschlossen zu.

«Überlassen Sie ihn mir!» schrie Matt abermals, aber ich fing den Vogel – wenigstens glaubte ich es. Mit festem Griff an den wunderschönen Schwanzfedern legte ich die Bremsen an, und die langen Federn rührten sich nicht mehr vom Fleck. Zu meinem Entsetzen rannte der Fasan weiter, geradewegs in Matts Arme. Der Er-

gänzung durch die grüngestreiften Federn beraubt, die beim vollständigen Goldfasan einen gewölbten Schwanz von der richtigen künstlerischen Länge bilden, zeigte mein Patient nur noch ein abgestumpftes gelbes Ende, das an einen Truthahnbraten erinnerte.
«Himmelsakrament, schau sich das einer an!» stöhnte Matt zähneknirschend und enthielt sich mühsam wortmalerischer irischer Flüche, weil Edith zugegen war. «Schau sich einer den Ar . . . den Hintern dieses Vogels an!»
Zwar unverletzt, aber höchst unwürdig lag der Fasan in Matts Armen. Beide sahen mich, wie mir schien, zornig und vorwurfsvoll an. Ich hatte keine Möglichkeit, meinen Fehler wieder gutzumachen; kein Leim, keine Ausflucht konnte mich vor der Schande bewahren. Monatelang würde es dauern, bis Mutter Natur den schönen Mannesschmuck des Fasans wiederhergestellt und den Beweis meiner Untüchtigkeit verdeckt haben würde.
Matts säuerlicher Gesichtsausdruck bestätigte mir, daß ich wieder alles versiebt hatte. «Versuchen Sie nie mehr, einen Vogel so einzufangen», ermahnte er mich, als er zur Tür ging. Verlegen stand ich daneben, in der Hand die verflixten Schwanzfedern wie ein Schuljunge, der beim Erdbeerenpflücken in Nachbars Garten erwischt worden ist. «Und geben Sie mir die Federn», fügte er hinzu, die Hand ausstreckend. «Dutzende von Schulkindern betteln um solche Dinge.» Ich konnte es mir ausmalen, wie er die Federn verteilte und dabei in seinem breiten Tonfall sagte: «Sie wurden einem Goldfasan von einem tolpatschigen Tierarzt ausgerupft. Könnt ihr euch so etwas vorstellen?»
Ich kam hinsichtlich meines Brückenschlages zu Matt Kelly nicht recht vorwärts, das stand fest.
Wenigstens zeigte sich Ray Legge nachsichtig und er-

mutigend, während ich unter Qualen einen Weg durch das Minenfeld der Praxis unter Geschöpfen suchte, die entweder gefährlich oder schwierig waren, die Krankheitssymptome aufwiesen, von denen Katzen, Hunde und Karrengäule verschont blieben. Ich bekam es bei den Tieren auch mit verschiedenen Arten von Notwehr zu tun, angefangen vom schwerfälligen Faultier, das alles andere als faul ist, wenn es schnell und zielsicher mit den Vorderklauen zuschlägt, bis zum Nasenbär, der, wenn man ihn am Schwanz packt und auf Armeslänge von sich entfernt hält, athletisch am eigenen Schwanz heraufklettert und summarisch abrechnet. Diese turnerische Fähigkeit hat er mit dem Opossum gemein, wie Matt mich belehrte. Manchmal bedeutete es für mich eine Erleichterung – was ich damals allerdings niemals zugegeben hätte –, am Ende eines Tages der mutmaßlichen Diagnosen im Zoo in eine Praxis voller gewöhnlicher Haustiere zurückzukehren, deren Beschwerden wie vertraute alte Freunde waren, wo Medikamente auf voraussehbare Weise wirkten und Chirurgie ein Streifzug durch eine Anatomie war, die ich wie meinen Hinterkopf kannte.

Matt Kelly fuhr fort, meine begeisterte Einmischung mit schwermütiger Zurückhaltung zu beaufsichtigen. Meine falschen Diagnosen traten bei der Obduktion zutage. Der vierschrötige Ire ließ seine Zähne klappern, als ich im Kadaver einer Antilope herumkramte, bei der ich eine Leberinfektion vermutet hatte, bei der aber, wie sich herausstellte, kranke Lungen die Todesursache waren. Ich murmelte den lateinischen Namen der Krankheit, um Matt mit meinen wissenschaftlichen Kenntnissen zu verblüffen, worauf er erwiderte: «Dachte mir schon, daß nicht viel Hoffnung bestand. Das haben wir schon einmal erlebt, Doktor Whittle und

ich. Wußte, daß das Pulver, das Sie ihr gaben, nichts nützen würde.»
Matt trauerte kopfschüttelnd den guten alten Zeiten nach, wo Joghurt, Apfelweinessig, Honig und Melasse die Lebenselixiere im Zoo gewesen und alle Tiere von Axelotl bis Zebra anscheinend nur an Altersschwäche gestorben waren.
Mich dünkte es, daß exotische Tiere nur etwas gemeinsam hatten: den Widerwillen, Symptome zu zeigen, die mit dem erkrankten Körperteil in logischem Zusammenhang standen. Beim Abendessen beklagte ich mich Shelagh gegenüber, daß ein Nilpferd mit chronischer doppelseitiger Lungenentzündung bis zum Augenblick seines Todes ganz gleichmäßig geatmet und kein einziges Mal gehustet hatte. Daß Affen, die von Tuberkulose innerlich durchlöchert waren, gespielt, gekämpft, gefressen, sich gepaart und ihre Wärter gepiesackt hatten, bis sie von einer Minute auf die andere wie vom Blitz getroffen umgefallen waren und alle viere von sich gestreckt hatten. «Es ist, als hätten sich die Zootiere verschworen, mir das Leben schwerzumachen», überlegte ich und stocherte auf meinem Teller herum. «Vielleicht hatte Norman Whittle doch recht. Es macht keinen großen Unterschied, ob ich etwas tue oder nicht, das Endergebnis ist unvermeidbar.»
«Unsinn!» entgegnete Shelagh. «Man muß gehen lernen, bevor man rennen kann. Und du wolltest dich ja unbedingt mit Zootieren befassen.»
Mit weiteren Moralpredigten über das Thema, daß man Eier zerbrechen müsse, um Omeletten zu machen, kochte sie mir Kaffee, und ich setzte mich ins Wohnzimmer, um eine bis zwei Stunden lang Bücher oder Zeitschriftenartikel über Exotika zu lesen. Lehrbücher über Zoomedizin gab es noch immer nicht, aber da und

dort wurden Artikel von Forschern veröffentlicht, die in Afrika, in Laboratorien oder gar im berühmten Zoologischen Garten von San Diego gearbeitet hatten. Abends konnte ich für kurze Zeit meinen Problemen im Bellevue und mit Matt Kelly entrinnen und erfahren, was Veterinäre in einem sonnigeren Klima unternahmen. Offenbar hatte man es sogar in San Diego nicht leicht, und der Jahresbericht des Londoner Zoos, der die Zahl der eingegangenen Tiere angab, spiegelte auf traurige Weise meine eigenen Erfahrungen in Manchester wider. Der Notschrei galt immer noch den dringend benötigten Beruhigungs- und Betäubungsmitteln, die es uns allen ermöglichen würden, exotische Tiere gründlicher zu untersuchen und zu behandeln. Außerdem brauchten wir ein technisches Hilfsmittel für die Verabreichung von Medikamenten bei der Behandlung gefährlicher Tiere, denen man sich nicht nähern durfte. Solange unser Rüstzeug keine derartigen Waffen enthielt, mußte ich weiterhin Haare, Kot und Harn der kranken Tiere einsammeln, in der Hoffnung, durch Laborproben etwas in Erfahrung zu bringen (ähnlich wie ein Wahrsager, der über den Innereien eines geopferten Huhns brütet), während Matt Kelly mit einer Miene daneben stand, die deutlich besagte, daß wissenschaftlicher Humbug es niemals mit den Kenntnissen eines altmodischen Zoomannes aufnehmen könne.

6. «Nicht schlecht, junger Mann»

Matt Kelly bewies seine angeborene Begabung für den Umgang mit Tieren allein damit, daß er genau wußte, wann es möglich war, den Käfig oder die Höhle eines schwerkranken Tieres zu betreten, auch eines gefährlichen. Er hatte ein Auge dafür, den frühesten Zeitpunkt zu erkennen, an dem ich, vorausgesetzt, ich befolgte seine Anweisungen, einem leidenden Löwen unbeschadet eine Injektion geben, einem Bären einen Abszeß am Hinterteil aufstechen oder den geschwollenen Bauch einer Tigerin betasten konnte, ohne an Leib und Leben bedroht zu werden.

Mein erstes derartiges Abenteuer war ein David-in-der-Löwengrube-Besuch bei einem Leoparden, der die unangenehmen Schnupfensymptome einer Katzengrippe aufgelesen hatte, vermutlich angesteckt von einer streunenden Hauskatze, die auf der Suche nach Brosamen durch das große Raubtierhaus gewandert war. Er fühlte sich und sah aus wie ein Mensch am ersten Tag einer akuten Grippe, lag apathisch in seinem Käfig, nieste jämmerlich, sabberte und schaute mit trüben, entzündeten, tränenden Augen in die Welt. Ich war sehr beeindruckt, als Matt seine Schlüssel hervorholte und die Käfigtür aufschloß.

«Ich glaube, wir können hineingehen», sagte er. «Halten Sie sich die ganze Zeit dicht hinter mir.» Ich nickte. «Die ganze Zeit», wiederholte er, als wir vorsichtig durch die Tür krochen, die er sofort zumachte.

Der Leopard nieste und röchelte, schien uns aber nicht zu beachten. «Ich werde ihn am Schwanz festhalten», flüsterte Matt. «Bleiben Sie hinter mir und pieksen Sie Ihre Spritze hinein.»

Bei Haustieren werden Injektionen in den Schwanz als

jenseits der Grenzen des Erlaubten betrachtet, aber bei Zootieren muß man für jedes bißchen dankbar sein, womit der liebe Gott die Anatomie des Patienten ausgestattet hat. Ich hielt Spritze und Nadel schußbereit.
Matt ging ganz ruhig zu dem Leoparden hinüber, ich fünfzehn Zentimeter hinter ihm. Er bückte sich langsam, ergriff den Schwanz des Tieres und zog daran. Trotz seinem elenden Zustand mußte der Leopard auf diese Herausforderung reagieren. Knurrend bohrte er seine Krallen durchs Stroh hindurch in den Holzboden und sah seine Quälgeister über die Schulter böse an. Matt zog weiter. «Wenn er so liegt und ich immerzu ziehe, kann er nicht mit dem Kopf auf mich zu», erklärte er.
Plötzlich gaben die Krallen nach, und der Leopard rutschte rückwärts auf uns zu. Jetzt war er aufgebracht; mit dem Oberkörper fuhr er halb herum und schlug mit den Vordertatzen nach uns aus. Matt zog weiter am Schwanz, wobei er rückwärts rutschte. «Ich muß den Schwanz ganz ausgestreckt halten», sagte er lauter. Auch ich rutschte rückwärts, wobei ich mich bemühte, mit ihm im Schritt zu bleiben, damit sich unsere Beine nicht ins Gehege kamen; sonst wären wir beide umgefallen und auf uns der zunehmend gereizte, wahrscheinlich an Kopfweh leidende Leopard.
Wir wichen also zurück und mit uns das Katzentier. Je mehr es sich wehrte, desto schneller gingen wir. Als wir uns einem Winkel näherten, schlugen wir einen Haken. Unser seltsamer Pas de deux oder eigentlich Pas de trois setzte sich rings um den Käfig fort. Wir konnten es uns einfach nicht leisten, daß der Leopard sein Schwanzende einholte.
«Jetzt geht's», keuchte Matt endlich, außer Atem von dem Tanz. «Langen Sie herum und stechen Sie zu!»

Es war gar nicht so einfach, trittsicher rückwärts zu trippeln, während Matts vierschrötige Gestalt die hintere Hälfte des fauchenden Grippekranken verdeckte, herumzulangen und die Nadel tief in die Schwanzhaut zu stechen. Ich äugte um Matt herum, derweil wir tanzten, suchte mein Ziel und stieß die Spritze vor. Wieder verdeckte mir Matts Schulter die Sicht. Ich stach blindlings zu.

«Au, au!» schrie Matt. «Sie haben mich in die Hand gestochen!»

Schnell zog ich die Nadel zurück. Zum Glück hatte ich den Kolben noch nicht hinuntergedrückt, aber Matts Nacken nahm die Farbe geräucherten Lachses an.

«Versuchen Sie es noch einmal!» rief er zornig. «Aber geben Sie um Gottes willen acht, wohin Sie pieksen!»

Immer noch hinter dem schwitzenden Oberwärter tänzelnd, legte ich, um das Gleichgewicht zu bewahren, den linken Arm um seine Leibesmitte, verrenkte den Kopf nach rechts, erspähte den Schwanz und setzte zum zweiten Versuch an. Diesmal traf ich, was der grob behandelte Leopard mit kehligem Wutgebrüll quittierte. «Geschafft», sagte ich. «Was machen wir jetzt?»

«Gehen Sie weiter bis zur Tür», antwortete Matt, und schlüpfen Sie dann hinaus. Ich werde ihn wegschleudern und Ihnen folgen.»

Wir vollführten unseren letzten Rundtanz. Als es soweit war, verließ ich das Parkett und flüchtete erleichtert. Mit einem geschickten Dreh seiner starken Handgelenke schleuderte Matt den Leoparden von sich. Bevor das Tier Zeit fand, sich für eine Rache zu sammeln, war Matt aus dem Käfig und knallte die Tür zu. Keuchend wischte er sich die Stirn ab und saugte an dem roten Fleck auf seiner Hand, wo ich ihn gestochen hatte. «Nicht schlecht, junger Mann», sagte er, «gar

nicht schlecht.» Ich war überglücklich. Diese Worte aus seinem Mund waren für mich tausend Pfund wert. «Aber Sie müssen Ihren Walzer noch üben.»
Meine erfolgreiche Injektion bei einem vollbewußten Raubtier erfüllte mich mit stolzer Freude, die jedoch nur zwanzig Minuten dauern sollte. Auf dem Rückweg vom großen Raubtierhaus kamen Matt und ich am Affenhaus vorbei. In dem sonnenerhellten Freiluftkäfig saß ein gesund aussehender, dreijähriger Schimpanse mit glänzenden Augen.
«Wer ist das?» fragte ich.
«Das ist Li, Sohn von Katja und Robert, ein prächtiges Kerlchen.»
Ich blieb stehen, um den Schimpansen zu bewundern. Li schien von mir richtig bezaubert zu sein, seine Augen ließen mich nicht los. Konnte es sein, dachte ich im Überschwang der Freude über meine Tollkühnheit im Leopardenkäfig, daß er in mir so etwas wie einen Dr. Doolittle sah? Ja, ich schmeichelte mir, für Tiere eine besondere Ausstrahlung zu haben. Li starrte weiter. Freilich, er blickte mir nicht gerade in die Augen, aber zweifellos fesselte ihn irgend etwas an mir.
Ich sprang über die Eisenstange, die Zoobesucher davon abhält, das zu tun, was ich jetzt tat: Ich ging näher an den Käfig heran. Mein Vertrauen war grenzenlos. Li starrte mich weiter bewundernd an, schien aber eher von meiner Brust als von meinem Gesicht gebannt zu sein. Der Grund wurde mir klar, als er den Arm durch die Gitterstäbe streckte und blitzschnell nach meinem Hemd langte, einem teuren, rosaroten Hemd mit hellbraunen aufgestickten Schnörkeln, auf das ich sehr stolz war. Mit einem einzigen geschickten Griff riß er mir das Kleidungsstück glatt vom Leibe. Ich stand unverletzt da, aber sprachlos, mit entblößtem Oberkörper.

Hinter mir lachte Matt schallend, als Li mit seiner Beute forthuschte und das Hemd ausprobierte. Es paßte ihm nicht in der Größe, doch das kümmerte ihn nicht weiter.
«Mein Hemd!» rief ich, «mein Hemd!»
«Das haben Sie zum letztenmal gesehen», schmunzelte Matt. «Für kein Geld auf der Welt würde er es herausrücken. Habe ich Ihnen nicht gesagt, Sie sollen den Primatenkäfigen nicht zu nahe kommen?»
Er hatte mich gewarnt, ja. Das war eine seiner ersten Belehrungen gewesen, als ich durch die Mittelgänge der Schlafquartiere im Affenhaus geschritten war: Ich sollte mich immer genau in der Mitte halten, sonst würden behaarte Arme nach mir langen, mir die Haare ausreißen, mir eine Ohrfeige geben oder mir jeden beweglichen Gegenstand wie Füllfederhalter und Stethoskop stehlen. Jetzt gehörte mein Hemd ein für allemal dem Schimpansen Li. Noch lange Zeit danach konnte man die Überreste in seinem Lager sehen, zwar zerfetzt und nicht mehr recht erkennbar, aber liebevoll gehütet von Li, der das Hemd noch mehr zu schätzen schien als ich.
Es war mir ziemlich peinlich, halbnackt weiterzugehen, und ich schämte mich, als ich Matt zum Affenwärter Len etwas sagen hörte, das klang wie «Bürschchen, die mehr Schulweisheit als Verstand im Kopf haben.»
«Hallo, Tarzan», sagte Shelagh kichernd, als ich zu Hause die Küche betrat, «das Abendessen ist fertig.»

Ich möchte nicht den Eindruck erwecken, als ob alles, was ich im Zoo unternahm, Matts düstere Voraussage erfüllte und mit einer Katastrophe endete. Nagelrisse bei Elefanten heilten gut dank der von mir verordneten Hufsalbe, und ein paar Lamas hatte ich von Läusen befreit; aber ähnliche Ergebnisse hatte Matt schon vor meiner Geburt bei Zootieren erzielt. Vielleicht hatte er Maschinenöl zur Behandlung von Elefantenfüßen angewendet und Schwefelblumen zur Entlausung der Lamas, doch all das hatte fast ebenso schnell und gut gewirkt wie meine modernen Präparate. Um wirklich eine Lücke zu füllen und in Matts Augen ein Zooveterinär zu werden, mußte ich mehr leisten als das. Ich tröstete mich mit dem Gedanken, daß Ray Legge, der Direktor, meine Bemühungen zu schätzen schien. Möglicherweise lag es daran, daß er als Aquarist über viele der gefangenen Wildtiere ebenfalls noch viel zu lernen hatte.

Wir lernten gemeinsam anläßlich eines Notfalls, der eintrat, als Matt Kelly seinen freien Tag hatte. Ein törichter Zoobesucher hatte ein Bindfadenknäuel in das große Raubtiergehege geworfen, und einem Puma war es in den Sinn gekommen, damit zu spielen. Das war ein Spaß! Wenn er es anstieß, rollte es über das Gras. Ein Schlag mit der Tatze, und schwups! flog es in die Luft. Der Puma stürzte sich darauf und benagte es; er machte sich vor, es sei ein Kaninchen, das er beschlichen und schließlich in einem einzigen unwiderstehlichen Angriff überwältigt hatte. Das Knäuel löste sich allmählich auf. Die große Katze leckte am Körper ihrer Beute, und ein loses Ende blieb an ihrer Zunge hängen. Alle Katzenzungen haben eine rauhe Oberfläche, auf der winzige Stachelzellen rückwärts gerichtet sind, damit das Tier mühelos Flüssigkeit auflecken kann. Der Puma leckte weiter, als er den Faden im Maul spürte, und unablässig wurde die Schnur durch die Bewegung der Zunge weitergeschoben. Wie die einwärts gebogenen Fänge einer Schlange sorgte die Zunge des Pumas dafür, daß es ihm beinah unmöglich war, einmal aufgeleckte Dinge wieder auszuspucken. Der Puma fühlte den Faden in seinem Schlund und bepfotete vergeblich das störende Gebilde. Der Faden blieb, so daß er zu schlucken begann, um dem Reiz ein Ende zu machen. Die Zunge schien frei zu sein. Der Puma leckte und schluckte weiter. Das aufgedröselte Knäuel wurde immer kleiner, während der Bindfaden Zentimeter um Zentimeter im Schlund des Tieres verschwand.

Ray Legge rief mich am frühen Morgen an. «Wollen Sie bitte kommen und sich einen der jungen Pumas ansehen? Es ist ein merkwürdiger Fall. Am Maul und am After hängt ihm ein Bindfaden heraus.»

Als ich im Zoo ankam, hatte sich nichts geändert. Tatsächlich hing dem Puma vorn ein ungefähr acht Zentimeter langer Bindfaden aus dem Maul heraus und ein etwas kürzerer hinten. Wir erkannten, daß beide ganz gleich aussahen und möglicherweise zwei Enden waren. Der Puma ließ sich nicht anfechten und machte einen durchaus gesunden Eindruck. Mich stimmte die Sache hingegen bedenklich. Ein solcher Fremdkörper konnte in den Därmen Schlimmes anrichten. Auf jeden Fall mußte ich das Tier betäuben.

Legge hatte ein neues Raubtierhaus mit besonderen «Quetschkammern» gebaut, wo ich an meine Patienten ungefährdet herankommen konnte. Allerdings war es nicht einfach, ein Raubtier in das enge Abteil zu locken. Im stillen nahm ich mir vor, eine der neuen Narkosepistolen zu bestellen, die man, wie ich gerade gelesen hatte, in den Vereinigten Staaten herstellte. Als der Puma endlich in der engen Kammer war, in der er sich nicht rühren konnte, betäubte ich ihn. Zehn Minuten später schlief er friedlich, und wir beförderten ihn in den Gang des Raubtierhauses, wo ich ihn untersuchen wollte.

Als ich niederkniete und mich auf das Tier konzentrierte, beging ich den Kardinalfehler, mein Hinterteil zu vergessen. Ich bückte mich nämlich in dem schmalen Gang, an den sich auf beiden Seiten Käfige reihten, und zog sachte an dem Faden, der dem Puma zum Maul heraushing. Da hieb ein Leopard hinter mir mit der Vorderpranke durch die Gitterstäbe, bohrte seine Krallen tief in meine rechte Fessel und verankerte sie hinter meiner Achillessehne, um mich in seinen Käfig zu zerren. Schmerzgequält trudelte ich herum und riß den scharfen Krallenhaken aus meinem blutenden Bein. Gott sei Dank, daß Matt nicht hier ist, konnte ich nur denken, ich habe wieder einmal Quatsch gemacht. Nachdem ich die Wunde mit Penicillinsalbe, die ich gewöhnlich für Kuheuter benutzte, eingeschmiert und einen Verband angelegt hatte, wandte ich meine Aufmerksamkeit wieder dem Puma zu. Obwohl ich an beiden Enden an dem Faden zog, bewegte er sich um keinen Millimeter. Ich hielt es für unklug, kräftig zu ziehen – warum, wußte ich selbst nicht, aber da der Faden weder vorn noch hinten herausrutschte, befürchtete ich, mit roher Gewalt die Eingeweide zu verletzen. Ich war ja noch immer nicht sicher, ob es sich um zwei getrennte Teile handelte. «Ich muß aufmachen», sagte ich zu Legge. «Ich will zuerst im Unterleib nachsehen, wie weit sich der Faden erstreckt, und dann vielleicht auch die Därme aufmachen.»
Wir beförderten das bewußtlose große Tier auf einem Schubkarren ins Tierlazarett, wo ich die Operation vornahm. Ich untersuchte die Därme. Tatsächlich verlief der Bindfaden durch den ganzen Magendarmkanal des Pumas. «Meine Hände müssen steril bleiben», sagte ich zu Legge. «Wollen Sie bitte versuchen, hinten an dem Faden zu ziehen?»

Der Zoodirektor zog sachte an dem Faden, der unter den Operationstüchern hervorhing, während ich die Wirkung auf die bloßliegenden Därme beobachtete. Sie zogen sich zusammen wie eine Harmonika. Ich hieß ihn sofort aufhören. Noch mehr Zug, und die Schnur würde in die gefalteten zarten Darmschleimhäute schneiden. Ein Glück, daß ich vorhin keine Gewalt angewendet hatte – ich hätte die Därme an zwei Dutzend Stellen aufgeschlitzt. Es blieb mir nur eine Möglichkeit. Ich mußte an sechs Stellen zwischen Zwölffingerdarm und Mastdarm die Darmwand aufschneiden, den Faden suchen, ihn zersäbeln und dann die Wand wieder zunähen. Nach jedem zweiten Einschnitt zog ich die Fadenteile heraus.

Eine Stunde später war es geschafft. Der Puma hatte sechs Flicken in seinem Darmkanal, und ich hatte die ganze Schnur, wenn auch zerstückelt. Mit zugenähtem Unterleib, vollgepumpt mit Antibiotika, die eine Bauchfellentzündung verhüten sollten, wurde der immer noch schlafende Puma in seine Nachtbehausung zurückgekarrt.

«Wunderbar gemacht», sagte Legge und klopfte mir auf den Rücken. «Hat sich wirklich gelohnt.»

Nur schade, daß der alte Kelly nicht dabei war, dachte ich. Es war einfach nicht das gleiche, wenn es ihm nur erzählt wurde.

Zehn Tage später nahm ich dem geheilten Puma die Fäden heraus, wobei mir Matt assistierte, das heißt beim Anästhesieren. «Das hätten Sie sehen sollen, Matt», sagte ich stolz. «Eine Schnur vom einen Ende zum andern. Gut, daß ich operiert habe.»

Er nickte und spuckte zielsicher in einen Ablauf. «Pumas», gab er zurück, «sind Ladenhüter auf dem Markt. Für einen Pappenstiel kann man heute ein Dutzend ha-

ben. Nimmt mich wunder, ob sie's wert sind, daß man Geld für sie ausgibt.»
Trotz Matts Skepsis reichten meine Erfahrungen allmählich über Nagelrisse und verlauste Felle hinaus. Wenn auch nur die geringste Aussicht bestand, einem Tier das Leben zu retten, nahmen Ray Legge und ich die Gelegenheit wahr. Matt wurde als Assistent aufgeboten, als ich einem Flamingo, dem ich wegen Gangrän ein Bein amputiert hatte, ein Holzbein mit sinnreich erdachtem Fuß anpaßte; er hielt die Wasserschüssel, während ich vom Hals eines neugeborenen Zebrafohlens einen Gipsabdruck nahm; das Tier war von seinem Vater kurz nach der Geburt gebissen worden, und ich erfand eine Glasfiberstütze, die den Kopf hochhielt, bis die Knochen geheilt waren.
Die Zeiten änderten sich allmählich, und ein wichtiger Wendepunkt war der Tag, an dem mir die Post meine erste gasbetriebene Narkosepistole aus Amerika brachte. Überdies schickte mir eine chemische Fabrik ein vielversprechendes neues Medikament, Phencyclidin, das an Zootieren erprobt werden sollte. Das Mittel war so konzentriert, daß man es für die Narkosepistole benutzen konnte und wirkte, wie es hieß, sehr schnell, so daß ich meine Zukunft als Zooveterinär in optimistischem Licht sah.
Ich nahm mein neues Spielzeug ins Bellevue mit, um es Ray Legge zu zeigen, doch da er nicht in seinem Büro war, fuhr ich durchs Gelände zur Zooküche. Hier stand Matt vor dem Ausguß und rasierte sich. Der Seifenschaum tropfte von seinem Gesicht auf ein Brett mit eingefrorenen Sprotten, die für die Pinguine auftauen sollten.
«Um Himmels willen, Herr Kelly», sagte ich streng, «was tun Sie denn da? Wie können Sie nur hier beim

Tierfutter Toilette machen? Damit müssen Sie sofort aufhören!»

Der vierschrötige Ire sah mich wie ein Weihnachtsmann an und blies Seifenblasen in die Luft, sagte jedoch nichts, sondern machte sich daran, die Sprotten abzuspülen. Ich ging hinaus und ließ den bestürzten halbrasierten Matt zerknirscht zurück. Ich lächelte vor mich hin, als ich außer Sicht war. Ein Punkt für mich, dachte ich.

Da ich nun eine Narkosepistole und das neue Betäubungsmittel hatte, war ich entschlossen, mit der alten Zeit ohnmächtiger Vermutungen für immer Schluß zu machen und mich nicht mehr, durch ein Gitter oder einen Graben getrennt, mit müßigen Spekulationen über eine Krankheitsursache abzugeben. Es hatte sich als ganz unzuverlässiges Verfahren erwiesen, dem Tierfutter Beruhigungsmittel beizufügen – die meisten damals verfügbaren Mittel waren für Menschen erfunden worden und wirkten kaum bei Wildtieren. Jedenfalls konnte man nie sicher sein, daß die Tiere sich das Mittel mit dem Futter wirklich zugeführt hatten, und wenn es der Fall war, verlor es sich im Verdauungsapparat und rief entweder gar keine Schläfrigkeit hervor oder erst Stunden später, wenn wir auch längst schlafen gegangen waren. Außerdem mußte die Dosis der Humanmedikamente für exotische Tiere vervielfacht werden, auch für Kleintiere, ganz zu schweigen von den Tausenden von Tabletten, die ich für einen Elefanten gebraucht hätte. Das hätte das ganze Verfahren zu einer Posse gemacht. Legge und ich hatten sogar versucht, den Giraffen eine Injektion mit einer Spritze zu verpassen, die an einer langen Stange befestigt war, aber das war immer schiefgegangen. Wir zerbrachen nur viele Nadeln und noch mehr Stangen.

Die ersten Tiere, an denen ich meine Pistole und das Phencyclidin erprobte, waren Wölfe, die Legge in ein anderes Quartier umsiedeln wollte. Nervös lud ich ein Dutzend Pfeile und schoß sie dann nacheinander auf die umherlaufenden Wölfe ab. Plopp, plopp, plopp. Ich sah, daß es ganz leicht war, Schulter, Schenkel oder Halsmuskel zu treffen. Binnen zehn Minuten schliefen alle Wölfe – so etwas hatten wir noch nie erlebt. Der ganze Umzug ging in einer halben Stunde vonstatten. Ich versuchte es bei Löwen und dann bei Bären. Nie ein Mißerfolg, nie eine Kalamität. Das Mittel eignete sich wunderbar für Äffchen, Schimpansen und Gorillas. Die Tiere blieben ungefähr eine Stunde lang bewußtlos und wurden am nächsten Tag allmählich wieder munter. Phencyclidin schien das Universalwundermittel zu sein, von dem ich geträumt hatte.

Dann aber kam der erste Fehlschlag. Die Elefantenkuh Mary ging ein, nachdem ich in einer langen Operation einen Zahn mit Wurzelabszeß entfernt hatte. Bevor sich das große Tier von dem Phencyclidin erholt hatte, entwickelte es eine tödliche Lungenembolie.

Ich experimentierte mit Zebras, deren Wunden so schnell wie möglich zugenäht werden mußten. Das Phencyclidin schläferte sie zwar ein, aber das Erwachen nach der Operation war schrecklich mitanzusehen; sie schienen Alpträume zu haben, so verzweifelt zappelten und strampelten sie, während die Wirkung des Betäubungsmittels allmählich nachließ. Nach einer fürchterlichen Nacht mit Matt am Strohlager eines Zebrahengstes, der sich uns mit Schaum vor dem Maul und wild rollenden Augen widersetzte, als er aus der Narkose erwachte, nach dieser Nacht schwor ich mir, Pferde nie mehr mit Phencyclidin zu betäuben. Glücklicherweise kamen kurz nach diesem Zwischenfall zwei

neue Mittel auf den Markt, die das Problem der Zebrabetäubung lösten.
Phencyclidin war zwar ein erstklassiges Mittel bei Bären, aber der Eisbär war dagegen empfindlicher als seine Vettern und benötigte eine viel kleinere Dosis, um bewußtlos zu werden. Mein Erfolg bei der Betäubung der Eisbären im Zoo Bellevue führte zu meiner ersten Arbeit im Zirkus. Billy Smarts Zirkus gab in Prestwick in Schottland ein Gastspiel, und einer seiner Eisbären litt an Schwären zwischen den Zehen, einer Erkrankung, die bei diesen arglistigen, gefährlichen Raubtieren oft vorkommt. Eisbären haben viel Fell an den Füßen, das sie vor Kälte und Eis schützt, aber in der Gefangenschaft verfilzt es sich häufig zwischen den Zehen zu harten Klümpchen. Die Klümpchen wirken sich als Fremdkörper aus und reiben auf beiden Seiten an dem zarten Fleisch. Allmählich bilden sich Schwären, die Pilzen und anderen Entzündungserregern als Nährboden dienen, und dann müssen die angehäuften Haarklumpen herausgeschnitten werden. Die Zirkusfamilie Smart kannte mich von einem Gastspiel im Zoo Bellevue her, und so wurde ich gebeten, nach Prestwick zu kommen, den Eisbär zu betäuben und seine Füße zu säubern.
In gehobener Stimmung fuhr ich von Schottland zurück. Ich hatte es gewagt, das Phencyclidin abzufeuern und dann die Mordspranken des weißen Riesen mit Instrumenten und Salbe behandelt. Zooarbeit ist eine Sache für sich; etwas ganz anderes ist es, die verbissenen Zirkusleute zu beeindrucken, die zäh an Vorurteilen gegen Veterinärmedizin festhalten. Aber den Smarts hatte ich mit meiner schnellen, ganz ruhig ausgeführten Betäubung großen Eindruck gemacht.
Es war also möglich, auch Zirkustieren mit der Narko-

sepistole und den neuen Mitteln zu helfen, doch der nächste Patient, bei dem ich sie anwendete, war wieder im Zoo Bellevue. Eines Morgens rief mich Matt Kelly ziemlich aufgeregt an. Ray Legge war im Urlaub, und Matt vertrat den Direktor. Seine Stimme klang verzweifelt, doch schicksalsergeben. «Kommen Sie so schnell wie möglich, Herr Doktor. Es handelt sich um eine Oryx-Antilope. Sie hat soeben gekalbt, und alle ihre Eingeweide hängen heraus. Es sieht sehr schlimm aus.»
Nach Matts kurzer Beschreibung konnte ich mir vorstellen, was sich zugetragen hatte, und da ich keine Zeit am Telefon verschwenden wollte, bat ich ihn nur, das Tier ruhig zu halten, die «Eingeweide» mit einem sauberen feuchten Tuch zu bedecken und im übrigen auf mich zu warten. Dann sprang ich sofort in meinen Wagen und fuhr nach Manchester.
Matts Gesicht war düster, als ich den Käfig betrat. Noch nie hatte ich ihn so niedergeschlagen gesehen. Er gab sich erst gar nicht mit einer Begrüßung ab, sondern verkündete finster: «Sie ist erledigt. Keine Frage. Noch nie habe ich in all meinen Jahren als Zoowärter eine solche Schweinerei erlebt.»
Die Beisa – sie gehört zur Gattung der Oryx-Antilopen oder Spießböcke – lag auf der Seite auf einem Strohhaufen; das weiße Laken, das ihren Hinterleib bedeckte, war blutbefleckt. Unter dem Laken lag auf dem Stroh ein blutiger Fleischklumpen, gespickt mit kirschenähnlichen Kügelchen, den ein dünner Strang mit der Scheide verband. Wie ich vermutet hatte, war nach dem Kalben die Nachgeburt ausgestoßen worden und danach die ganze Gebärmutter mitsamt den Eierstöcken.
«Schauen Sie sich das an», fuhr Matt fort. «Sie ist erledigt, das kann ich Ihnen sagen. Kein Tier überlebt es,

wenn alle Eingeweide draußen sind. Da helfen alle Präparate nichts!» Er knirschte erregt mit den Zähnen.
Gebärmuttervorfall kommt bei Schafen und Kühen öfters vor, manchmal auch bei Säuen. Im Zoo erlebten wir es zum erstenmal, aber im Gegensatz zu Matt wußte ich, worum es sich handelte, da ich beim Vieh der Bauern oft damit zu tun bekommen hatte. Das behielt ich vorläufig für mich. «Holen Sie warmes Wasser und viele Tücher», ordnete ich an. Matt ging seufzend ab.
Als ich mich dem Kopf der Antilope näherte, bedrohte sie mich mit ihren spießartigen geraden Hörnern, die wie ich selbst gesehen hatte, fünf Zentimeter dicke Holzplanken durchbohren konnten. Ich mußte sie betäuben, bevor ich mich mit ihrem Unterleib befaßte, obwohl ich nicht wußte, wie das Phencyclidin auf ihr Verdauungssystem wirken würde. Matt schaute zu, als ich außerdem 10 Kubikzentimeter Lokalanästhetikum injizierte, um das Rückgrat zu paralysieren und Spannungsreflexe zu verhindern. Als nächstes wusch ich die bloßliegende Gebärmutterschleimhaut und die «Kirschen», die nichts anderes als die Verbindungspunkte mit der Plazenta waren. «Und jetzt», sagte ich nach der Säuberung, «jetzt halten Sie bitte die Gebärmutter mit einer Tuchschlinge vom Boden weg, damit sie nicht wieder schmutzig wird.»
Er nahm ein Tuch und tat wie geheißen. Ich bestrich die Gebärmutter großzügig mit einer antiseptischen Salbe. Nun kam das Schwierigste. Da die Gebärmutter umgestülpt herausgefallen war, mußte ich sie sachte wie einen umgekehrten Sack oder Strumpf von der Mitte her einwärts rollen. Gebärmutterwände sind dick und schwammig, doch mit groben Fingern leicht zu durchbohren; deshalb mußte ich sehr behutsam vorgehen

und durfte nur die Fingerspitzen benutzen. Nach und nach faltete sich die Gebärmutter einwärts. Ich salbte sie fortwährend ein. Sie wurde immer kleiner, als ich mit beiden Armen ins Becken der Antilope eindrang.
Matt sagte nichts, während er die Tuchschlinge hochhielt. Ich kniete unter ihm und war so konzentriert, daß ich mich in die Unterlippe biß. Endlich verschwand die Gebärmutter mit einem Sauggeräusch in der Scheide. Ich stieß sie weiter hinein. Zum Glück habe ich lange Arme und ziemlich kleine Hände, vortrefflich geeignet für eine derartige Geburtshilfe.
«Holen Sie mir eine Milchflasche, Matt», sagte ich schließlich.
Er brach sein Schweigen. «Eine Milchflasche? Wozu?»
«Holen Sie sie bitte – schnell!» befahl ich streng.
Matt warf das Tuch weg und gehorchte. Nachdem er die Milchflasche gebracht hatte, schaute er neugierig zu, wie ich sie desinfizierte. Zu seinem Erstaunen ergriff ich die Flasche am Hals und bohrte sie mit ausgestrecktem Arm in die Gebärmutter der Beisa. Ich benutzte die Flasche als Armverlängerung und drückte mit dem Boden die Gebärmutter in die richtige Lage. Sonst wäre sie im Nu wieder ausgetrieben worden. Nachdem ich die Flasche zurückgezogen hatte, gab ich noch immer keine Erklärung ab, sondern klammerte als Vorsichtsmaßnahme die Vulva zusammen.
Ich schrubbte mir Hände und Arme und sagte zu Matt: «Sie wird heute abend ganz gesund sein. Es war bloß ein Gebärmuttervorfall.»
Matt starrte auf den sauberen Unterleib der Beisa und räusperte sich laut. «Unglaublich», antwortete er schließlich. «Unglaublich. Die tollste Arbeit, die ich jemals gesehen habe. Ich ziehe den Hut vor Ihnen, Herr Doktor.»

Das war kein geringer Lohn, wenn man bedenkt, daß er von Matt Kelly kam. Was aber noch schöner war: Wie ich vorausgesagt hatte, war die Beisa am Abend kerngesund, und ich mußte mir Mühe geben, mich nicht in die Brust zu werfen, als Matt und ich zusahen, wie sie ihr munteres Kälbchen säugte.

Da ich mich von jeher für die Krankheiten der Affen und Primaten sehr stark interessiert hatte, reizte mich Ray Legge mit der Bemerkung, Humanmediziner seien überlieferungsgemäß besser imstande, diese Tiere zu behandeln als Veterinäre. Kurz entschlossen belegte ich einen Studienkurs, um ihm zu beweisen, daß er unrecht hatte. Nach anderthalbjähriger harter Arbeit – ich mußte ja meine Praxis weiterführen und doch die Zeit für die Kollegs und Seminare in der medizinischen Fakultät von Manchester erübrigen – wurde ich ins Royal College der Veterinärärzte aufgenommen, als erstes Mitglied, bei dem Zootiere als Spezialgebiet aufgeführt wurden. Nicht nur hatte jetzt meine Praxis mit großen Affen eine feste Grundlage, sondern durch das Studium, das ich zu Hause betrieben hatte, war auch bei Shelagh das Interesse an meinen Affenpatienten erwacht.

Kurz darauf wurde Jane, ein reizendes Orang-Utan-Weibchen im Bellevue, zum erstenmal trächtig. Dann aber hatte sie, etwa zwei Monate vor dem Termin, ganz plötzlich eine Fehlgeburt. Das kleine Orangkind kam eines Nachts tot zur Welt.

Die Wirkung auf Jane war schrecklich. Alle anderen Orangweibchen hatten lebende, gesunde Kinder. Sie saß allein in einem Winkel, hielt das dünne Körperchen im Arm, versuchte vergeblich, es zu säugen und wimmerte kläglich. Ich gehöre nicht zu den Sentimentalisten, die in Tiere die ganze Skala menschlicher Gefühle hineingeheimnissen; doch als ich Jane zum erstenmal nach der Fehlgeburt sah, kamen mir Tränen. Sie war gebrochen, untröstlich. Was wir auch unternahmen, wir konnten sie nicht dazu bewegen, den kleinen Leichnam herzugeben. Ich überlegte schon, ob ich sie betäuben sollte, um ihn ihr wegzunehmen, bevor er verweste. Sie verweigerte die Nahrung und verfiel in beunruhigender Weise.

Als ich mich endlich zur Betäubung entschlossen hatte, nahm ich Shelagh in den Zoo mit. Wir begaben uns zur Isolierstation, wo Jane jammervoll in einem großen Käfig saß. Shelagh betrachtete die Äffin, und die Äffin betrachtete sie. Shelaghs Augen füllten sich mit Tränen. Matt und ich standen stumm daneben.

«Bevor du sie betäubst», sagte Shelagh unvermittelt, «möchte ich zu ihr hineingehen.»

Meine Frau wollte zu einem ausgewachsenen Orang-Utan-Weibchen hineingehen, das zweifellos verstört und in unberechenbarer Stimmung war.

«Es ist mir ernst», fuhr sie fort. «Schließen Sie bitte die Tür auf, Herr Kelly.»

Matt traf Anstalten zu widersprechen, aber ich ließ ihn nicht zu Wort kommen. «Schon gut», sagte ich, «schließen Sie auf, Matt.»

Matt schloß auf und öffnete vorsichtig die Gittertür. Shelagh schlüpfte hindurch und kroch auf allen vieren zu Jane hinüber. Sowie sie dort war, begann sie dem Tier in leisem, beschwichtigendem Ton zuzusprechen. «Was ist denn, mein Liebes? Ja, ich weiß Bescheid. Komm, leg den Arm um mich.» Sie redete immerzu weiter, während Jane ihr ins Gesicht schaute. Shelagh setzte sich neben Jane und umarmte sie liebe- und verständnisvoll. Zu unserer Verwunderung und Freude

schmiegte sich Jane an sie und legte ihre breiten Lippen auf Shelaghs Mund. Shelagh streichelte sie und sprach ihr ununterbrochen mitfühlend zu. Auf einmal, einfach so, reichte Jane ihr das tote Kind. Shelagh nahm es in den Arm, bewunderte es mit Ausdruck und Worten und steckte es dann langsam in eine Manteltasche. Jane machte keine Bewegung des Widerspruchs.
«Gebt mir Futter für sie», sagte Shelagh.
Wir händigten ihr Bananen und Weintrauben aus. Sie schälte die Bananen und brach sie in Stücke, die sie Jane vor den Mund hielt. Jane nahm Bissen um Bissen.
«Ich möchte ihr ein Kräftigungsmittel geben, Shelagh», sagte ich leise. «Ich komme zu dir.»
«Auf keinen Fall», erwiderte sie. «Füll die Spritze und sag mir, wo ich sie ansetzen soll. Ich mache die Injektion. Nicht wahr, Jane, mein Liebes?»
«Aber, Frau Taylor», empörte sich Matt, «sie wird Sie beißen. Ich finde, wir sollten . . .»
Shelagh ließ sich nicht umstimmen. Widerstrebend machte ich die Spritze zurecht und gab sie ihr. «In den Schenkelmuskel», wies ich sie an.
Shelagh gurrte ihrer Freundin zu, legte ihr den Arm um die Schulter und stach die Nadel in den Schenkel. Jane rührte sich nicht.
Nach einer Weile verließ Shelagh den Käfig und gab uns das tote Äffchen. Jane wimmerte nicht mehr. Sie sah ruhiger aus, als Shelagh die Tür zumachte. «Ich komme morgen wieder», sagte Shelagh forsch zu Matt und mir. Sie hatte die Pflege übernommen.
Ja, so war es. Jeden Tag ging Shelagh zu Jane hinein, fütterte sie von Hand und sprach mit ihr, wie Frauen mit Freundinnen sprechen, denen ein Leid widerfahren ist und die Zuspruch brauchen. Jane reagierte darauf. Sie umarmte Shelagh, und sie magerte nicht mehr ab.

Mit der Zeit nahm sie ihre Nahrung allein zu sich. Drei Wochen später war sie wieder ganz normal.
Ich bin überzeugt, daß die Injektionen, die Shelagh der großen Äffin, die ihr jeden Knochen im Leibe hätte brechen können, verabreichte, während sie Wange an Wange mit ihr saß, daß diese Injektionen bei Janes Genesung keine große Rolle spielten. Wie Shelagh selbst sagte: «Es gibt bei der Zooarbeit Dinge, die man Männern nicht überlassen kann.»

7. Erweiterter Horizont

Ich hatte der Praxis finanziell geschadet, und Norman Whittle war alles andere als erfreut. Nachdem ich wochenlang einem Zirkus nachgereist war, um einem arthritischen Elefanten Goldsalz zu injizieren, mußte ich feststellen, daß mich der Zirkus übers Ohr gehauen hatte. Der Direktor behauptete, der Elefant sei rechtmäßiges Eigentum des Clowns Soundso, der seinerseits behauptete, ich sei ursprünglich von einem Mitglied der Akrobatengruppe gerufen worden, als der Zirkus in Rochdale gastierte. Es war ein kleiner Zirkus, alle schienen miteinander verwandt zu sein, und die Clowns waren doppelt und dreifach beschäftigt: als Eisverkäufer, Kunstreiter oder Jongleure. Es war nervenzermürbend und peinlich, hinter meinem Honorar herzujagen. Wenn ich während der Vorstellung hinkam, rannten alle, mit Schminke und roten Gumminasen getarnt, aufgeregt durcheinander, und zu anderen Zeiten waren die Wagen grabesstill, wenn ich verzweifelt anklopfte, um einzukassieren. Sonderbar, als der Elefant mit schmerzhaften, geschwollenen Gelenken herumgetorkelt war, hatte ich die Artisten im Nu finden können. Allmählich zog der Zirkus in immer weitere Ferne, und die Schuldeintreibung wurde unmöglich.

Das führte zu einem erbitterten Wortwechsel mit Norman Whittle, was mir das Verlangen gab, den Sprung zu wagen und mich der Wildtiermedizin mit Haut und Haar zu verschreiben.

«Ganz abgesehen davon, daß Sie die Praxis oft genug vernachlässigt haben», sagte Whittle in seinem knappen, militärischen Ton, während wir vor einer betäubten Schildpattkatze standen, die wir eben kastriert hatten, «abgesehen davon fehlen uns hundert Pfund in der

Kasse. Die Sache mit dem Zirkus schlägt dem Faß den Boden aus. Fahrendem Volk ist nun einmal nicht zu trauen. Ich habe Sie immer wieder gewarnt. Selbst wenn das Pack bezahlt hätte, bedenken Sie nur, wieviel Zeit und Mühe verschwendet worden ist, vom Benzinverbrauch gar nicht zu reden. Vergleichen Sie das einmal mit einer Arbeit wie dieser.» Er wies mit der Nähnadel auf die Katze, die auf dem Rücken lag. «Dreißig Shilling Honorar, fast Reingewinn und in fünf Minuten erledigt!»

Vom rein finanziellen Gesichtspunkt aus betrachtet stimmte das; ein Kollege, den wir beide kannten, pflegte zu sagen, die ideale Praxis stelle er sich so vor, daß man nichts anderes tun müßte, als Katzen kastrieren, sechs am Vormittag und sechs am Nachmittag. Aber so stellte ich mir die Arbeit eines Tierarztes nicht vor. Konnten sie denn nicht begreifen, daß es an sich Lohn genug war, einem Elefanten den Puls zu fühlen, unter der trockenen Runzelhaut die dicke Arterie zu spüren? Mit Geld läßt es sich nicht aufwiegen, wenn man einem Wildtierjungen auf die Welt helfen kann. Nein, damals empfand ich es ebenso wie heute als ein seltenes Privileg, Wildtiere zu heilen, soweit es in meiner Macht stand. Kann ein Börsenmakler oder ein Bankier jemals das Glücksgefühl haben, das ich erlebte, wenn ich ein Geschöpf mit einem von mir ersonnenen Bein laufen sah?

In diesem Sinne hatte ich schon früher mit Whittle gesprochen, aber ich fand es zwecklos, auch diesmal davon anzufangen. Er dachte wohl, ich wäre darüber hinaus, und deshalb ärgerte er sich sehr, als ich den nächsten Ruf von einem Zirkus begeistert entgegennahm. Er kam von einem uns unbekannten Unternehmen in Great Yarmouth, einem Ort an der Küste von

Norfolk, dreihundert Kilometer von Manchester entfernt. Wieder handelte es sich um einen Elefanten; man befürchtete, er habe die Maul- und Klauenseuche.
«Dorthin können Sie nicht fahren», sagte Whittle aufgebracht. «Diese Zoo- und Zirkusarbeit wächst uns über den Kopf. Nein, das geht einfach nicht.»
Ein Elefant, der vielleicht an Maul- und Klauenseuche litt? Nichts konnte mich zurückhalten. «Ich fahre hin», erwiderte ich und eilte fort, bevor er noch ein Wort zu sagen vermochte.
Es war eine lange Fahrt, die fast sechs Stunden dauerte. Ich wurde neuerdings aus ganz England zu exotischen Tieren gerufen, da ein Besitzer dem andern erzählte, daß diesen Tieren mein besonderes Interesse galt. Die Entfernungen vergrößerten sich immer mehr, und auf langen Fahrten beunruhigte es mich, daß ich den ganzen Tag für meine Praxis und die übrige Welt verloren war. Es konnte ja alles mögliche geschehen, während ich nichts anderes tat, als meinen eigenen Taxichauffeur zu spielen. Um dem abzuhelfen, hatte ich etwas ausgeheckt, das sich als Schlüssel zu einer räumlich weit auseinanderliegenden Wildtierpraxis erweisen sollte: Ich hatte in meinem Wagen eine Funkanlage angebracht, die an ein privates Netzwerk angeschlossen war und mich buchstäblich mit dem ganzen Land verband. Mein Rufzeichen war «Jet acht-sieben», und ich hatte meinen Spaß daran, wenn ich Nachrichten erhielt wie die erste, die vom Bellevue kam: «Anruf für Jet acht-sieben, Jet acht-sieben. Kelly berichtet Zwergnashorn-Geburt. Alles in Ordnung. Ende.»
Es blieb mir viel Zeit zum Nachdenken, als ich quer durchs Flachland von Ostanglien fuhr. Da gab es die Probleme mit Norman Whittle und meiner Rolle in der Praxis. Ihm hatte ich es zu verdanken, daß sich mir die

Arbeit im Zoo erschlossen hatte, und ich konnte es verstehen, wenn es ihn verstimmte, daß ich ihn so oft allein ließ; aber für mich stand an erster Stelle die Pflicht, den Tieren zu helfen. Und nun Maul- und Klauenseuche. Ich hatte noch nie einen solchen Fall erlebt. Was Elefanten betraf, so hatte ich nur von ein paar mutmaßlichen Fällen gehört, in denen sich hinten im Maul ein Geschwür gebildet hatte. Im übrigen war zu dieser Zeit kein Fall von Maul- und Klauenseuche in England registriert worden. Es mußte eine einleuchtendere Erklärung geben.

Endlich erreichte ich Great Yarmouth, einen Ferienort wie Dutzende an der englischen Küste, mit dem verblichenen Glanz früherer Zeiten, als Mallorca und die Costa Brava so weit entfernt waren wie der Mond. Der Zirkus hatte seinen Standplatz im alten Varieté, und hier fand ich bald die Elefantenstallung. Bei drei ausgewachsenen indischen Elefantenkühen diskutierten erregt ein kummervoll aussehender Deutscher, der sich als Dompteur entpuppte, ein Liliputaner in Charlie-Chaplin-Maske, ein Polizist und ein Herr im schwarzen Gummimantel und Gummischuhen. Der Liliputaner schien besonders aufgeregt zu sein.

Ich trat zu ihnen und stellte mich vor.

Der Herr im Gummimantel streckte die Hand aus und sagte: «Tompkins, Veterinär des Landwirtschaftsministeriums. Ich bin hergekommen, um zu sehen, was es mit der Meldung von Maul- und Klauenseuche auf sich hat.»

«Und mir wollen sie meine halbe Krone nicht bezahlen», quietschte der Liliputaner und klopfte mir ans Knie. «Ich will meine halbe Krone!»

«Mein Name ist Hopfer», stellte sich der Deutsche vor. «Kommen Sie bitte mit, Herr Doktor. Gerda ist schwer-

krank.» Der arme Mann sah aus, als wäre er den Tränen nahe.
«Meine halbe Krone! Das ist die Regel! Meine halbe Krone!» Der Liliputaner hüpfte und schwang sein Chaplin-Stöckchen gegen den Polizisten.
Der Polizeibeamte räusperte sich. Sein müder Ton verriet, daß er in der letzten halben Stunde immer dasselbe geäußert hatte. «Wie oft soll ich es Ihnen noch sagen, Herr Lemon, ich weiß nichts von einer Belohnung. Sie müssen sich deswegen zu meinem Vorgesetzten bemühen.»
«Worum handelt es sich eigentlich?» fragte ich Tompkins.
«Ach, es geht darum, daß Lemon den Fall von Maul- und Klauenseuche gemeldet hat. Gesetzlich hat jeder Bürger, der eine Seuche meldet, Anspruch auf eine halbe Krone, und jetzt ist er wild auf die Belohnung. Er behauptet, sich auszukennen.»
«Ich habe meine Bürgerpflicht getan!» quäkte der Liliputaner. «Ich will meine halbe Krone.»
«Nun hören Sie einmal gut zu, Herr Lemon . . .» begann der Polizist.
«Geben Sie mir gefälligst das Geld!»
Tompkins und ich blickten einander stumm an, und gleichzeitig steckten wir die Hand in die Tasche. Jeder holte einen Shilling und drei Pence hervor und reichte die Münzen dem Liliputaner.
«Darf ich nun um Ruhe bitten, ich möchte mir den Elefanten ansehen», sagte ich gereizt.
Lemon watschelte weg. Später erfuhr ich, daß er durchaus im Recht war: Er hatte Anspruch auf die Belohnung, einerlei, ob sich der Verdacht bestätigte oder nicht. Das Gesetz war so uralt, daß kaum jemand etwas davon wußte. Und alles für eine halbe Krone!

Die Elefantenkuh Gerda stand unglücklich da; aus ihrem Maul tropfte Speichel auf den Boden. Matt Kelly hatte mich gewarnt, niemals die Hand blindlings ins Maul eines Elefanten zu stecken: «Wenn das Biest den Unterkiefer bewegt, ist Ihre Hand zerpulvert.»
Da ich wußte, daß Dompteure ihre Elefanten dazu bringen können, das Maul zu öffnen, ersuchte ich Hopfer darum.
«Gerda, auf, auf!» rief er.
Gerda hob langsam den Rüssel in die Höhe und machte das Maul auf. Tompkins leuchtete mit einer Taschenlampe hinein, und wir betrachteten beide den engen Zwischenraum zwischen den Zähnen. Keine Blase, kein Geschwür war zu sehen.
«Ich glaube nicht, daß Elefanten Maul- und Klauenseuche bekommen können», sagte Tompkins. «Aber für alle Fälle sollten Sie auch die Füße untersuchen.»
Wir gingen vorsichtig um Gerda herum und begutachteten ihre sauber gefeilten und eingeölten Nägel. Nichts ließ auf ein Geschwür schließen. Tompkins beleuchtete gerade den linken Hinterfuß, als Gerda den Drang verspürte, Wasser zu lösen. Unklugerweise hatte der Veterinär vom Ministerium nicht den Südwester auf, der bei der Untersuchung meldepflichtiger Seuchen zur Uniform gehört. Er bekam den Katarakt genau auf den Scheitel ab. Die Flüssigkeit rann in seinen Mantel und plätscherte unten heraus.
«Ich habe gehört, daß Urin sehr gut für die Gesichtshaut ist», bemerkte der Polizist so ernst, als ob er eine Verhaftung vornähme.
«Ich gehe», stieß Tompkins hervor. «Maul- und Klauenseuche negativ. Ende der Angelegenheit, soweit sie das Ministerium angeht. Machen Sie nur weiter, Doktor Taylor.» Spuckend schlich er ab.

«Nun berichten Sie mir bitte alles, Herr Hopfer», sagte ich.
«Heute früh fand ich sie sabbernd vor, genau wie jetzt. Sie frißt nicht, trinkt nicht einmal. Vielleicht hat sie einen schmerzenden Zahn.»
Zahnschmerzen waren in der Tat möglich. Zu den gewöhnlichsten Leiden gehört bei Elefanten ein entzündeter oder falsch gewachsener Backenzahn. Wieder mußte Gerda auf Hopfers Befehl das Maul aufmachen. Mit der einen Hand beleuchtete ich jeden Zahn, während ich mit der anderen ihre schlüpfrige Zunge hinunterdrückte. Ein Ausrutscher, und ich verlor zwei bis drei Finger. Alle Zähne schienen normal zu sein. Ich untersuchte die Drüsen, strich mit der Hand über die Kehle, maß die Körpertemperatur und entnahm eine Blutprobe. Alles war in Ordnung. Aber Gerda war krank, behielt nichts bei sich, und ihr Speichel rann unaufhörlich. Nichts ließ darauf schließen, daß der Hals entzündet war; die Schluckmuskeln waren nicht gelähmt, und es bestand kein logischer Grund für den Speichelfluß. Es blieb nur ein unheilvoller Verdacht.
«Bringen Sie mir bitte Bananen und einen Eimer mit Wasser», sagte ich zu Hopfer. Ich wollte Gerdas Reaktion auf Nahrung selbst beobachten.
Sie nahm die Banane mit der Rüsselspitze entgegen, steckte sie ins Maul, kaute und schluckte mühelos. Dann aber kam der Bananenbrei ganz langsam zurück und tropfte in klebrigen Klumpen aus den Mundwinkeln. Ich stellte ihr den Eimer hin. Sofort saugte sie einen Rüssel voll auf und sprühte das Wasser ins Maul. Sie schluckte. Ein Weilchen geschah nichts. Doch plötzlich strömte das Wasser auf den Boden.
«Was haben Sie den Elefanten gestern als letztes zu fressen gegeben?» fragte ich Hopfer.

«Zerschnittene Mohrrüben und Äpfel.»
«Zerschnitten?»
«Ja, zerschnitten.»
Ich war überzeugt, daß einer der Äpfel dem Hackmesser entgangen war und nun in der Speiseröhre festsaß, und zwar an einer von drei Stellen: im Brustraum, neben der Brustaorta oder in der Spalte vor der Mündung in die Bauchhöhle. Wo er auch stecken mochte, Gerda war in Lebensgefahr.
Bei Rindern rutschen eingeklemmte Körper von selbst weiter, wenn man das Tier vierundzwanzig Stunden lang in Ruhe läßt. Das war meine erste Maßnahme. Ich besorgte mir in einem nahen Hotel ein Zimmer und gab nur die Anweisung, dem hungrigen und durstigen Elefanten wenigstens viel Wasser zur Verfügung zu stellen. Vielleicht tröpfelt ein bißchen an dem Apfel vorbei, dachte ich optimistisch und fügte dem Wasser nahrhafte Glukose hinzu.
Am folgenden Tag ging es Gerda noch schlechter. Ihre Augen waren eingesunken; sie machte einen geschwächten Eindruck, offenbar litt sie unter Wasserentzug aus den Körpergeweben. Wie aber den Apfel in Bewegung bringen? Wenn ich ihn irgendwie hinunterstieß, konnte ich die Speiseröhre verletzen. Eine Operation kam nicht in Frage; keine Maschine hätte die Lungen des sechs Tonnen schweren Ungetüms mit Sauerstoff füllen können, wenn der Brustraum geöffnet war. Medikamente zwecks Entspannung der Schlundmuskeln hätten nicht gewirkt.
Am dritten Tag war die arme Gerda so schwach, daß ein einziger Mensch sie mühelos umstoßen konnte. Ihre Augen waren gerötet, ihr Atem roch schlecht. Der Apfel saß immer noch fest, der Speichel floß und floß. Gerda litt unter qualvollem Durst. Nur mit der Unter-

hose bekleidet, gab ich ihr jede Stunde einen Einlauf mit Wasser und Glukose, so hoch wie möglich in den Darm, indem ich ein Plastikrohr und eine alte Feuerwehrhandpumpe benutzte. Das war eine langwierige, schmutzige Arbeit.
«Oh, was für ein schöner Beruf!» sagte die Kellnerin im Hotel, als sie erfuhr, was ich im Zirkus tat. «Mit Tieren zu tun haben und gleichzeitig am Meer Ferien machen!»
Sie hätte mich sehen sollen, wie ich die ganze Nacht einem Elefanten vierzig Liter Zuckerwasser ins Hinterteil pumpte und fünfunddreißig Liter, die sich über mich ergossen, zurückbekam. Immerhin hatte es sich gelohnt. Fünf Liter waren drinnen geblieben, fünf Liter Wasser, die Gerda vielleicht aufrechterhielten, bis sich irgend etwas ergab.
Am fünften Tag faßte ich einen schwerwiegenden Entschluß. Gerda verfiel zusehends. Es blieb mir nichts anderes übrig, als eine Sonde in ihren Schlund zu schieben. Das bedeutete Betäubung. Gerda legte sich nicht mehr hin, aus Furcht, nicht mehr aufstehen zu können. Wenn ich noch länger wartete, vertrug sie das Betäubungsmittel nicht mehr, denn zu Hunger, Durst und Schwäche war jetzt auch Schlafmangel gekommen.
Ich ging am Strand entlang und überlegte angestrengt. Ich dachte daran, Whittle anzurufen, aber in Anbetracht unseres kühlen Verhältnisses entschied ich mich dagegen. Die Möwen schrien mir vom kalten, grauen Himmel unverständliche Ratschläge zu. Ich beneidete die Fischer, die eingemummt am Ende der Mole saßen, zufrieden ihre Pfeife pafften und bald nach Hause gehen konnten zu Eintopfgericht und Fernsehen. Dann traf ich die Entscheidung. Ich wollte Gerda leicht betäuben, einen Schlundstößer – eine lange Lederröhre mit

Messingkugel – in die Speiseröhre einführen und ihr Leben in meine unerfahrenen Hände nehmen.
Später am Tag gab ich der Elefantenkuh eine große Dosis Acetylpromazin, eher ein starkes Schlafmittel als ein echtes Anästhetikum. Nach einer halben Stunde sank sie langsam zu Boden und lag dösend auf der Seite. Hopfer stemmte den Oberkiefer auf, und Lemon, der wie die meisten Zwerge über unglaubliche Kräfte verfügte, hielt den Unterkiefer offen. Nachdem ich den Schlundstößer mit Lebertran eingeschmiert hatte, führte ich ihn behutsam ein. Als ein halber Meter Röhre verschwunden war, hielt ich inne und horchte am anderen Ende. Ich vernahm nicht den leisesten Atemzug, konnte also sicher sein, daß die Sonde nicht versehentlich in die Luftröhre geraten war. Ich stieß vorsichtig weiter. Plötzlich ging es nicht mehr, der Stößer ließ sich nicht weiter hinunterdrücken. Ich markierte die Röhre und zog sie zurück, um sie am Leib des Elefanten abzumessen. Auf diese Weise konnte ich genau feststellen, wie weit unten das Hindernis stak. Der Apfel war an der Stelle festgeklemmt, wo die Speiseröhre an der Brustaorta vorbeiführte. Dort mußte ich zustoßen, damit der Apfel hinunterrutschte. Als die abermals eingeführte Sonde bei dem Hindernis hielt, kam der große Augenblick. Der kräftige Stoß konnte das Herz zum Stillstand bringen. Er konnte die Speiseröhre durchlöchern und den Apfel in die Brusthöhle jagen. Oder es konnte gelingen. Ich biß die Zähne zusammen und verstärkte den Druck auf den Stößer immer mehr. Ganz plötzlich bewegte er sich wieder. Etwas hatte nachgegeben. Ich schwitzte, und meine Unterlippe blutete, weil ich darauf gebissen hatte. Hatte sich der Apfel bewegt, oder war etwas durch ein Loch in der Speiseröhre in die Lungen geraten? Durchs Stethoskop

hörte ich keine Lungengeräusche. Ich hielt den Atem an und zog den Schlundstößer ganz langsam zurück. Mir kam es endlos vor, bis die Messingkugel aus Gerdas Maul glitschte. Sie war mit klarem Schleim und ein wenig Bananenbrei beschmiert, aber kein Blutstropfen war daran. Ich hatte es geschafft!

Gerda war noch viele Stunden schläfrig, derweil die Wirkung des Beruhigungsmittels nachließ. Das Warten war unerträglich. Ich hatte keine Lust, etwas zu essen oder zu trinken. Ich lief am Strand entlang. Ich spielte an den einarmigen Banditen am Pier. Jede halbe Stunde kehrte ich zu Gerda zurück. Endlich, kurz nach neun Uhr abends, hatte sie genügend Energie gewonnen, um sich torkelnd zu erheben.

«Tun Sie bitte nichts, Herr Hopfer! Ich mache das schon.»

Ich stellte Gerda einen Eimer mit Heublumentee hin. Ihr Rüssel ging matt hin und her. Ich packte ihn und steckte ihn in die goldene Flüssigkeit. Der Eimer wurde zur Hälfte geleert. Gerdas schwacher, unsicherer Rüssel bog sich langsam zum Maul und spritzte den Inhalt hinein. Ich sah, daß sich die Schlundmuskeln zusammenzogen. Ein Strom floß den Hals hinunter. Sie hatte geschluckt. Wir warteten wie versteinert. Der Heublumentee kam nicht zurück. Gerdas Rüssel war schon wieder im Eimer und leerte ihn.

«Eine Banane! Eine Banane!» rief ich aufgeregt.

Hopfer rannte nach einem Bananenbündel und reichte es mir. Ohne sie zu schälen, stopfte ich eine Banane einfach zwischen die Kiefer des Elefanten. Sie mahlten, und weg war sie. Nichts wurde herausgegeben. An Gerdas Unterlippe hingen keine Speichelfäden mehr. Ihre eingesunkenen, geröteten Augen hafteten auf dem Bananenbündel. Eine vollkommene Dame, immer noch beängstigend schwach, langte sie anmutig danach. Es ging alles gut.

Auch in dieser Nacht wachte ich bei Gerda, um mich zu vergewissern, daß sie nicht zu schnell fraß und trank, sondern nur allmählich die dringend benötigte Nahrungszufuhr erhielt. Bei Tagesanbruch war sie sichtlich gekräftigt, und die Anzeichen des Wasserentzugs verschwanden rasch. Als Hopfer mich ablöste, kehrte ich in mein Hotel zurück.

«Oha, wohl die ganze Nacht gebummelt?» sagte die Kellnerin, als ich am Frühstückstisch auf meinen Stuhl sank. «Ich wußte ja, daß Sie sich in Great Yarmouth großartig amüsieren würden. Ihr Beruf muß Ihnen viel Freizeit lassen.»

«Ja», antwortete ich müde. «Bringen Sie mir bitte zwei Bücklinge. Ich habe Grund zum Feiern.»

Nach meiner Rückkehr aus Great Yarmouth machte Norman Whittle abermals seinem Ärger über meine Herumreiserei und meine Jagd auf exotische Patienten Luft. «Wie können Sie das mit Ihrem Gewissen vereinbaren?» schnauzte er mich an. «Sind Sie etwa nicht an dem schäbigen Geschäft der Ausbeutung von Wildtieren beteiligt, wenn Sie im Zoo und im Zirkus herumfuhrwerken?»

Ich glaube an Zoo, Marineland und Safaripark. Mit den Geschöpfen der Erde in nähere Berührung zu kommen – die Wildtiere zu sehen, zu riechen und, wenn man Glück hat, zu berühren –, das ist ein wichtiges Erlebnis. Wie das Kino die Atmosphäre der lebendigen Bühne nicht einzufangen vermag, so können auch Filme von Elefanten, Löwen oder Büffeln nicht den Zauberfunken überspringen lassen, den Anwesenheit in Fleisch und Blut hervorruft. Von der feuchten Rüsselspitze eines Elefanten beschnüffelt oder von der rauhen Zunge einer Giraffe verstrubbelt werden – das sind Erlebnisse, dem wahres Fühlen und Lieben entspringt. Es gibt nichts Lohnenderes, als eine Gruppe blinder Menschen durch einen Zoologischen Garten zu führen. Sie sind wirklich aufgeschlossen den Tieren gegenüber, mit denen man sie ungefährdet bekannt machen kann.

Es ist illusorisch, wenn man sagt, jeder Mensch sollte die freilebenden Tiere in ihrer natürlichen Umgebung sehen. Ihr Umfeld schrumpft zusammen, nicht zuletzt durch den Tourismus. Der grausame Eingriff der Menschen in die natürliche Umgebung der Tiere wird unvermeidlich dazu führen, daß immer mehr Säugetiere, Vögel, Fische und Insekten in der Wildnis aussterben. Materielle Habgier und leichtsinnige Verschmutzung fordern einen furchtbaren Zoll. Zoologischen Gärten und Aquarien fällt die wichtige Aufgabe zu, wenigstens einige Tiere vor dem Schicksal der Dronte, der Stellers Seekuh und des Quaggas – um nur ein paar ausgerottete Tierarten zu nennen – zu bewahren. Ja, Zoologische Gärten sind wichtig für all die Kinder in New York, London, Rom und tausend anderen Großstädten, die niemals die Möglichkeit haben werden, in der Serengeti auf Jet-Safari zu gehen.

Was mich anbelangt, so sehe ich meine Aufgabe darin, die Interessen der Tiere zu vertreten und ihren Standpunkt einzunehmen. Es gibt widerliche Beispiele von Grausamkeit und schonungsloser Ausbeutung beim Tierfang, in Zoos und Zirkussen und vor allem in chemischen Laboratorien überall in der Welt. Aber wenn man von innen her arbeitet, indem man hier bei der Zucht berät und dort die Ernährung verbessert, indem man versucht, kranke Tiere zu heilen und ihre unwissenden Besitzer zu belehren, daß sich Grausamkeit und Vernachlässigung letzten Endes nicht auszahlen, wenn

man das tut, können sich die Verhältnisse langsam, aber sicher bessern. Ich bin stolz, daß ich daran mitarbeiten kann.
Als ich Norman Whittle meine Gefühle erklärte, knurrte er, das sei ja gut und schön, aber wie ich mir eigentlich den Betrieb einer Zweimann-Praxis vorstelle, wenn einer der Mitarbeiter nie anwesend sei? Ich fragte mich, was er wohl sagen würde, wenn er wüßte, daß ich gerade ersucht worden war, in Holland sechs junge afrikanische Elefanten zu begutachten und sie dann nach England zu bringen. Da Whittle an diesem Wochenende ohnehin Dienst hatte, hielt ich es für klüger, es ihm erst nach meiner Rückkehr zu sagen.
Ich machte die beschwerliche Reise mit einem Lastwagenschlepper und mit dem Fährschiff. Kostbare Zeit ging verloren, weil ich eine Panne hatte, aber schließlich hatte ich meine Schützlinge auf dem Nachtschiff von Rotterdam nach Hull. Während der Überfahrt saß ich allein bei meinen Elefanten, bewachte sie und fütterte sie ab und zu mit Heu, Bananen und Äpfeln. Für mich war es eine wertvolle Erfahrung in Tierpflege und -transport.
Zu meinen Pflichten gehörte es, neugierige Reisende und Seeleute von meinen Elefanten fernzuhalten. Alles ging gut, bis ich mitten in der Nacht, todmüde von den Anstrengungen des Tages, vom Schlaf überwältigt wurde, obwohl ich dagegen ankämpfte. Ich schlief ein, nicht gerade in bequemer Stellung, denn ich saß an eine Elefantenkiste gelehnt.
Als ich drei Stunden später erwachte, stellte ich zu meinem Schrecken fest, daß irgendein törichter Tierliebhaber den ganzen Vorrat an Bananen und Äpfeln den stets bereitwilligen jungen Elefanten verfüttert hatte. So viel Obst in so kurzer Zeit konnte Koliken hervorrufen be-

vor wir anlegten, und ich war aufs Schlimmste gefaßt. Zum Glück kam es zu keiner Kolik, aber die Überfütterung machte sich bemerkbar. Nachdem ich einen halben Tag damit verbracht hatte, sechs Elefanten mit akutem Durchfall zu betreuen, wußte ich, wie es einem läutenden Aussätzigen im Mittelalter zumute gewesen sein muß, und als ich zu Hause eintraf, verlangte Shelagh von mir, mich vor der Hintertür der Kleider zu entledigen.

Einige Wochen später war ich wieder in Holland, diesmal um Herrn van den Baars Onager einzufangen, und kurz darauf machte ich eine noch weitere Reise. Der Zweck war keine Behandlung, sondern ich wollte etwas über eine große Säugetierfamilie lernen, von der ich noch gar nichts wußte, nämlich über die Delphine. Diese Waltiere, denen nur der Mensch an Intelligenz überlegen ist und von denen schon im Altertum die merkwürdigsten Dinge erzählt worden sind, wurden Mitte der sechziger Jahre in Amerika die beliebtesten Zootiere. Dann kamen Flipper und seine Verwandten nach Europa, und ich fand es an der Zeit, mich mit diesen schönen, aber geheimnisvollen Wassersäugern zu befassen und möglichst viel über ihre Aufzucht und Pflege in Erfahrung zu bringen. Ich mutmaßte, daß auch in England und auf dem europäischen Kontinent Ozeanarien nach amerikanischem Muster entstehen würden, so daß die ärztliche Betreuung von Delphinen über kurz oder lang ein anerkannter Zweig der Veterinärkunst werden mußte.

Heute wissen wir viel über die Delphine, aber damals wußte man so gut wie nichts, denn über die Krankheiten der Waltiere war noch keine Zeile geschrieben worden. Das bedeutete für mich eine einzigartige Herausforderung, ging es dabei doch nicht darum, Pferdemedizin auf Zebras und Rindermedizin auf Büffel anzuwenden. Waltiere sind keinerlei Regeln unterworfen. Sie haben das Wasser zurückerobert, indem sie sich mit allen Vorteilen des Säugetiers dem Meer angepaßt und dies mit der Fähigkeit verbunden haben, Dinge zu tun, die man von keinem Säugetier im Wasser erwarten würde. Deshalb müssen sie anders sein, anders in Körperbau, Funktion und Verhaltensweise. Der Große Tümmler im Atlantischen Ozean ist ein luftatmendes, warmblütiges Tier, zwar mit torpedoartiger Fischgestalt, aber es hat drei Magenabschnitte wie das Rind, ähnliche Nieren wie das Kamel, ein ebenso großes Gehirn wie der Mensch, ist schwimmtauglich wie ein Hai und mit einem Gehör ausgestattet wie die Fledermaus. Er kann tief tauchen und schnell aufsteigen, ohne vom Wasserdruck behelligt zu werden, kann lange Zeit ohne Sauerstoffaufnahme auskommen, trinkt nur Meerwasser, dessen Salzgehalt durstige Schiffbrüchige zum Wahnsinn treibt, und hat noch viele andere geheimnisvolle Fähigkeiten.

Nur einige wenige Veterinäre die mit den Meeressäugetieren in den amerikanischen Ozeanarien zu tun hatten, verfügten über das Wissen das ich brauchte, wenn ich Waltiere behandeln wollte. Wieder einmal ließ ich den langmütigen Norman Whittle im Stich, riß ein großes Loch in meine Ersparnisse und ging nach Point Mugu in Kalifornien, einem Stützpunkt der amerikanischen Unterwasser-Marine, wo Dr. Sam Ridgway ein kleines, aber gut ausgestattetes Veterinärinstitut leitete. Hier machte ich bei den Forschungsbecken und in den Laboratorien einen Schnellkurs in Hochsee-Veterinärmedizin durch. Abgesehen von der ganz anderen Umgebung war es wie in den ersten Monaten im Zoo Bellevue unter Matt Kellys Fuchtel. Ich lernte, daß sich

Delphine Grippe, Mumps und Poliomyelitis («spinale Kinderlähmung») zuziehen können, daß man ihnen dank ihrer anatomischen und physiologischen Anpassung ganz leicht den Magen auspumpen kann, ohne Komplikationen befürchten zu müssen, daß sie aber am schwersten von allen Tieren zu betäuben sind, und daß sie täglich dreihundertmal mehr Vitamin B^1 benötigen als ein Mensch von gleichem Gewicht. Was anscheinend am einfachsten, jedoch am wichtigsten war, ich erhielt hier zum erstenmal Gelegenheit, Blutproben von ihnen zu nehmen. Die glatte, glänzende Haut der Delphine gibt fast keinen Anhaltspunkt, wo die Blutgefäße verlaufen. Man mag das Tier aus dem Wasser fischen und an den Flossen oder am Schwanz eine Aderpresse anlegen, trotzdem zeigen sich die verflixten Venen oder Arterien nicht. Sie liegen unter einer dicken, unnachgiebigen Fettschicht, und jede Arterie ist von einem Venengewirr umgeben. Mir wurde geraten, die Stellen zu suchen, wo sich die Fettschicht verdünnt; dort würde ich Blutgefäße finden. Leichter gesagt als getan. Eine geringe Verfärbung der Haut, eine Delle da und dort, ein kleiner Schimmer, der Licht reflektiert, wenn der feuchte Schwanz in die Höhe gehalten wird – das waren meine Wegweiser. Nach einer solchen Entdeckung konnte die Nadel eingestochen und eine Probe venösen, arteriellen oder gemischten Blutes entnommen werden.

Mein erster Versuch glückte. Ich stieß auf die Quelle. «Es spielt keine große Rolle», sagte Dr. Ridgway in seinem langgezogenen Texanisch, «ob Ihre Nadel Blut aus einer Vene oder einer Arterie oder ein bißchen von beidem erwischt, wenn Sie bloß eine Routineanalyse vornehmen, natürlich mit Ausnahme des Sauerstoffgehalts, aber geben Sie acht bei intravenösen Injektionen.

Ehe man sich's versieht, hat man das Zeug in eine Arterie gespritzt, weil alle Blutgefäße so nahe beieinander liegen. Also aufgepaßt, Herr Kollega.»
Ich begriff recht gut. Ein Präparat, das versehentlich in eine Arterie statt in eine Vene injiziert wird, beschädigt nicht nur die zarte Arterienwand, sondern unterbindet auch den Bluttransport zu den Geweben, so daß sie absterben. Bei den Landsäugetieren sind die dickrandigen, pulsenden Arterien gewöhnlich leicht ausfindig zu machen, und sie verlaufen nicht so nahe bei den Venen; bei ihnen ist ein Versehen ausgeschlossen. Schon führten mich diese Nixen wie einst die alten griechischen Seefahrer einem neuen Leben entgegen.

8. Umgang mit Delphinen

Nach dem Kurs in Point Mugu besuchte ich alle größeren Ozeanarien, bevor ich mich mit dem Delphinfang befaßte. Wie ein Zooarzt genau Bescheid wissen muß über Unterbringung, Behandlung und Transport seiner Schützlinge, wenn er ihre Gesundheitsprobleme beherrschen will, so hielt ich es auch in dieser Wasserarena für angebracht, mir einen erfahrenen Kenner wie Matt Kelly zu suchen, von dem ich die nichtmedizinischen Kunstgriffe im Umgang mit den Delphinen lernen konnte. Ich fand ihn an einem Märztag in Florida in Fort Myers. Er lebte vom Delphinfang im Golf von Mexiko, hieß Gene Hamilton, und mit ihm sollte ich die aufregendste Zeit meines Daseins erleben.

Wie Alice im Wunderland beschloß ich, am Anfang zu beginnen und fragte Gene, ob er mich mit hinausnehmen könne. Im Gegensatz zu Matt war er groß und hohlwangig, aber genau wie Matt stellte er die Bedingung, daß ich ihm gehorchen müsse. Sein niedriges Fangboot, das kein Heck hatte, damit die Tiere an Deck gezogen werden konnten, fuhr mit neunzig Stundenkilometern übers Wasser und ließ sich bei fast voller Geschwindigkeit auf einer Kupfermünze wenden. Es eignete sich nicht für Neulinge, die im Weg standen, wenn die Jagd vor sich ging.

Als erstes lernte ich, daß beim Fang der Wind der schlimmste Feind und Geduld die größte Tugend ist. Sogar eine leichte Brise, die von den Jachtbesitzern und von den schwitzenden Sonnenanbetern in Fort Myers begrüßt wurde, genügte, das Wasser bis zum Horizont aufzuwühlen. Dann konnte man jede dreieckige kleine Welle für die Rückenflosse eines Delphins halten. Der Ozean schien voll von Delphinen zu sein oder, umgekehrt betrachtet, keinen einzigen zu enthalten. Nach einem nächtlichen Sturm war das Wasser undurchsichtig, voll von aufgewühltem Sand, und das Spähflugzeug, das von der Luft aus mit uns zusammenarbeitete, konnte die unter Wasser jagenden Delphine nicht sehen. Deshalb saßen wir bei windigem Wetter, das meistens herrschte, auf der Mole, wo Gene immer anlegte und nahmen Fische aus, womit wir Herrn Schlitz, der im fernen Milwaukee Bier braute, ein Vermögen einbrachten.

Bei ruhiger See brachen wir in aller Herrgottsfrühe, manchmal vor Sonnenaufgang, zu den Untiefen auf, wo sich die Delphine vielleicht an Meeräschen, Goldstöckern oder Schleimfischen erlabten.

An einem Morgen, als die Sonne gerade aus dem grauen Wasser aufstieg, hörten wir das Empfangsgerät unseres Spähers knistern. Im ersten goldenen Tageslicht hatte er fünfzehn Kilometer nördlich von uns eine Gruppe von zwölf Delphinen ausgemacht. Der erfahrene Pilot, der aus beträchtlicher Höhe Größe und Alter zu schätzen vermag, sagt uns, wie viele Tiere die richtige Länge haben, nicht zu jung und nicht zu alt, weder trächtig sind noch ein Junges säugen, kurz, wie viele wir fangen können – wenn wir Glück haben.

Während wir dorthin steuern, prüfen Genes Gehilfen, zwei junge Burschen in zerfransten Jeans, das Fanggerät. Es ist ein riesiges Netz, das fünf Meter hinunterreicht, sorgfältig in Zickzackschichten gefaltet ist und im Heck an einer langen Bambusstange aufgehängt ist. Am oberen Rand sind Schwimmer befestigt, unten ein kleiner Anker. Dem Anker gilt das besondere Augenmerk. Fällt er vor dem richtigen Moment ins Wasser, so breitet sich das Riesennetz in Sekundenschnelle aus, und es dauert eine Stunde, bis man es heraufgeholt, ge-

faltet und wieder längs der Bambusstange angebracht hat. Während der Fahrt zum Fanggebiet stehe ich am Ruder, unterhalte mich mit Gene, atme die frische Meeresluft ein oder tue mich an dem absonderlichen, aber köstlichen Frühstück gütlich, das aus frischen Muscheln, gebackenen Froschschenkeln und Semmeln besteht und sogar zu dieser Morgenstunde mit Schlitzens schäumendem Bier hinuntergespült wird.
Der Pilot teilt uns die neueste Position unserer Beute mit. Gene setzt die Geschwindigkeit herab, um die frühstückenden Delphine nicht zu erschrecken und befolgt den Kurs, den der Pilot fortwährend angibt. Plötzlich erhasche ich den ersten Blick auf eine dunkelgraue Rückenflosse, die aus dem Wasser hervorbricht, weil der Delphin Luft holen muß. Dann sehen wir noch eine und noch eine. Von jetzt an hängt Gene ganz von dem Flugzeug ab. Der Pilot beobachtet die Reaktion der Delphine auf unser Herankommen – ihr empfindsames Gehör hat unsere Motoren schon aus meilenweiter Entfernung vernommen – und gibt uns Anweisungen, welche Position für uns am günstigsten ist. Da wir fast auf Wasserhöhe sind, scheinen die Kursänderungen keinen Sinn zu haben, aber der Pilot hat von der Höhe aus einen Überblick auf das Schachbrett und alle Mitspieler. Wir können nur hoffen, daß die Delphine uns für eines der vielen Vergnügungsboote halten, von denen die Gewässer Floridas wimmeln. Immerhin betreiben etliche Cowboys, die an solchen Fahrten teilnehmen, den «Sport», sich an Delphinen mit dem Gewehr zu üben. Manch ein alter Bulle hütet sich vor allen Wasserfahrzeugen, und die Schußnarben, die einige tragen, verraten den Grund.
Heute geht alles ausnahmsweise planmäßig. Um zwei Uhr erfahren wir, daß unsere Position ideal ist, denn

die Delphine tummeln sich hundert Meter rechts von uns unbehelligt im Wasser. Der Pilot verläßt nun den Schauplatz, und Gene führt die Jagd allein durch. «Festhalten!» ruft er uns zu und gibt Vollgas, so daß das Boot mit ohrenbetäubendem Geknatter ruckartig vorschießt. Wir rasen über das funkelnde Wasser, und das Boot krängt, als Gene dem Leitdelphin jählings den Weg abschneidet, daß der Schaum aufspritzt. Mir will sich der Magen umdrehen, und ich klammere mich ums liebe Leben an, überzeugt, im nächsten Augenblick wie eine Kanonenkugel zu den Delphinen durch die Luft geschleudert zu werden. Das Boot richtet sich auf, und aus dem Bogen wird ein voller Kreis. Gene führt uns um den Delphinschwarm herum und setzt zu einer zweiten Umkreisung an. Ich sehe die Tiere mitten in einem großen Ring weißen Wassers auftauchen und Regenbogendampf ausstoßen. Gene beabsichtigt, sie zu verwirren, indem er sie unablässig mit einer Geräuschmauer umgibt. Wir sind schon weiseren Leittieren begegnet, die ihre schwächeren Schützlinge geradewegs durch die «Schallmauer» in ruhigeres Gewässer geführt haben (nicht immer sind es Bullen, sondern manchmal auch gewitzte Matronen); aber heute sind die Delphine unsicher und schwimmen planlos im Wasser herum. Gene beobachtet ihre Unschlüssigkeit, zieht engere Kreise und ruft schließlich: «Los!»
Auf diesen Befehl hin wirft einer der Burschen den Anker über Bord. Gene beschreibt noch einen Kreis, und das Riesennetz wird wie ein Schnellzug von der Bambusstange abgespult. Ringsum geht es, das Netz schaukelt in einer großen Kurve in unserem Kielwasser, bis der Kreis geschlossen ist und wir wieder bei dem Anker und dem ersten Schwimmer angekommen sind. Jetzt stoppt Gene die Maschinen und betrachtet gespannt

das kreisförmig ausgeworfene Netz, das einen Umfang von anderthalb Kilometer hat. Die Beute ist nicht in letzter Minute davongestoben, er hat die Wassertiefe richtig beurteilt, und das Netz hängt so tief, daß kein Flüchtling darunter wegtauchen kann. In der Mitte wirbeln dunkelgraue Rückenflossen durcheinander.

Als es soweit ist, bin ich imstande, aufzustehen und mich nützlich zu machen. Als erstes muß das Netz inspiziert werden. Gleichmäßig ausgelegt, sind die Schwimmer ringsum sichtbar. Wenn nur einer oder zwei nicht oben schwimmen, bedeutet dies, daß das Netz an dieser Stelle hinuntergezogen worden ist, etwa von einem Delphin, der sich in den Maschen verfangen hat und in Gefahr ist, zu ertrinken.

«Hinein mit Ihnen, Herr Doktor», pflegte Gene zu sagen, wenn wir ein solches Warnzeichen sahen, und dann sprang ich mit Brille und Schnorchel ins kühle, dunkle Wasser und schwamm zu der Stelle, wo die Schwimmer fehlten. Hier tauchte ich wie eine ungeschickte Ente hinab zu der grauen Gestalt, die sich aus dem Netz zu befreien versuchte. Beim Tauchen hörte ich manchmal das aufgeregte, hohe Quieken des gefangenen Delphins. Wenn er nicht zu sehr verstrickt war, konnte ich ihn mit den Händen befreien; sonst mußte ich Genes kostbares Netz mit dem Messer aufschlitzen.

Nicht nur im Netz zappelnde Delphine brachten die Schwimmer zum Sinken. Das erfuhr ich an einem sonnigen Nachmittag vor der Küste von Key Largo, wo Gene sechs oder sieben junge, aber ausgewachsene Delphine makellos eingekreist hatte. An zwei Stellen wippte ein Schwimmer; zu der einen schwamm ich, zu der anderen einer von Genes Gehilfen. Beim Tauchen sah ich, wie erwartet, eine graue Gestalt vier Meter unter der Oberfläche im Wasser wütend herumdreschen.

Ich schätzte, daß es nicht schwer sein würde, das Tier mit den Händen zu befreien, so daß es auftauchen und Luft holen konnte. Beim Näherkommen erkannte ich zu meinem Entsetzen, daß da ein über zwei Meter großer Hai mit wild schlagendem Schwanz und gebleckten Zähnen im Netz zappelte. Es war ein Tigerhai, der als gefürchteter «Menschenfresser» gilt. Sollte ich ihn befreien? Was würde Gene an meiner Stelle tun? Ob der Hai mich angriff, wenn ich ihn freiließ? Da er sich mit den Brustflossen verfangen hatte, beschloß ich, ein paar Schnitte mit dem Messer zu wagen und dann schnell aufzusteigen. Vielleicht dachte er vor Freude über seine Befreiung gar nicht daran, mich anzugreifen. Ich griff nach dem Messer in meinem Gürtel, und da gewahrte ich den zweiten Tigerhai. Er war noch größer und beschrieb links unter mir Achterfiguren. Das machte meiner Unschlüssigkeit ein Ende. In einem Luftblasengewirbel stieß ich mich in die Höhe und kletterte aufatmend ins Boot.

«Lassen Sie sich niemals mit den Gesellen ein», sagte Gene, nachdem er sich meine Geschichte angehört hatte. «Wenn er beim Einziehen noch lebt, werde ich ihn töten. Ich hasse diese Viecher. Mir haben Haie schon das ganze Netz verdorben. Sie taugen zu nichts außer für Köder.»

«Wie sind denn die Tigerhaie hier in der Gegend?» fragte ich.

«Es ist ihnen nicht zu trauen», antwortete er. «Ich kenne einen Delphinfänger, dem ein Tigerhai zwei Pfund Schenkelfleisch herausgerissen hat. Der Arzt, der ihn nähte, sah an den Zahnspuren, daß es ein Tigerhai gewesen war.»

Das war nicht meine einzige Begegnung mit einem verstrickten Hai, aber wann immer ich einen im Netz ge-

wahrte, schoß ich in die Höhe und überließ es Gene, später mit ihm abzurechnen. Oft kam einer der Gehilfen ebenso schnell aus dem Wasser herauf, und dann rief Gene lachend: «Sind da unten Haie? Na, zieh deine Jesuslatschen an, Junge, und geh auf dem Wasser!»
Nachdem die gefangenen Delphine aus dem Netz genommen worden waren, beaufsichtigte Gene das langsame, minuziöse Einholen. Der umzingelnde Kreis wurde allmählich verkleinert, damit die Delphine nicht mehr so wild zappeln konnten. Nach und nach zogen wir sie ans Boot heran, bis wir sie, unterstützt von einem Mann im Wasser, an Deck schleifen konnten. Ungeeignete Exemplare wurden freigelassen; die übrigen mittschiffs auf Schaumgummimatratzen gelegt. Bei diesem Manöver hatte ich Gelegenheit, mich mit tropfnassen freilebenden Delphinen zu befassen, die frisch aus ihrem Element kamen (Gene und die andern holten derweil das Netz ein). Die älteren Tiere lagen gewöhnlich schicksalsergeben da, zirpten einander klagend zu, duldeten es aber, daß ich sie berührte. Es war für mich aufregend – und ist es noch immer –, mit Tieren in Berührung zu kommen, die noch vor wenigen Minuten eine buchstäblich unbegrenzte dreidimensionale Welt gemeistert hatten, in der der Mensch ein schwacher, unsicherer Amateur ist.
Sobald das Netz eingeholt war, ließ Gene die Motoren an und fuhr mit Vollgas zu den Meerwasserbecken in Fort Myers, wobei wir oft von anderen Übeltätern belästigt wurden. Es waren Stachelrochen, die es uns schwermachten, uns mit den gefangenen Delphinen abzugeben. Diese abgeplatteten Verwandten des Hais, die wie unterseeische Fledermäuse durchs Wasser fliegen und auf der Oberseite des peitschenförmigen Schwanzes einen giftigen Stachel haben, kommen in den Ge-

wässern von Florida in Hülle und Fülle vor. Sehr häufig zogen wir mit den Delphinen an die hundert Stachelrochen, von denen manche bis zu zwölf Pfund wiegen, ins Boot herein. Wir sortierten sie aus und warfen sie ins Wasser zurück, doch mitunter entglitten uns einige der schlüpfrigen, flachen Rochen aufs Deck, verloren beim Umherfloppen den Stachel und machten die Bretter zu einem gefährlichen Boden. Viel Zeit blieb uns ja wegen der Delphine nicht, so daß es vorkam, daß wir auf der Rückfahrt von toten Rochen umgeben waren, deren Stachel noch tagelang giftig bleiben. Deshalb zog ich, wenn das Netz eingeholt war, immer Gummistiefel an, die mir bis zu den Knien reichten. Gene nahm sich diese Mühe nicht; er arbeitete die ganze Zeit barfuß und verließ sich auf seine Reaktionsfähigkeit, wenn ein Stachelrochen Abwehrstellung einnahm, weil er berührt worden war oder sich bloß ärgerte.

Bei Gene erhielt ich die wichtigste Lehre über die außergewöhnliche Verhaltensweise der Delphine. Es war eine bittere, aber gesunde Lehre: Zum Schluß war der Delphin tot, und ich hatte ihn umgebracht.

Wir hatten einen jungen, fast entwöhnten Delphin gefangen, zusammen mit seiner Mutter, und beide waren für ein berühmtes Ozeanarium in Kalifornien bestimmt. Das Junge zappelte und wehrte sich, als es an Bord gebracht wurde, und auf einmal hörte es zu atmen auf.

«Jetzt hören Sie mir gut zu», begann Gene. «Junge Delphine begehen Selbstmord, indem sie zu atmen aufhören, wenn man nicht aufpaßt. Sobald sie aus dem Wasser sind, muß man auf die Zeit achten. Wenn sie zwei, allerhöchstens zwei Minuten den Atem angehalten haben, senken wir sie schnell in einer Netzschlinge wieder ins Wasser. Dann atmen sie.»

«Und was dann?» fragte ich.
«Nach einer Weile ziehen wir sie wieder an Bord und versuchen es noch einmal. Wenn sie es abermals tun, kommen sie wieder ins Wasser und so weiter. Gewöhnlich bringen wir sie unbeschadet nach Fort Myers, und wenn wir sie dort ins Becken setzen, sind sie ganz in Ordnung.» Gene hob mahnend seinen ledrigen, sonnverbrannten Zeigefinger. «Ihre Aufgabe ist es jetzt, Herr Doktor, während ich uns wie der Blitz heimbringe, nichts anderes zu tun, als das Kerlchen hier und Ihre Uhr im Auge zu behalten. Wenn sich in zwei Minuten nichts geändert hat, schlagen Sie Alarm – dann halten wir und tauchen ihn ins Wasser.»
Wir fuhren ab, und ich saß neben dem jungen Delphin, blickte immer wieder auf die Uhr und benetzte ihn von Zeit zu Zeit mit Meerwasser, damit die Haut nicht austrocknete und die Körpertemperatur nicht zu hoch stieg. Zwei Minuten verstrichen, ohne daß sich das kleine Atemloch öffnete. Da schlug ich Alarm, worauf Gene die Maschinen stoppte und zu mir eilte. Gemeinsam legten wir den kleinen Delphin ins Netz und tauchten ihn ins Meer ein. Ich hing über der Reling und sah zu, wie er normal zu atmen begann, als er sich vom Wasser umgeben fühlte. Gene sagte mir, daß er diese Schwierigkeiten mit größeren Exemplaren nie habe. Nach etwa drei Minuten holten wir ihn wieder ein und setzten die Fahrt fort. Er tat einen tiefen Atemzug als er wieder auf der Matratze lag, und ich nahm die Zeit. Zwei Minuten vergingen ohne einen Atemzug. Ich ließ das Boot zum zweitenmal halten, und wir wiederholten das Eintauchen. Jetzt atmete der kleine Delphin normal, das heißt, im Wasser holte er viermal in der Minute Luft. Wieder im Boot, tat er einen Atemzug, und Gene kehrte ans Ruder zurück.

Ich starrte auf meine Uhr, verfolgte die Bewegung des großen Zeigers und dachte nach, während ich neben meinem Schützling saß. Die Brise fuhr mir durch die Haare, und die Sonne brannte auf meinen bloßen Rücken. Selbstmord, hatte Gene gesagt. Konnte ein Tier Selbstmord verüben? Das Geheimnis des Massensterbens der Lemminge war etwas anderes. Konnte ein einzelnes Tier einfach zu atmen aufhören und sterben? Ja, einige heiliggesprochene katholische Jungfrauen sollen sich auf diese Weise das Leben genommen haben, aber normalerweise werden Säugetiere vom Gehirn gezwungen, Luft zu holen, wenn der Körper an Sauerstoffmangel leidet und das Blut zuviel Kohlensäure führt. Willenskraft, Planung, psychologischer Zustand haben nichts damit zu tun, und Schock ist etwas ganz anderes, denn er ruft einen Zusammenbruch des Blutkreislaufs und Bewußtlosigkeit hervor, ehe der Tod eintritt. Der kleine Delphin war bei Bewußtsein, und nach seiner Farbe und dem Puls zu urteilen, war der Blutkreislauf in Ordnung.
Die Sekunden verstrichen. Eine Minute fünfzig. Ich überlegte weiter. Das Delphingehirn mißachtet hohen Kohlensäuregehalt im Blut, aber es braucht Sauerstoff, und darum muß das Tier schließlich atmen. Aus diesem Grund steigen die Delphine zum Luftholen auf. Und deshalb ertrinken sie, wenn sie sich unter Wasser im Netz verfangen. Also mußte irgendein unwillkürlicher Mechanismus diesen kleinen Delphin zum Atmen veranlassen, und zwar bald.
Eine Minute neunundfünfzig. Ich fragte mich, warum Gene zwei Minuten als Zeitlimite angegeben hatte. Das war gewiß eine recht gute Schätzung – nein, eher beruhte es auf der unwissenschaftlichen Mythologie der Delphinfänger. Als der Zeiger die Zweiminutengrenze

überschritt, beschloß ich, ihn weiterwandern zu lassen, ohne Gene herbeizurufen. Nach der dritten Minute festigte sich meine Überzeugung, daß die orthodoxe, zuverlässige Physiologie Gene ins Unrecht setzen würde. Es ging um die unverbrüchlichen Regeln des Sauerstoffmangels gegen die grobe, über den Daumen gepeilte Schätzung eines Delphinfängers.
Vier Minuten. Noch immer kein Atemzug. Ich begann leicht zu schwitzen und biß mich auf die Zunge. Gene war damit beschäftigt, das Boot durch die Klippen zu steuern. Wahrscheinlich wußte er nicht, ob zwei oder zwölf Minuten vergangen waren. Viereinhalb Minuten. Mir klopfte das Herz, aber ich vertraute noch immer auf die Gesetze der Physiologie, die für alle Säugetiere gelten, von der winzigen Wühlmaus bis zum riesigen Elefanten. Eine hochmütige Stimme flüsterte mir zu: «Sauerstoffbedarf muß vorherrschen.» Vierdreiviertel Minuten. Der kleine Delphin lag ganz still, und sein Puls verlangsamte sich. Mein idiotischer Widerstand zerbrach, und ich schrie Gene zu: «Er atmet nicht mehr!» Abermals hielt das Boot, und Gene half mir den Delphin ins Wasser senken; aber es lag klar zutage, daß dieses arme Geschöpf nie mehr atmen würde. Es war schlaff. Die Augen waren glasig. Ich hatte es umgebracht.
Tiefunglücklich bekannte ich Gene, was ich getan hatte. Er verzog das Gesicht, sagte aber nichts. Als er dann auf dem Deck niederkniete, um den Kadaver aus dem Netz ins Wasser gleiten zu lassen, wo in der dunklen Tiefe die Haie lauerten, kam er mit einem Stachelrochen in Berührung, der schon seit einiger Zeit tot war. Der aufrechte Stachel bohrte sich ins Bein, und das Gift drang in eine Vene. Totenblaß und vor Schmerzen schwitzend mußte er es über sich ergehen lassen, daß

ich den Stachel mit dem Widerhaken herauszog. Ich benutzte die Gummischläuche meines Stethoskops als Aderpresse und legte einen Wundverband an; aber in Minutenschnelle verschlimmerten sich die Schmerzen, und Gene wurde sehr krank. Der abgehärtete Delphinjäger stand die Qualen wortlos aus. Ich bettete ihn auf eine Schaumgummimatratze, und einer seiner Gehilfen übernahm das Ruder. Danach mußte Gene fast eine Woche das Bett hüten. Der Delphinfang wurde abgeblasen, und mir blieb nichts anderes übrig, als auf der Mole zu sitzen, Stöckchen ins Wasser zu werfen und niedergeschlagen auf das große Becken zu starren, wo eine große Delphinkuh auf und ab tauchte, allein, ohne ihren kleinen Sohn.

Als sich die für Europa bestimmten Delphine an die Gefangenschaft gewöhnt hatten und sich in den ausgedehnten Becken selbst ernährten, wurden sie für transportfähig erachtet. Man traute ihnen zu, daß sie die lange Reise über den Atlantischen Ozean wohlbehalten überstehen würden. Auch in dieser Hinsicht hatte ich noch viel zu lernen, und ich hielt es für das beste, sie von Anfang bis Ende zu begleiten, das heißt von der sonnigen Küste Floridas nach New York und von dort nach London, Scarborough, Cleethorpes, Nizza, Hamburg, Antwerpen und Stockholm. Jeder meint, eine Luftreise von Florida nach Europa in Gesellschaft von Delphinen sei ein idealer Broterwerb. Irrtum. Es bedeutet anstrengende, langweilige, durchnässende, stinkige Arbeit, die zwei bis drei Tage dauern kann, wenn man, wie es mir zustieß, von Miami aus auf dem New Yorker Flughafen mit Verspätung ankommt, den Anschluß verpaßt und hier vierundzwanzig Stunden warten muß. Man kann Delphine nicht einfach ins nächste Hotel

mitnehmen und sie ins Badezimmer stecken. Wenn sie Mitte Januar in einem kalten, zugigen Lagerhaus untergebracht werden, muß man bei ihnen bleiben – Tag und Nacht.
Zuerst kommt die Überlandfahrt nach Miami. Die Tiere sind mit Vaseline eingeschmiert, die man an die Kleider bekommt, was das Aussehen erheblich beeinträchtigt. Im Flughafen sind Verladung und Papierkram zu erledigen. Ich fand heraus, daß erfahrene Delphinhändler die Wasserbehälter entleeren und sowohl die Umwälzpumpen als auch die Zwölf-Volt-Batterien abschrauben, bevor sie ihre Fracht wiegen lassen. Das Gewicht der Behälter und der Tiere wird in die Papiere eingetragen. Nun kann alles verladen werden. Auf dem Weg zum Flugzeug verschwindet der Händler flink um eine Ecke, dreht einen Wasserhahn auf, läßt fünfzig Liter in den Behälter einlaufen und bringt die Pumpe und die Batterien wieder an. Die Delphine, die ins Flugzeug verfrachtet werden, wiegen dann mehrere hundert Pfund mehr, als auf dem Frachtschein verzeichnet ist. Andernfalls muß man, wie mir gesagt wurde, fünf Dollar für je fünf Liter Wasser bezahlen. Eine andere kostenlose Wasserquelle bietet der Waschraum im Frachtflugzeug. Dabei besteht nur die Gefahr, daß man zuviel abzapft, und daß sich die Besatzung später beklagt, es sei zuwenig Wasser an Bord für ihre Bedürfnisse während des Flugs, und dann können Nachforschungen angestellt werden.
Die Batterien für die Pumpen haben die üble Angewohnheit, unterwegs zu versagen. Wenn man sich darauf gefaßt macht, in dem ungemütlichen Frachtraum ganz ohne Schlaf auszukommen und fortwährend Wasser durch eine große Spritzdüse zu versprühen, kann man diese Panne bewältigen. Sonst bleibt die ebenso

mühselige Alternative, mitten in der Nacht in der Nähe des Flughafens Kennedy eine Zwölf-Volt-Autobatterie zu suchen. Findet man zu dieser Stunde tatsächlich eine Garage die nicht geschlossen ist, so verlangt der mißtrauische Angestellte eine Handvoll Dollars in bar, denn ein American-Express-Ausweis erweckt bei ihm kein Vertrauen.

Der endlose Flug nach Europa in einer riesigen Zigarrenbüchse bietet nichts von den Annehmlichkeiten, die Reisende in Passagierflugzeugen genießen. Dampf und Fett dringen durch die Haut. Immerzu muß man sich um die verstopften Löcher im Umwälzpumpsystem kümmern, da ja auch die Exkremente der Delphine herumgewirbelt werden, und wenn die Maschine bei böigem Wetter absackt, muß man die umhergestoßenen Delphine beobachten und stets bereit sein, Wunden zu verarzten. Die Besatzung sitzt derweil in ihrem bequemen Cockpit und läßt ab und zu ein Leberwurstbrot oder einen Becher Seven Up in den Frachtraum bringen.

Als schlimmster Teil der ganzen Reise stellte sich die Ankunft im Londoner Flughafen Heathrow heraus. Es ist nicht ungewöhnlich, wenn ein Delphin hier zwei Stunden im überfüllten Lagerhaus für unverzollte Waren warten muß, während sich die Zöllner Zeit lassen, sich durch den Papierberg zu arbeiten. Selten erlauben sie den stumm leidenden Tieren die Weiterfahrt, während der Begleiter zurückbleibt, bis alle Papiere unterschrieben und alle Fragen beantwortet sind. Es ist nicht so, daß sie die Tiere nach Diamanten oder anderen Schmuggelwaren untersuchen, obwohl es durchaus möglich wäre, kleine Päckchen im Magen eines Delphins zu verstecken, die das Tier monatelang vertragen würde. Nein, wie sehr die Tiere auch darunter leiden mögen, die Zollbeamten arbeiten nach dem Reglement, und von den Delphinen wird das gleiche verlangt.

Meine erste Erfahrung mit dem Zoll in Heathrow machte ich, als ich dort einen Riesenkraken aus dem Stillen Ozean in Empfang nehmen wollte. Er kam aus Seattle, fünfzig Pfund schwer, zornesrot, sauber verpackt in Wasser, Eis und Sauerstoff. Dieser schönste aller Kraken ist sehr schwer zu transportieren, weil er das Wasser, in dem er befördert wird, und schließlich sich selbst mit Nitraten vergiftet, die in seinen eigenen Exkrementen enthalten sind. Ganz versessen darauf, meinen Riesenkraken abzuholen und ihn schleunigst in den Zoo von Yorkshire, der ihn erworben hatte, zu bringen, hatte ich mich anerboten, die Zollformalitäten zu erledigen.

«In meinem Verzeichnis sind keine Zollgebühren für Riesenkraken angegeben», sagte der Beamte ernst, «aber ich kann ihn nicht durchlassen, ohne ihn zu klassifizieren. Ich muß die richtige Gebühr eintragen.»

«Er ist ein Weichtier», erklärte ich, «wie Austern, Schnecken und so weiter.»

Der Zöllner betrachtete das rote, mit Tentakeln versehene Ungetüm in dem Plastiksack und der Isolierkiste. «Soll das heißen, daß es eßbar ist?» fragte er.

«Nein, das nicht, aber um die Sache zu erleichtern, können Sie es als Auster deklarieren, wenn Sie wollen.»

«Austern stehen im Verzeichnis, aber das Tier sieht gar nicht wie eine Auster oder etwas Ähnliches aus.»

«Haben Sie noch nie in Spanien oder Italien kleine Tintenfische gegessen? Das sind Verwandte.» Die Minuten vergingen. Der Krake wurde immer wütender, rötete sich immer mehr und vergiftete das Wasser. Ich mußte weg von hier und ihm neues Wasser geben.

«Gott bewahre», erwiderte der Zollbeamte. «Ich mag die widerlichen ausländischen Gerichte nicht. Tintenfische? Pfui Teufel!»

«Bitte, bitte, glauben Sie mir», beschwor ich ihn. «Er ist von derselben Familie wie Austern. Schauen Sie in Ihrem Verzeichnis nach und berechnen Sie die gleiche Gebühr.»

Endlich siegte der gesunde Menschenverstand. Mein Riesenkrake wurde auf den Einfuhrpapieren als «eine ungewöhnlich große, nackte Schnecke» eingetragen. Der Zollbeamte hatte das letzte Wort gehabt, und was machte es mir schon aus, wenn er den Riesenkraken als Varietät der harmlosen Nacktschnecke betrachtete? Mir kam es nur darauf an, den kostbaren Kraken durch den Zoll zu bringen.

Eingedenk dieses Erlebnisses leistete ich nach der Rückkehr von Florida meinen ersten und einzigen Beitrag zum Tierschmuggel. Ich brachte dem Bellevue-Aquarium ein seltenes Geschenk in Gestalt von Pfeilschwanzkrebsen mit. (Das ist die letzte noch lebende Familie einer altertümlichen Klasse der Gliedertiere.) Ich hatte ein Dutzend ausgewachsene Pfeilschwanzkrebse, die jeder in der Quere fünfundzwanzig Zentimeter maßen, unter einen Delphin gelegt, der in seinem Behälter im Netz aufgehängt war. Als der Zollbeamte beim Abzählen zu diesem einzelnen «Fisch» kam, fielen ihm die mehr als körperlangen Schwanzstacheln auf, die aus dem Wasser auftauchten, wenn die großen Krebse unten herumkrochen.

«Was ist das?» fragte er.

«Das sind Pfeilschwanzkrebse», antwortete ich.

«Krebse? Wozu?»

Ach, du lieber Gott, nicht schon wieder, dachte ich. Ich hätte mein letztes Geldstück darauf verwettet, daß diese

einzigartigen Gliedertiere, die zwischen den ausgestorbenen Trilobiten und den Spinnentieren vermitteln, nicht in seinem Verzeichnis standen.
«Je nun, die Krebse sind für die Delphine. Tierfutter auf der Reise», log ich.
«Ach so, natürlich», sagte der Zöllner. «Tiere müssen ja genau wie wir unterwegs etwas knabbern.»
Die Krabben und ich hatten es überstanden.
An ihrem Bestimmungsort kamen die Delphine in ein seichtes Becken, und zum erstenmal seit Tagen fühlten sie wieder Salzwasser. Aber damit war meine Arbeit noch nicht beendet. Steif und wund von der Reise, hatten die Tiere Schwierigkeiten, im Wasser das Gleichgewicht zu halten. Es dauerte weitere acht Stunden, bis sie frei und sicher schwimmen konnten, und solange mußte ich bei ihnen ausharren, und zwar im Wasser. So müde ich auch war, immerzu ging ich mit ihnen im Kreis herum und führte sie, indem ich sie an der Rückenflosse festhielt. Nein, Delphintransport ist kein reines Vergnügen.

Einer der Delphine, die ich vom Golf von Mexiko mitgebracht hatte, war für das Londoner Ozeanarium in der Oxford Street bestimmt, ein ehemaliges Theater, wo jetzt Delphine, Seelöwen, Pinguine und schöne Mädchen pausenlos Vorstellungen gaben. Sie wurden verzaubert von Ton- und Lichteffekten, und Schauspieler moderierten die Veranstaltungen. Hinter den Kulissen, unter dem Soho Square, waren Schwimmbecken, sozusagen die Garderoben der Tiere, und so etwas wie eine Probebühne angelegt, und hier quetschte ich mich mit den schlanken Schwimmerinnen zusammen und bemühte mich, die Delphinstars unter künstlichen Bedingungen bei guter Laune zu halten. Für mich war das ein gutes Übungsgelände, eine Vorbereitung für die Tage in Paris, wohin ich später gerufen wurde, Delphine in einem Glasbecken des berühmten Moulin Rouge zu untersuchen. Das war das einzige Ozeanarium, wo der Direktor mir die folgende Anweisung gab: «Wenn Sie fertig sind, können Sie mit den Mädchen duschen, wie es der französische Tierarzt immer gemacht hat.»

Leider wurde das zwar vortrefflich entworfene Londoner Delphinarium im Einkaufsgebiet von West End erbaut, wo die Leute nach überstandenem Einkaufsfieber lieber in einem Restaurant als in einer Flipper-Schau Erholung suchten. Das Delphinarium mußte zu guter Letzt geschlossen werden, aber vorher fuhr ich mindestens einmal in der Woche vom Norden dorthin, um irgendeinen Übelstand zu beheben, nicht nur bei den Tieren, die ihre Künste zeigten, sondern auch bei den menschlichen Schwimmern. Wenn die Delphine im Übermut mit einer der «Aquamaids» allzu grob umgegangen waren, wurde ich zu Hilfe gerufen. Die Mädchen bekamen Quetschungen ab und fürchteten sich vor der stürmischen Aufmerksamkeit der Delphine; die Vorstellungen litten darunter, und einige Damen drohten mit Kündigung. Ich fand heraus, daß die Delphine Sexualduftstoffe im Wasser aufspürten, wenn die Mädchen menstruierten. Die Angriffe stellten sich buchstäblich als heftige Avancen heraus, ausgelöst von den Minimalmengen an Sexualstoffen. Durch ein Präparat, das ich den Delphinroués injizierte, wurden sie wieder normal, gebärdeten sich nicht mehr wie menschliche Sexualverbrecher, und der Friede war wieder hergestellt, so daß die Vorstellungen ihr früheres Niveau zurückgewannen.

Eines Tages erkrankte Clyde, der Delphin, den ich über den Atlantischen Ozean zum Londoner Delphinarium begleitet hatte, an einer schweren Leberentzündung. Ich kämpfte um sein Leben, saß zwei Nächte neben dem Becken auf einer Gummimatratze und behandelte ihn. Da ich ihm eine massive Dosis vom Vitamin-B-Komplex injizieren mußte, wurde er aus dem Wasser genommen und auf Schaumgummi gebettet. Während zwei Männer den Delphin festhielten, stach ich vorsichtig eine neue feine Nadel in seinen Schwanz. Blut quoll hervor. Eine Vene getroffen. Es mußte das dunkle, sauerstofflose Blut einer Vene sein. Als ich es betrachtete, fiel mir ein haardünnes hellrotes Fädchen auf. Ich dachte an Dr. Ridgways Warnung in Point Mugu: «Also aufgepaßt, Herr Kollega.» Wahrscheinlich blutete der Nadelstich aus Venen und aus der Hauptarterie. Ich zog die Nadel im Nu zurück. Jetzt schien es nur wieder dunkles Blut zu sein. Es mußte sich einzig und allein um eine Vene handeln. Ich stach die Nadel sorgfältig an derselben Stelle ein, saugte Blut auf, um mich zu vergewissern, daß alles in Ordnung war und drückte dann behutsam den Kolben hinunter. Das Vitamin B ging in Clydes Zirkulation ein; er wurde, anscheinend wohlbehalten, wieder seinem Element übergeben. In den nächsten achtundvierzig Stunden genas er prächtig. Wir freuten uns alle.
Drei Tage nach der intravenösen Injektion erhielt ich einen alarmierenden Anruf. An Clydes Schwanz war ein absonderlicher langer Streifen erschienen, von dem kleine Verästelungen ausgingen wie bei einem Farnblatt. Clyde verriet keinerlei Anzeichen von Schmerz oder Reizung am Schwanz, dem Körperteil, der als Bewegungsantrieb für den Delphin so wichtig ist wie der Propeller für einen Dampfer. Ich fuhr sofort hin. In der

Tat, die farnähnliche Zeichnung war deutlich zu sehen, aber nur an der Hälfte des Schwanzes, wo die Injektion erfolgt war, und sie begann genau an der Stelle, wo ich die Nadel eingestochen hatte. Zum erstenmal in meinem Leben hatte ich mindestens einen Teil einer Injektion versehentlich einer Arterie zugeführt. Zu meinem Verdruß ersah ich aus dem Befund, daß Vitamin B, ein Reizmittel, in die Arterie und ihre Verästelungen eingedrungen war. Thrombose war die Folge; die Gewebe, die von der Arterie hinter dem Einstich mit Blut versorgt wurden, waren abgestorben. Es war ein klassischer Fall von iatrogener Gangrän oder, wie der Laie sagen würde, von einem Kunstfehler des Tierarztes. Ich konnte nicht viel tun. Abgestorbenes Gewebe ist abgestorbenes Gewebe. Ich konnte nur dafür sorgen, daß sich der Teil bald ablöste, sekundäre Infektion verhüten und abwarten. Die Kernfrage war: Wieviel Gewebe belieferte diese Arterie mit Blut, wieviel war folglich abgestorben? Konnte Clyde überhaupt noch schwimmen, wenn der halbe Schwanz schließlich abfallen würde? Ich lag wach in den Nachtmahrstunden zwischen zwei und fünf Uhr morgens, in denen nur schmerzgequälte oder seelisch geplagte Menschen keinen Schlaf finden, und mir brach der Schweiß aus, beim Gedanken an die Aussichten.

Als die Tage vergingen, nahm die blasse Farnzeichnung eine häßliche gelbe Farbe an, breitete sich aus und wurde weich. Nach einer Woche konnte ich endlich die ganze abgestorbene Partie sehen; sie dehnte sich nicht mehr aus, und das faulige Gewebe löste sich langsam ab. Ein breites Band verlief in der Mitte der einen Schwanzflosse, aber zu meiner Erleichterung dünkte es mich sehr unwahrscheinlich, daß der halbe Schwanz abfallen würde, denn der Rest der Flosse sah gesund aus und wurde offenbar gut mit Blut versorgt. Was mir als Hauptgefäß der Schwanzflosse erschienen war, wurde offenbar von kleineren Arterien unterstützt, die nicht ihre Verästelung waren und keinen Schaden erlitten hatten. Delphine sind auch in der Hinsicht Wundertiere, daß fehlgehende Veterinäre ihren Motor nicht drosseln können.

Nach vielen sorgenvollen Tagen warf Clydes Schwanz endlich das tote Gewebe ab; zurück blieb ein breiter Riß. Aber der Schwanz funktionierte. Clyde sprang, überschlug sich und kugelte sich. Mir lag es nun ob, das klaffende Loch so schnell wie möglich zu schließen. Zweimal am Tag ließ ich es mit Heilsalbe einreiben und dann mit Großmutters wasserdichter Gebißklebe dick bepflastern. Einen Monat später war Clyde vollständig geheilt, und ich konnte wieder ungestört schlafen. Aber eine lange, fransige schneeweiße Narbe erinnert mich noch heute, wenn ich Clyde sehe, daran, daß intravenöse Injektionen bei Delphinen auf teuflische Weise dem Zufall unterworfen sind.

9. Der brennende Bär und andere Krisen

Nach der außerordentlich interessanten Zeit in Point Mugu und auf Genes Boot vor der Küste von Florida erwog ich im Ernst einen Plan, der bisher nur ein Traum gewesen war: eine Praxis für exotische Tiere zu eröffnen. Es würde jedoch noch eine ganze Weile dauern, bis meine Zoo-Erfahrungen und meine Beziehungen es mir erlaubten, einen so großen Schritt ins Unbekannte zu tun. Bis es soweit war, mußte ich mich wieder mit den Kühen und Schafen auf den Heidehöfen und den Katzen und Hunden in der Rochdale-Praxis befassen. Was exotische Tiere betraf, so hing ich vom Zufall und vom Zoo Bellevue ab.

Aus dem Zoo rief mich Ray Legge an einem Herbstabend an. «Ich habe einen brennenden Bären! Kommen Sie so schnell wie möglich!» Bevor ich mich nach Einzelheiten erkundigen konnte, hatte er schon aufgehängt.

Als Legges aufgeregter Anruf kam, war ich gerade dabei, letzte Hand an mein Lieblingswildgericht zu legen, Lièvre à la Royale, das ich immer selbst zubereite, angefangen vom Abhängen, übers Marinieren in Wein und Kräutern, bis zum Zerhacken von Leber und Magen. Die ganze Kocherei, in die sich Shelagh nicht einmischen darf, nimmt viel Zeit in Anspruch. Jetzt endlich sollte das köstliche Gericht, zusammen mit glasierten Mohrrüben und petersilienbesprenkelten Kartoffeln, auf den Tisch kommen. Aber der brennende Bär verbannte alle Gedanken ans Essen.

«Sei nicht traurig, Liebster», sagte Shelagh, als ich meine blau-weiß gestreifte Küchenschürze abband und meine Notfalltasche ergriff, «ich wärme es dir morgen auf.» Sie steckte mir zwei Äpfel in die Manteltasche.

Unterwegs zum Zoo rätselte ich über Legges Anruf. Er schien sehr erregt, doch vor allem hatte ich den Eindruck, daß er wütend war. Noch nie hatte ich Ray Legge, dieses Muster eines wohlerzogenen Engländers, zornig gesehen. Ein brennender Bär? Das hörte sich nach Vandalismus an. Davon kann man in einem Zoologischen Garten einiges erleben. Ja, Vandalen mußten etwas Empörendes getan haben, wenn Ray Legge dermaßen in Wut geraten war.
Im Zoo beleuchteten meine Scheinwerfer eine Männergruppe beim Bärengraben. Unter ihnen erkannte ich Legge, der mit dem Fuß aufstampfte. Die andern waren Mitglieder des Verwaltungsrats. Ich stieg aus und ging zu ihnen hinüber.
«Wenn das noch einmal geschieht, nur noch ein einziges Mal, dann schmeiße ich den ganzen Kram hin! Bei Gott, ich werde . . .» Legge war bleich vor Zorn. Die andern hörten teils bestürzt, teils verlegen zu. «Schauen Sie sich doch das Tier an!» Er tobte ungehemmt. «Sie können nicht beides haben! Entweder meine Tiere oder Ihre Schlacht von Waterloo! Mit Ihrer verdammten Schlacht von Waterloo muß Schluß gemacht werden!»
Im Graben saß ein Braunbär auf einem Felsen und leckte sich einen großen schwarzen Fleck an der Flanke. In der Nähe lag eine ausgebrannte Rakete mit langem Stecken. Von der verkohlten Umhüllung stieg eine graue Rauchwolke auf. Ich begriff. Die verdammte Schlacht von Waterloo! Jeden Herbst wurde im Bellevue zwei Wochen lang abends ein Feuerwerk veranstaltet. In einem blendenden pyrotechnischen Schauspiel stellten mehrere Dutzend Männer in historischen Kostümen unter ohrenbetäubendem Geknatter eine Schlacht aus der englischen Geschichte dar. Im vorigen Jahr hatte General Wolfe die Höhen von Quebec er-

stürmt. Dieses Jahr war Waterloo an der Reihe. Die Freilichtbühne, auf der das Schauspiel mit Lärm und Gestank vor sich ging, lag hinter dem Bärengraben, wo sich das gleichförmige Leben der Himalaja-, Braun-, Schwarz-, Malaien- und Eisbären in verschiedenen Abteilungen abspielte. Hier fraßen und schliefen sie; was am wichtigsten war, hier vermehrten sie sich, buchstäblich nur wenige Schritte entfernt von den krachenden Raketen und flammenden Feuerrädern.

Wir beide, Ray Legge und ich, hatten uns schon oft beschwert und darauf aufmerksam gemacht, was für eine Wirkung der Spektakel auf die Bären hatte, die gezwungenermaßen im Orchestergraben den ohrenbetäubenden Krach auf der Bühne allabendlich miterlebten. Besonders besorgt stimmten uns die Eisbären, die nie Junge bekamen. Das heißt, unsere schöne, gepflegte Eisbärin war durchaus empfängnisfähig, und wenn es nach der Natur gegangen wäre, hätte sie im November oder Dezember ein oder vielleicht zwei Bärlein werfen müssen. Das geschah nie. Ende September wurde das Feuerwerk abgebrannt, und jedesmal fand der Wärter den blutigen Beweis, daß die Bärin eine Fehlgeburt erlitten und den unausgetragenen Welpen aufgefressen hatte. Es war herzzerreißend – und nun dies!

Legge brach seinen Ausbruch ab und sagte zu mir: «Der Bär dort wollte heute abend draußen schlafen. Der Wärter konnte ihn nicht in sein Schlafquartier treiben.» Wenn sich ein Bär etwas in den Kopf gesetzt hat, kann keine Macht der Welt ihn davon abbringen. «Dann ging der blödsinnige Spektakel los, eine Rakete kam vom Kurs ab und landete hier im Graben.» Er zitterte vor Wut. «Stellen Sie sich vor, als der Wärter mich rief, stand der Bär richtig in Flammen! Sein Fell brannte!» Er spuckte Gift und Galle. «Ich hab's Ihnen aber gesagt!

Bei mir ist Schluß. Mit dem Feuerwerk muß aufgehört werden, denn wir können die Bären nicht umsiedeln.»
Ich betäubte den Bären mit der Narkosepistole und kletterte über eine Leiter in den Graben hinunter. Die Haut war zwar von dem dichten Fell einigermaßen geschützt worden, dennoch war es eine große Brandwunde. Ich beschmierte sie mit einer schmerzstillenden Salbe, die außerdem ein Antibiotikum und Cortison enthielt. An der Heilung zweifelte ich nicht. Als ich aus dem Graben stieg, schrie und fuchtelte Legge immer noch auf die Herren vom Verwaltungsrat ein.
Zu unserer Verwunderung hatte sein Kriegstanz mehr Erfolg, als wir jemals erhofft hätten. Die streunende Rakete erwies sich als Segen, denn es wurde beschlossen, mit dem alljährlichen Feuerwerk im Zoo Bellevue aufzuhören. Legge und ich waren überglücklich. Jetzt würden wir vielleicht unser erstes Eisbärlein bekommen.
Um Eisbären in der Gefangenschaft zu züchten, muß dem Weibchen offenbar völlige Abgeschiedenheit geboten werden. Deshalb wollten wir Crystal, unsere Eisbärin, vom Oktober an in einer dunklen Höhle unterbringen und sie ganz ungestört lassen. Das Futter sollte ihr leise in einem Nebenabteil hingestellt werden, in das sie durch eine Zugtür gelangen konnte. Kein Herauslocken, keine Inspektionen mit der Stablampe – nur unbedingte Ruhe. Wenn alles gut ging, hörten wir dann vielleicht die Quietschtöne der Welpen um Weihnachten herum, und im Januar würden wir die Jungen zum erstenmal zu sehen bekommen, also erst, wenn Crystal beschloß, sie uns vorzuführen.
Die nächste Paarungszeit kam, und die Eisbärin wurde trächtig. Wir führten unseren Plan durch und behandelten sie wie eine Einsiedlerin. Kurz nach Weihnachten vernahm der Wärter ein erstes leises Quietschen in

ihrer Höhle. Einen Tag wurde es fortgesetzt, dann hörte es auf. Einige Tage später zog Crystal ins Fütterungsabteil um, blieb eigensinnig dort und kratzte an der Tür, die in den Außengraben führte. Wir ließen sie hinaus und durchsuchten ihre Höhle. Wir fanden den verschrumpelten Kadaver eines ausgewachsenen Welpen – ohne einen Tropfen Muttermilch im Leibe.

Im folgenden Jahr ereignete sich das gleiche, aber diesmal fraß sie den halben Welpen auf. Legge und ich waren verzweifelt.

«Na, gut», sagte ich, «das nächstemal ziehen wir das Junge sofort nach der Geburt mit der Flasche auf.»

«Wie wollen Sie es ihr denn wegnehmen, bevor sie es gefressen hat?»

«Sowie der Wärter merkt, daß sie geworfen hat, muß sie betäubt werden. Das müssen Sie besorgen, lieber Freund, denn bis ich hier bin, ist das Unheil schon geschehen. Von Mitte Oktober an soll vor der Höhle ein Glas bereitstehen, das den Pfeil mitsamt der Ampulle enthält. Er braucht nur abgeschossen zu werden. Das Junge kann ihr dann weggenommen werden, und wir ziehen es mit der Flasche auf.»

Legge nickte. Wir mußten nun die endlose Zeit von zehn bis elf Monaten warten, und dann würde man ja sehen, ob sich unser Plan verwirklichen ließ.

Wenn man bedenkt, wie schwierig es für mich gewesen war, Zugang zum Zoo zu finden, und wieviel Zeit ich dort verbrachte, kam ich mit meinem neuen Interesse für Meeressäugetiere kaum auf meine Kosten, das heißt, ich lernte nicht viel dazu. Hier gab es nur drei kalifornische Seelöwenbullen, die in dem viktorianischen Holzpavillon hausten, eifersüchtig bewacht von ihrer Wärterin, einer älteren Deutschen, Frau Schmidt. Sie hatte lebenslängliche Erfahrung mit Seelöwen. Sie umsorgte die quakenden, schnaubenden, vierhundert Pfund schweren Ungetüme, machte viel Aufhebens von ihnen, nahm selten einen Tag frei und bereitete das sorgsam ausgewählte Futter selbst zu. Niemand, wirklich niemand, mochte er sich auch Hauptwärter oder Zoodirektor nennen, schon gar nicht der zudringliche Vorbote des Todes, der Tierarzt, durfte sich ihren heißgeliebten Seelöwen Adolf, Heinz und Dieter auf Spuckweite nähern. Frau Schmidt ließ es auf nichts ankommen, sie nahm sogar ihr Bad im Pavillon, saß hier in einer alten Wanne und stieß schrille teutonische Verwünschungen aus, wenn jemand an die Tür kam. Es wurde von allen stillschweigend hingenommen, daß das Seelöwenhaus Frau Schmidts Privateigentum war. Sich selbst überlassen in dem Allerheiligsten, bereitete sie keinem Menschen Ärger und verlangte nichts weiter als die regelmäßige Fischlieferung. Sogar Matt Kelly wurde von ihr ein wenig eingeschüchtert.

Das Seelöwenbecken enthielt kein Meerwasser, hatte weder eine Filtrieranlage noch eine Chlordesinfiziervorrichtung. Das Süßwasser wurde gewechselt, wenn es nötig war. Die Fische, mit denen die Seelöwen gefüttert wurden, kamen frisch aus dem Meer, von den Lancashire-Docks, wurden also nicht tiefgekühlt, wodurch allfällige Schmarotzer umgekommen wären. Infolgedessen nahmen Adolf, Heinz und Dieter fortwährend Wurmeier auf und stießen von Zeit zu Zeit die zappelnden, langen, ausgewachsenen Parasiten mit dem Kot ab. Dann holte Frau Schmidt eiligst in der Apotheke Santoninextrakt, den schon ihr Vater bei Seelöwen immer angewandt hatte. Santonin bewirkt im allgemeinen die Abstoßung eines Würmerbündels, aber bei dem Prozeß litten die Tiere ein paar Stunden lang an wühlenden

Darmschmerzen und knirschten verzweifelt mit den Zähnen.
Daran war Frau Schmidt gewöhnt. «Die verflixten Würmer!» pflegte sie zu erklären. «Sie wehren sich bis zum letzten Atemzug und wollen nicht loslassen. Sie machen meine Lieblinge unglücklich, während sie herumzappeln und sich gegen das Santonin zur Wehr setzen. Aber bald ist alles wieder gut. Ich bekomme die verflixten Würmer immer!» Dabei nickte sie zufrieden.
In der Tat, die Seelöwen erholten sich rasch von der Wurmkur und erhielten zur Belohnung einen auserlesenen Dorsch – einen Dorsch, der unsichtbare Wurmeier enthielt.
Wenn Adolf eine Erkältung hatte, gab Frau Schmidt ihm Fennings Fieberpulver, Knoblauchzehen und Honig ein, alles versteckt im Futter. Wenn Dieter ein Geschwür hatte und die Nahrung verweigerte, rieb sie es mit einer Zugsalbe ein und verbannte Dieter in ein Kämmerchen, in der Hoffnung, daß er aus einer Schüssel Wasser trinken würde, dem sie geheimnisvolle «blutreinigende» Salze beigefügt hatte. In all den Jahren, die sie nun schon im Zoo Bellevue arbeitete, hatte sie nie die Hilfe eines Tierarztes in Anspruch genommen. Ich wagte mich selten in ihr Reich, höchstens hin und wieder, um ihrer Vorführung und Fütterung vor dem zahlenden Publikum beizuwohnen. Es fiel mir auf, daß die großen Tiere langsam und lethargisch waren, zumal in Anbetracht ihrer hochgradigen Zähmung, aber da meine Kenntnisse der Meeressäugetiere immer noch begrenzt waren, erklärte ich es mir mit dem großen Gewicht der Seelöwen.
Mitunter erfuhr Legge, daß einer der Seelöwen nicht auf der Höhe war, aber wenn er dann diplomatisch vorschlug, vielleicht wisse Dr. Taylor Rat, zog sich Frau

Schmidt einfach in ihren Pavillon zurück, verriegelte die Tür und wappnete sich für einen Belagerungszustand. Wenn Legge fester auftrat, lehnte sie ebenso eisenhart, aber höflich das Angebot ab, schickte einen Zoogehilfen zur Apotheke, damit ihre Festung nicht während ihrer Abwesenheit genommen werden konnte und schlief sogar neben ihren Schützlingen, falls wir eine geheime nächtliche Untersuchung der Tiere planten. «Man kann nicht vorsichtig genug sein», schien ihre Devise zu lauten.

Bei den Seelöwen kamen und gingen die Würmer, und neue nahmen ihren Platz ein. Eines Tages sah Frau Schmidt eine ungewöhnlich große Anzahl lebender Würmer auf dem Boden des Beckens liegen. Du meine Güte, so viele Parasiten hatten die drei Seelöwen noch nie gehabt! Sie entschloß sich zu strengen Maßnahmen gegen die widerlichen Eindringlinge. Eine doppelte Dosis Santoninextrakt mußte her. Adolf, Heinz und Dieter schluckten brav ihre in einem ganzen Fisch versteckte Medizin. Eine halbe Stunde später dünkte es Frau Schmidt, als widersetzten sich die Würmer heftiger als normal. Die Seelöwen litten an dem üblichen Gekoller in den Eingeweiden, aber es geschah außerdem etwas noch nie Dagewesenes: Die Tiere erbrachen sich, zitterten und schüttelten mit glasigen Augen auf bizarre Weise den Kopf. Krämpfe schienen die glatten, rundlichen Leiber zu durchwühlen. Sie waren in Schwierigkeiten. Die Würmer siegten!

Als die Minuten verstrichen, ohne daß bei den Seelöwen ein Anzeichen der Besserung auftrat, faßte Frau Schmidt einen Entschluß von großer Tragweite: Sie wollte den Direktor um Rat fragen. Legge begab sich mit ihr sofort zum Seelöwenhaus, nachdem sie ihm mit bleichem Gesicht und sehr erregt Meldung erstattet

hatte. Ein Blick auf die gequälten Tiere sagte ihm, daß mit der Wurmkur irgend etwas schiefgegangen war, und unverzüglich rief er mich an.
Die Seelöwen zeigten tatsächlich alle Symptome, die man von einer Überdosis Santonin nur erwarten konnte. Santonin ist ein Gift, das schon in uralter Zeit aus den Blütenköpfchen der turkestanischen Pflanze Artemisia Cinnae gewonnen wurde, nachdem man seine wurmwidrigen Eigenschaften erkannt hatte. Die bezweckte Wirkung hängt davon ab, daß die Dosis so bemessen wird, daß zwar die Schmarotzer ausgetrieben werden, der Wirt aber nicht geschädigt wird. Das Gift greift das Zentralnervensystem an, und die Anzeichen, die Frau Schmidt als heldenhaften Widerstand der Würmer deutete, waren in Wirklichkeit die toxischen Wirkungen auf die Seelöwen selbst.
Jetzt endlich bekam ich mit meinem ersten Meeressäugetierfall im Zoo Bellevue zu tun. Das war ein Durchbruch, aber ich hätte mir kaum ein ungünstigeres Debüt aussuchen können als drei Seelöwenbullen mit den Anzeichen einer Nervenvergiftung durch ein Präparat, für das es kein Gegenmittel gab.
Durch Erbrechen und Durchfall mußte zwar das von den Därmen nicht absorbierte Santonin ausgetrieben werden, aber die dramatischen Krämpfe blieben. Ich wollte es mit einem Beruhigungsmittel versuchen, doch das ließ sich nur mit Injektion machen, und Seelöwen gehören zu den Arten, bei denen die Anwendung des Narkosegewehrs gewagt ist, weil die Gefahr besteht, daß der Pfeil Schmutz von der Haut in den Organismus überträgt.
Kelly war auf dem Schauplatz erschienen; er schüttelte beim Anblick der gequälten Tiere pessimistisch den dicken Kopf.

«Können Sie und Kelly die Seelöwen irgendwie festhalten?» fragte ich den Direktor. Die Seelöwen befanden sich in einem kleinen Becken, aus dem das Wasser abgelassen worden war. Sie waren sich unserer Anwesenheit offenbar bewußt. Es war unmöglich, die schweren Tiere irgendwie zu Boden zu drücken, und wie die meisten Meeressäugetiere waren sie nicht mit praktischen Handgriffen ausgestattet.

Frau Schmidt brachte einen Stuhl, und der Zoodirektor nahm die klassische Haltung eines Löwenbändigers an, indem er die vier Stuhlbeine auf den leidenden Heinz richtete. Wir wußten beide, wie schmutzig Seelöwenzähne sind und was für gefährliche Bisse die Tiere einander und dem Menschen zufügen können; davon zeugten auch die Narbenverwachsungen an Frau Schmidts Händen und Armen. Geschützt von Legge und seinem Stuhl – das hoffte ich wenigstens –, goß ich ein Desinfektionsmittel über die Haut des Seelöwen und stach eine neue Nadel in seinen Rumpf. Heinz war so ermattet von den Krämpfen, daß er nur den Kopf in meine Richtung zu drehen vermochte. Das Beruhigungsmittel drang in den Muskel ein. Adolf und Dieter wurden auf dieselbe Weise behandelt. Danach standen wir abwartend da, während sich Frau Schmidt staunend über die Tätigkeit der Nachhutwürmer ausließ. Allmählich entspannten sich die Seelöwen, die Krämpfe ließen etwas nach, das Erbrechen hörte auf. Nach dreiviertel Stunden sah es ganz so aus, als ob die Seelöwen genesen würden. Sie waren verschlafen, aber zweifellos außer Gefahr.

«Also, Frau Schmidt», sagte ich, da ich mich imstande fühlte, aus der Lage Vorteile zu ziehen, «das war das letztemal, daß sie bei *unseren* Seelöwen Santonin angewendet haben.» Sie klapperte mit den Augenlidern und äußerte kein Wort. Matt machte ein Gesicht wie ein Feldwebel, der Zeuge ist, wie einer seiner Gemeinen vom Kommandanten abgekanzelt wird. «Von jetzt an benutzen wir etwas anderes. Es ist sehr wirksam und ungiftig. Morgen schicke ich Ihnen ein Fläschchen Piperazintabletten.»

Adolf, Heinz und Dieter genasen vollständig, aber ein paar Wochen später traten wieder Anzeichen einer Wurmverseuchung auf. Folgsam verabreichte Frau Schmidt ihnen die Piperazintabletten. Zu ihrer Freude wurden einige Stunden später die Würmer ausgetrieben, doch zu ihrer Verwunderung setzte sich kein einziger Wurm zur Wehr. Die Seelöwen hatten kein Bauchgrimmen, keinen Durchfall und knirschten nicht mit den Zähnen.

Frau Schmidt mochte mich zwar als Herrn über Spulwürmer betrachten, im übrigen aber fand sie, glaube ich, meine medizinische Kunst immer noch suspekt. Immerhin war ich in das Seelöwenhaus eingedrungen, und ich durfte mir die Tiere ansehen, wann ich wollte – nur nicht, wenn ihre Wärterin badete. Das war schon ein Fortschritt.

Ich hatte immer noch den Eindruck, daß die Seelöwen in ihren Bewegungen langsam und träge waren. Sie schienen leicht zu ermüden und lagen faul herum; sie hatten nichts von der Lebhaftigkeit, die ich in anderen Zoologischen Gärten bei Seelöwen beobachtet hatte. Damals war noch nichts von Bedeutung über Seelöwenmedizin veröffentlicht worden, so daß man von den Ernährungsproblemen, die Flossenfüßer (Robben, Seehunde, Walrosse) und andere Meeressäugetiere in der Gefangenschaft verursachen können, nichts wußte.

Als ich eines Tages Frau Schmidt bei der Zubereitung des Futters für Adolf, Heinz und Dieter zusah, fiel mir auf, daß auf jeden Eimer, den sie für ihre «Buben» mit ausgewählten Stücken füllte, ein Eimer voller Abfall kam. Sie nahm die Fische sauber aus, entfernte Kopf, Gräten, Schwanz und schnitt Filets. Ihre Seelöwen bekamen hundertprozentige Steaks erster Qualität. In der Freiheit verzehren die Seelöwen natürlich den ganzen Fisch, mit Gräten, Kopf und Eingeweiden, dazu große Mengen an Tintenfischen. Ich kam dahinter, daß die Seelöwen im Bellevue jahrelang immer nur das grätenlose Mittelstück von Heringen, Dorschen und Makrelen erhalten hatten.

«Was ist denn mit Zusätzen?» fragte ich. «Geben Sie ihnen auch Mineralstoffe und Vitamine?»

«Nein. Noch nie, seit ich Seelöwen halte, Herr Doktor», antwortete sie.

«Aha. Sie bekommen von mir einen Multivitaminsirup», sagte ich. «Fügen Sie dem Fisch jeden Tag einen Teelöffel hinzu.» Sie willigte ein. «Außerdem möchte ich, daß Sie die Fische nicht mehr zerschneiden. Meinetwegen nehmen Sie die Fische aus, wenn Sie wollen, aber ich bezweifle, daß Ihren Seelöwen genügend Kalzium zugeführt wird, wenn sie keine Gräten bekommen.»

Frau Schmidt machte ein erschrockenes Gesicht, versprach mir aber, meine Anordnungen zu befolgen. Ich holte mir den erstbesten Multivitaminsirup, den ich in der Apotheke fand, ein Präparat mit Zitronengeschmack für altersschwache Menschen. Es war nichts weiter als eine Mischung von Vitamin A, B, C und D.

Als ich einige Tage später durchs Zoogelände fuhr, sah ich Frau Schmidt herbeilaufen und mir zuwinken. Ich hielt an und kurbelte das Fenster herunter, auf Unheil gefaßt.

«Herr Doktor, Herr Doktor, Sie müssen mitkommen

und sich meine Buben ansehen», sagte sie außer Atem. Ihr Gesicht war zwar erhitzt, aber es verriet weder Ärger noch Schrecken. Sie war mir freundlich gesinnt, ja, weiß Gott, sie lächelte mich an!

Wir fuhren zusammen zum Seelöwenhaus. Adolf, Heinz und Dieter tummelten sich im Becken und schnellten auf den Rand. Und wie sie spielten und tollten! Die drei Bullen hatten alle Trägheit abgestreift und bewegten sich nicht mehr in Zeitlupe. Wie junge Otter glitten sie ins Wasser, tauchten und überschlugen sich.

«Es sind die Vitamine, Herr Doktor», krähte Frau Schmidt, «es sind die Vitamine. Noch nie habe ich meine Buben so lebhaft und vergnügt gesehen. Ich hatte gedacht, sie wären in Höchstform, aber das war ein Irrtum.»

Sie hatte recht, es waren die Vitamine, wahrscheinlich das Vitamin B im besonderen. Viele Jahre später wurde entdeckt, wie wichtig diese Nährstoffe sind für Meeressäugetiere, die mit toten Fischen wie Heringen und Makrelen gefüttert werden; gerade diese Fische enthalten nämlich ein starkes Enzym, das Vitamin B zerstört; ferner stellte man fest, wie gefährlich der Salzmangel ist, wenn die Tiere in Süßwasser gehalten werden.

Frau Schmidt und ihr Seelöwenhaus hatte ich vollständig erobert, doch das hatte auch seine Schattenseiten. Ich fürchtete mich jedesmal, wenn ich an dem hellblauen Pavillon vorbeifuhr, denn sie schien meine Anwesenheit zu spüren und kam jedesmal herausgeschossen, um mich mit hundert Fragen zu überschütten, die das Wohl und Wehe ihrer Buben betrafen. Was den Sirup mit Zitronengeschmack betraf, so lehnte sie es kategorisch ab, jemals etwas anderes anzuwenden. Gab man ihr geeignetere, konzentriertere Tabletten mit denselben Bestandteilen, so schwor sie Stein und Bein, sie seien längst nicht so gut wie der Sirup. Als die Herstellungsfirma den Zitronengeschmack aus irgendeinem Grunde in Orangengeschmack umänderte, schlug Frau Schmidt in Legges Büro einen Riesenkrach. «Herr Doktor Taylor hat mir den Zitronensirup empfohlen, und Sie wissen ja, was für Wunder er gewirkt hat!» kreischte sie. «Ich muß den Zitronensirup haben!» Als unabdingbar feststand, daß der Zitronensirup nicht mehr hergestellt werden würde, und daß Dr. Taylor sich vergewissert hatte, daß der Orangenersatz genau dieselben Bestandteile enthielt, fügte sie sich ins Unvermeidliche. Ich glaube, Frau Schmidt behandelte ihre Seelöwen nie mehr eigenmächtig, und sie ließ es sich angelegen sein, daß niemand, aber auch niemand außer mir ihren geliebten Buben nahekam.

Einen Tag nach der erfreulichen Feststellung, wie gut die drei Seelöwen auf die Vitaminzufuhr angesprochen hatten, mußte ich vor einer roten Ampel halten. Als ich mich müßig umblickte, sah ich in dem Wagen rechts neben mir ein Individuum neben dem Fahrer sitzen. Ich glaubte es wiederzuerkennen. Es war größer und zottiger als bei unserer ersten Begegnung. Das Kerlchen war inzwischen mannbar geworden, trug eine Manchesterhose, einen roten Pullover und einen Sinatra-Hut. Es hielt eine Seite eines entfalteten Stadtplans, und der Herr am Steuer, der die andere Seite hielt, studierte die Karte. Das Wesen war der Schimpanse Billy, den ich einmal wegen Würmern in Behandlung hatte. Ich erinnerte mich auch an seine Besitzerin, eine ziemlich überschwengliche Frau Lomax. Ich klopfte ans Fenster. Billy schaute kurz zu mir herüber, hielt mich offenbar für einen der äffischen Menschen, die alle möglichen Faxen machten, wenn sie ihn zu Gesicht bekamen, gähnte heuchlerisch und sah auf die Karte. Billys Begleiter am Steuer konnte ich nicht gut sehen; ich fragte mich, ob es wohl Herr Lomax war und ob er sich vielleicht auf dem Weg zu mir befand.

Ich hielt mich noch keine fünf Minuten in der Praxis auf, da wurde Billy tatsächlich zu mir hereingeführt. Sein Begleiter war denn auch Herr Lomax, ein vierschrötiger Mann mit rotem Gesicht und hoher Stimme, der ausgiebig schwitzte und sich immerzu die Stirn mit einem blaugeränderten Taschentuch abwischte. Sämtliche Taschen seines engsitzenden grauen Anzugs strotzten von herausragenden Bleistiften und Kugelschreibern, und sein Hosenboden glänzte derart, daß sich Billy darin hätte spiegeln können. Es fiel mir auf, daß er zwei verschiedene Socken anhatte.

«Herr Doktor, meine Frau läßt sich entschuldigen», piepste er. «Sie konnte nicht kommen, weil sie in Bradford einen Vortrag halten muß. Sie hat mich geschickt – ich meine, ich bringe Ihnen Billy.»

«Was fehlt ihm denn? Hat er wieder Würmer?»

Herr Lomax schüttelte heftig den Kopf. «O nein. Das ist ganz in Ordnung. Meine Frau macht sich Sorgen wegen seines dicken Bauches.»

Ich betrachtete den jetzt ausgewachsenen Schimpansen, der friedlich auf dem Boden saß und den gefalteten Stadtplan in den Händen hielt. Er war groß und muskulös. In der Tat, er sah wie im achten Monat aus. Der rote Pullover spannte sich über einen richtigen Schmerbauch.

«Haben Sie Billy in der Gewalt?» fragte ich im Hinblick auf die gutentwickelten Zähne, die er ab und zu in einem Schimpansengrinsen entblößte.

«Nicht so recht, offen gestanden. Billy ist ein Mutterkind. Aber wenn ich ihm diese Pralinés gebe . . .» Zö-

gernd holte Lomax eine große Tüte hervor. «Wenn ich ihn damit füttere, können Sie ihn vielleicht untersuchen, während er auf dem Boden sitzt.»
Dagegen hatte ich nichts. Nicht zum erstenmal sollte ich mit einem Patienten auf dem Boden sitzen, um die Balgerei zu vermeiden, die sich ergeben konnte, wenn man ihn auf den Tisch legen wollte.
«Hat er außer dem aufgetriebenen Bauch noch etwas?» erkundigte ich mich.
«Er ist in letzter Zeit ein bißchen aggressiv, finden wir. Vorige Woche warf er eine Milchflasche nach dem Hund unseres Nachbarn, und der Hund verlor einen Zahn. Wir mußten die Rechnung bezahlen. Er ißt auch nicht mehr so gut wie sonst. Mag seine gebratene Leber mit Zwiebeln und seine Ovomaltine am Abend nicht mehr. Aber lebhaft ist er immer noch. Er schlich sich ins Badezimmer, als sich meine Schwägerin die Haare wusch, stibitzte den Fön und warf ihn in die Toilette. Ja, Schabernack treibt er. Und Obst und Gemüse nimmt er. Verdauung? Na ja, meine Frau legt ihm Windeln an, müssen Sie wissen. Neulich zog er sich in der Nacht, als wir schliefen, alles aus und machte sein Geschäft auf dem Klavier. Nein, gar kein Durchfall. Alles normal, würde ich sagen. Ich weiß es, denn ich habe das Klavier saubergemacht.»
Ich saß also auf dem Boden bei Billy, und Lomax steckte ihm mit dem besessenen Eifer eines Spielautomatensüchtigen Pralinés zwischen die beweglichen schwarzen Lippen. Behutsam streichelte ich Billy den Kopf. Das schien ihm zu gefallen. Er bohrte mir einen Zeigefinger ins Ohr. Ich ließ ihn gewähren; es war nur ein bißchen ungemütlich und konnte als «wie du mir, so ich dir» gelten. Als meine Hand auf Billys Wange lag, zog ich vorsichtig das untere Augenlid herunter. Es

war heller als normal. Indem ich so tat, als ob ich mit seinen Lippen flippe, zog ich sie vor, so daß ich das Zahnfleisch begutachten konnte. Es hatte nicht die frische Röte, die mir gepaßt hätte. Billy ließ den Zeigefinger in meinem Ohr und versuchte, mir mit der anderen Hand die eine Ecke des Stadtplans in den Mund zu stopfen. Ich preßte die Lippen zusammen und hob gelassen die Hand, um seinen Arm abzuwehren und klarzustellen, daß ich zwar einen Finger im Ohr duldete, aber kein Papier im Mund. Ich nahm auch die Gelegenheit wahr, seinen Puls zu fühlen, als ich ihn am Handgelenk festhielt. Der Puls war normal. Soweit, so gut. Die Untersuchung ging reibungslos vonstatten, und Billy war immer noch ganz friedlich. Als nächstes schob ich meine Hand unter den Pullover. Der Schimpanse hupte mir eine Warnung zu, nahm den Finger aus meinem Ohr und traf Abwehrmaßnahmen, wenn ich etwa danach trachtete, ihn auszuziehen. Ich gurrte ihm zu und kitzelte ihn am Nabel, während ich vorsichtig seinen Bauch unter dem Pullover abtastete. Billy lockerte sich, griff aber für alle Fälle nach dem Saum seines Pullovers.

Die Schwellung war zweifellos mehr als nur Fettsucht oder Muskelschlaffheit, Konditionen, die oft bei falschernährten jungen Affen festzustellen sind, besonders bei Gorillas. Eine feste runde Masse von der Größe einer Grapefruit lag in der Bauchhöhle. Offenbar rief sie keine Schmerzen hervor, und sie ließ sich hin und her bewegen.

Zehn Minuten lang untersuchte ich sorgfältig die Umrisse der Masse und ging im Geist alle Möglichkeiten durch. Abszeß, Zyste, Tumor? Amöboid bewegliche Wanderzellen? Welches Organ war in Mitleidenschaft gezogen: Leber, Milz, Darm? Oder kein Organ – nur ein Auswuchs des Bauchfells? Ich zog in Erwägung, eine Biopsieprobe zu nehmen, entschied mich jedoch dagegen, weil dann die Operation hinausgezögert würde, die meines Erachtens notwendig war. Besser die Masse entfernen und ihre wahre Natur nachher feststellen. Dann mußte das Tier nicht zweimal anästhesiert werden, und die Möglichkeit einer Nebenwirkung der Biopsie, etwa einer Bauchfellentzündung, wurde ausgeschaltet. Außerdem sparte ich Zeit, wenn das Gewächs bösartig war. An und für sich hielt ich es eher für eine gutartige Zyste, da es ziemlich frei in der Bauchhöhle lag; möglicherweise drückte es auf die Milz und enthielt Eiter, hervorgerufen durch denselben Parasiten, der beim Menschen Amöbenruhr verursacht. Was es auch sein mochte, Billy mußte eine größere Operation über sich ergehen lassen.

Lomax sank auf einen Stuhl, als ich aufstand und ihn von meinem Befund unterrichtete. «Es ist nicht der Gedanke an die Operation, der mich so aufbringt, Herr Doktor», piepste er und tupfte sich die roten Wangen mit seinem Taschentuch ab. «Es ist ... nun ja, es ist der Gedanke, ihr das sagen zu müssen! Sie wird einen Anfall kriegen! Sie wird wissen wollen, wie es dazu gekommen ist – ihrer Meinung nach gibt es keinen gesünderen Schimpansen als Billy.»

«Ich verstehe», antwortete ich wahrheitsgemäß, denn ich erinnerte mich ihrer als einer temperamentvollen, reizbaren Dame. «Aber unter den gegebenen Umständen wäre es unklug, so zu tun, als ob nichts weiter vorläge. Keine Operation, und Billy wird nicht mehr lange leben.»

Ich begleitete die beiden zur Tür und sah sie das Vorzimmer durchqueren; Billy hielt noch immer den Stadtplan in der einen Hand und bearbeitete Lomax' Hinterfront mit dem Sinatra-Hut, den er in der anderen Hand hatte.

Ich hatte vereinbart, daß mir Billy in vier Tagen gebracht würde, mit leerem Magen; kurz vor dem Aufbruch sollte ihm nur ein Beruhigungsmittel in einem Glas Fruchtsaft eingegeben werden. Der Operationstag kam, und punkt zehn Uhr wurde mir Billy in die Praxis gebracht, diesmal von Frau Lomax persönlich. Sie war überschlank, blaß, mittleren Alters, hatte eine quengelige Stimme und ein aufgeregtes Gehaben. Zu meinem Ärger verriet kein Anzeichen, daß der Schimpanse ein Beruhigungsmittel eingenommen hatte, und ich freute mich nicht darauf, ihm eine Nadel einzustechen, wenn er bei vollem Bewußtsein war.

«Er wollte den Fruchtsaft mit dem Mittel einfach nicht trinken», bekannte seine Herrin. «Er schien zu wissen, daß etwas beigefügt war.»

Auf mein Verlangen wurde der sonst so modische Schimpanse ausgezogen. Er sah abgezehrt aus. Kaum erspähte er ein Päckchen Nescafé und ein Stück Zucker auf meinen Pult – gedacht für meine Kaffeepause –, da hatte er auch schon beides mit einer einzigen Langfingerbewegung in den Mund gefegt. Nachdem er das Wohlschmeckende geschluckt hatte, spuckte er das ungenießbare Papier aus. Immer noch abgezehrt und hungrig, blickte er sich nach etwas anderem Eßbaren um. Drohend ließ er die Fingerknöchel knacken. Für die Operation waren alle Vorbereitungen getroffen, aber zuerst mußte ich ihm etwas Einschläferndes geben. Er war offensichtlich nicht in der Stimmung für Tändeleien, und mit einem ausgewachsenen Schimpansen ist nicht zu spaßen, wenn er keine Lust hat, sich von Nadeln stechen zu lassen. Ich mußte von der Narkosepistole Gebrauch machen, und zum erstenmal in meinem Leben schickte ich mich an, auf einen Schimpansen zu schießen, der in meinem Behandlungszimmer auf der Pirsch war. Während ich den mit der Ampulle versehenen Pfeil einsetzte, erklärte ich Frau Lomax mein Vorhaben. «Billy muß allein im Wartezimmer bleiben», fügte ich hinzu.

«Nein, niemals!» schrie Frau Lomax auf.

«Doch, es geht nicht anders. Ich kann es nicht zulassen, daß ein Mensch in der Nähe ist, wenn ich in einem so kleinen Raum einen Pfeil abschieße. Niemand darf bei Billy sein. Ich mache die Tür spaltbreit auf, schieße, mache die Tür wieder zu, und wenn er dann eingeschlafen ist, wird die Operation hier vorgenommen. Übrigens, Frau Lomax, am besten machen Sie zwei Stunden lang Besorgungen, wenn er eingeschlafen ist.» Ich wollte nicht, daß sie während der Operation hier herumstand.

Alles Verletzbare wie Bilder, Topfpflanzen und ein elektrisches Öfchen wurde aus dem Wartezimmer entfernt und statt dessen Billy hineingesetzt. Hinter der geschlossenen Tür lauschten wir. Ich mußte sicher sein, daß er sich auf der anderen Seite des Raumes befand, wenn ich die Tür öffnete und den Pfeil auf ihn abschoß. Es bumste, als Billy sich zwischen den Stühlen herumbewegte; dann vernahm ich Papiergeraschel. Billy war bei den Zeitschriften, die auf dem Tischchen an der gegenüberliegenden Wand lagen. Das war die Gelegenheit für mich.

Ich öffnete die Tür spaltbreit, hielt sie mit dem Fuß offen und ließ den Türknopf mit der Linken nicht los. Falls Billy zu uns kommen wollte, mußte ich die Tür schnell schließen können. Ich äugte durch den Spalt. Aus drei Meter Entfernung sah mich der kauernde Schimpanse scheel an. Ich zielte mit der rechten Hand

und drückte ab. Plopp! Zorniges Kreischen verriet, daß der Pfeil ins Schimpansenfleisch eingedrungen war. Bevor ich die Tür zumachen konnte, hatte sich Billy das Geschoß aus dem Hintern gerissen und schleuderte es treffsicher auf mich zurück. Primaten geben mir meine Munition oft auf diese Weise zurück, aber ich schaudere, wenn ich mir vorstelle, was geschehen würde, wenn mich ein Pfeil träfe, dessen Ampulle sich noch nicht geleert hätte. Es gibt kein Gegenmittel gegen eine große Dosis Phencyclidin, und ich sehe die Schlagzeile im «Rochdale Observer» vor mir: «Tierarzt von einem Schimpansen eingeschläfert.» Eine ganz neue Todesart.
Ich duckte mich, der Pfeil flog genau durch den Spalt und grub sich in die gegenüberliegende Wand ein. Ich knallte die Tür zu, und sofort warf Billy sich dagegen. Mit wütendem Gebell donnerte er an die Tür. Dann ließ er seinen Zorn an den Stühlen aus. Auch Reißgeräusche waren zu hören – die Zeitschriften mußten daran glauben. Allmählich ließ der Krach nach, und es trat Stille ein. Sechs Minuten waren seit dem Schuß vergangen. Billy jagte jetzt wahrscheinlich Schimpansendamen in einem sonnigen Tal des Glücks, denn man weiß, daß kleine Dosen Phencyclidin Menschen in phantastische erotische Träume wiegen. Ich machte die Tür auf. Ja, Billy lag in einem Chaos von zerbrochenen Stühlen und Papierfetzen.

Nachdem die aufgeregte Frau Lomax hinauskomplimentiert worden war, trugen wir Billy ins Operationszimmer; dort vertiefte ich die Betäubung. Sauber geschrubbt und chirurgenmäßig eingekleidet ergriff ich ein Skalpell und schnitt den rasierten und mit rotem Antiseptikum bepinselten Bauch des Patienten auf. Die Operationswunde wurde mit sperrenden Retraktoren verbreitert, und ich tastete darin nach dem runden

Klumpen. Langsam, langsam zog ich ihn zur Öffnung, um ihn zu besichtigen. Es war kein Teil eines Organs, sondern eine unabhängige, mit Flüssigkeit gefüllte Kugel, die an vielen Stellen an den Darmschlingen festhaftete. Darunter konnten große Blutgefäße liegen, die ich nicht zu sehen vermochte; die Kugelwand konnte reißen, wenn ich versuchte, sie abzulösen. Ab und zu hielt ich inne, um Billys Puls, Farbe und Atmung zu kontrollieren. Er schlief tief. Zwei Stunden später hatte ich den Teil losgelöst, den ich sehen konnte. Nun die andere Seite.

Als ich die Kugel umdrehen wollte, geschah etwas, das mir den Magen umdrehte. Rotbraune dickliche Flüssigkeit quoll zwischen meinen Fingern auf. Ich tupfte sie schnell weg, aber sie kam erneut. Behutsam drückte ich die Kugel. Sie war weniger fest. Irgendwie leckte sie unten. Die unliebsame rotbraune Flüssigkeit sickerte über Billys Därme.

Innerlich fluchend beeilte ich mich mit der vollständigen Loslösung der Kugel, die jetzt eine schlaffe Blase war. Als sie fort war, bot sich mir ein schrecklicher Anblick: eine Bauchhöhle voller Eiter, den vermutlich Amöben und Bakterien gebildet hatten. Was es auch sein mochte, Billy mußte eine Bauchfellentzündung bekommen. Wie konnte ich das Zeug entfernen? Wenn ich einen Drain einsetzte, wie es bei einem Menschen üblich war, zupfte Billy den Gummischlauch heraus, sobald er zu sich kam. Aber würde die Wunde heilen, wenn ich sie in diesem Zustand zunähte?

Da fiel mir ein, wie ich einmal während des Studiums einer Operation beigewohnt hatte, und zwar an einem Menschen, dessen Magengeschwür nach Bombardierung mit Rindsbraten, Kartoffelbrei und Erbsen geplatzt war, so daß Leber und Milz mit den zerkauten Nahrungsmitteln überschwemmt worden waren. Der Chirurg hatte nicht lange gefackelt, sondern zwei oder drei sterilisierte Eimer mit Salzlösung verlangt und dann das Innere seines Patienten mit der warmen Salzlösung ausgespült. Zweimal hatte er Liter um Liter hineingeleert, als ob er einen beschmutzten Gartenweg reinigte. Die ganze Mahlzeit war weggespült worden, und was an Fremdkörpern und Bakterien nach dieser gründlichen Wäsche noch in der Bauchhöhle geblieben sein mochte, das war mit Antibiotika erfolgreich bekämpft worden. Ich entschloß mich zu demselben Verfahren. Während Edith Flaschen mit steriler Salzlösung holen ging, saugte ich so viel Eiter wie möglich ab. Dann wusch ich die Därme und die Bauchhöhle mit der Salzlösung, spülte sie wieder und wieder, legte sie an ihren Platz zurück und sprenkelte antibiotischen Puder in die Falten und Höhlen. Das übrige war einfach: Ich mußte nur noch Bauchfell, Muskeln, Fett und Haut zusammennähen.

Billy kam schnell zu sich, als ihm die Maske abgenommen wurde, aber da das Phencyclidin immer noch in seinem Körper wirkte, wurde er erst am folgenden Tag wieder ganz normal. Frau Lomax widersprach nicht, als ich ihr einschärfte, Billy müße nackt und ungeschmückt herumlaufen, bis die Operationswunde verheilt sei. Bei Schimpansen heilt das Gewebe schnell, wenn es trokken bleibt und dem Sauerstoff in der Luft ausgesetzt ist. Als Billy kam, um sich die Fäden herausnehmen zu lassen, war er wieder der alte, widerborstige Kämpfer. Ich konnte meines Amtes erst walten, als es seiner Herrin gelang, ihm ein Beruhigungsmittel in einer süßen Pflaume einzugeben, sieben Tage nach dem festgesetzten Datum. Billy war vollständig genesen. Kein Anzeichen einer Bauchfellentzündung – er war ein Ausbund an Gesundheit. Meine Untersuchung des Eiters aus seiner Geschwulst hatte, wie erwartet, ergeben, daß sowohl Amöben als auch Bakterien die Übeltäter waren; aber dagegen gingen wir mit Präparaten vor, die Obstgeschmack hatten und eigentlich für Kinder bestimmt waren.

«Übrigens, Herr Doktor», sagte Frau Lomax, als sie, zusammen mit ihrem rotbackigen, schwitzenden Gatten, Billy zur Nachuntersuchung brachte, «diese Amöben... Ist es möglich, daß mein Mann sie aus dem Büro eingeschleppt hat?»

Ihr Mann wischte sich die Stirn ab und schaute mich nur flehend an.

«Ausgeschlossen, Frau Lomax», erwiderte ich bestimmt, «ganz ausgeschlossen.»

Er stieß einen Seufzer der Erleichterung aus und fragte: «Und was schulden wir Ihnen nun, Herr Doktor?»

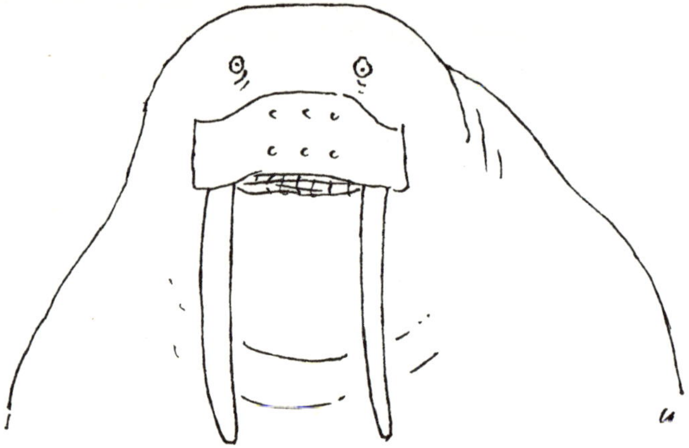

10. Julius oder Giraffen in Tunesien

Es war eine dunkle, feuchte Nacht. Die regennassen Straßen waren leer, als ich heimfuhr. Um drei Uhr hatte man mich zu einer Kuh gerufen, deren Kalb einen viel zu großen Kopf für das Becken der Mutter hatte. Ein Kaiserschnitt war notwendig gewesen. Um neun Uhr morgens mußte ich im Bellevue sein, um Pediküre zu betreiben: Drei Dutzend lebhaften, widerspenstigen Mähnenschafen waren die Hufe zu sehr gewachsen. Nicht gerade meine Lieblingsbeschäftigung, mit diesen Tieren zu ringen, dachte ich als letztes, bevor ich zu Hause in Schlaf fiel. Ja, ich rechnete mit einem harten Tagewerk.

Aber ich sollte wieder einmal erfahren, daß sich die Arbeit im Zoo nicht vorausplanen läßt. Als ich verschlafen beim Frühstück saß, läutete das Telefon, und die ferne Geisterstimme eines tunesischen Tierimporteurs krächzte und knisterte in einem Gemisch aus Französisch und Englisch durch die Leitung.

«Herr Doktor Taylor, mein Name ist Taouche. Herr Direktor Legge sagte mir, wie ich Sie erreichen kann. Bitte kommen Sie schnell! Ich habe hier in Tunesien zwölf schwerkranke Giraffen!»

Ich blickte durch den hartnäckigen Herbstregen auf die Schornsteine der Baumwollfabriken, während mir Taouche berichtete, was sich auf seiner Station bei Sbeitla unweit des Atlasgebirges zugetragen hatte. Dort hatte er afrikanische Tiere in Quarantäne, die nach Europa befördert werden sollten. An diesem Morgen hatten seine arabischen Wärter die zwölf prächtigen Rothschildgiraffen in erschreckendem Zustand vorgefunden: Sie lagen auf dem Boden, die Beine in der Luft, mit zurückgebogenem Kopf und so grotesk aufgebläh-

tem Bauch, daß die Haut zu platzen drohte. Mir wirbelte beim Zuhören der Kopf. Mir blieben nur wenige Minuten, um einen Rat zu geben, der zwölf kranken Tieren in meilenweiter Ferne helfen sollte – ohne sie gesehen und untersucht zu haben. Das war ja lächerlich! Wie konnte ich im Ernst daran denken, eine Ein-Mann-Praxis zu betreiben, die sich über den halben Erdball erstreckte? Viele Ärzte nahmen nicht einmal Patienten an, die in einem andern Stadtteil wohnten, und ich hörte mir einen Mann an, der für eine Fernsprechgebühr von zehn Dollar je Minute um Hilfe bat. Besinn dich, sagte ich mir, so wird eine selbständige Wildtierpraxis sein. So etwas wird jeden Tag geschehen – hast du dir das nicht immer gewünscht? Bleibt dir nun eine Wahl? Hustende Katzen und Ponys mit Rippenfellentzündung waren die qualifizierenden Rennen gewesen; das Hauptrennen war für mich eine derartige Lage. Mein Kopf klärte sich. Keine Zeit, über Möglichkeiten, Diagnose und Prognose nachzudenken. Ich mußte die Kunst erlernen, blitzschnelle Entscheidungen zu treffen, wenn in Cathay oder Katmandu eine kritische Lage entstanden war, und ich mußte immer recht behalten oder wenigstens nie Schaden anrichten.
Taouche hatte alles vorgebracht, was er von den Giraffen wußte. Offensichtlich waren die Tiere von Gasen aufgebläht, weil sie irgend etwas gefressen hatten, das nun in ihrem Magen gärte. Der Gasdruck mußte behoben werden, bevor der gedehnte Magen einen Riß erlitt oder das Herz zum Stillstand brachte.
«Also gut, ich nehme das nächste Flugzeug», sagte ich. «Inzwischen tun Sie folgendes: Holen Sie irgendeinen Arzt – aus dem Krankenhaus oder sonstwoher – und sagen Sie ihm, er soll mit der größten, dicksten Injektionsnadel bei jedem Tier in den geschwollenen Bauch

stechen, und zwar am höchsten Punkt auf der linken Seite. Auf der linken Seite – haben Sie verstanden?»

«Mais oui», kam die schwache Stimme des Tunesiers. «Aber wäre es nicht besser, wenn mein Gehilfe Abu al Ma'arri den Druck mit einem scharfen Messer wegnähme?»

«Nein, nein! Wenn Sie das tun, werden Sie alle Giraffen bestimmt verlieren!» Allzuoft hatte ich es schon erlebt, daß Kühe, die sich am üppigen Frühlingsgras überfressen hatten, auf diese Weise von den Bauern behandelt worden waren. Tatsächlich kam Gas heraus, aber wenn das Messer zurückgezogen wurde, verschob sich das Loch im Magen von dem Loch in der Haut, und das übriggebliebene Gas drückte den Mageninhalt in die Unterbauchhöhle. Bauchfellentzündung war die Folge, und keine Kuh kam mit dem Leben davon.

«Noch etwas», fuhr ich fort. «Sehen Sie zu, daß Ihr Gehilfe ein Waschmittel auftreibt.»

In der Leitung knisterte es. «Ein Waschmittel?»

«Ja. Ein Waschpulver. Er soll jeder Giraffe einen Teelöffel Waschpulver – Waschpulver, nicht Seife – in Wasser einflößen. Das wird er wohl fertigbringen, wenn die Giraffen am Boden liegen.»

«Aber Waschpulver im Magen! Es wird doch schäumen, oder nicht? Wie bei der Wäsche. Habe ich Sie richtig verstanden, Herr Doktor? Gewöhnliches Waschpulver?»

«Ich wiederhole: Waschpulver, W-a-sch-p-ul-ver. Verstanden?»

In der Leitung zischte es heftiger denn je, und die Verbindung brach ab. Ich packte rasch einen Koffer, während Shelagh die Air France anrief. In anderthalb Stunden ging ein Flugzeug von Manchester nach Paris, und in Paris hatte ich Anschluß an eine Maschine der

Tunisair. Shelagh kam zu mir ins Schlafzimmer und steckte mir Brotstücke mit Orangenmarmelade in den Mund, während ich Hemden, Spritzen, chirurgische Notfallinstrumente, Medikamente, Narkosepistole, Wecker, Desinfiziertabletten, Moskitosalbe und Geldgürtel zusammensuchte. Dazu kam ein zerlesener Gedichtband von John Betjeman, den ich nie zurückließ.

«Ruf den Zoo an, Liebes, ja?» sagte ich auf dem Weg zum Wagen. «Die Mähnenschafe müssen mit der Pediküre warten. Ach ja, Norman Whittle muß auch benachrichtigt werden. Sag ihm, ich trete ihm dafür mein nächstes freies Wochenende ab.»

«Das Unangenehme bleibt wieder mir überlassen», erwiderte sie und schnitt ein Gesicht. «Er wird nicht erfreut sein. Er wollte am Sonntag zum letztenmal in diesem Jahr segeln gehen, und du weißt, wie er reagiert, wenn du alle seine Pläne umwirfst.»

«Ich lasse mich tausendmal entschuldigen. Oh, fast hätte ich's vergessen. Sei so lieb und hol mir schnell ein Paket von deinem Waschpulver. Für alle Fälle.»

Im Flughafen von Tunis stand am Ausgang ein rundlicher kleiner Mann, der einen weißen Anzug und eine rosa Krawatte trug. Er hielt ein Schild in die Höhe, auf dem mein Name stand. Ein großer Araber mit gehäkelter Kappe und schmutzigem Aba wischte ihm mit einem seidenen Taschentuch den Schweiß von der Stirn.

Taouche stellte das Schild weg, als ich zu ihm trat. «Gott sei gedankt, daß Sie gekommen sind», sagte er und drückte meinen Arm. «Etwas Neues weiß ich nicht, außer daß Abu al Ma'arri meint, den Giraffen könnten die Pfirsiche nicht bekommen sein, mit denen er sie gestern abend gefüttert hat. Er sagt, die Früchte seien überreif gewesen, als sie ankamen. Was mich betrifft,

so glaube ich, daß er die guten Pfirsiche im Dorf verkauft und nur die schlechten für die Tiere behalten hat. Sie müssen sofort hinfahren.»
«Kommen Sie denn nicht mit?»
«Leider geht das nicht. Ich möchte gern, es wäre auch notwendig, aber ich habe wichtige Geschäfte hier in Tunis. Ich könnte Ihnen übrigens kaum nützlich sein. Nasser, mein Gehilfe, wird Sie hinfahren, und Abu und die andern Männer werden alles tun, was Sie sagen.» Mit seinen Würstchenfingern rückte er die rosa Krawatte zurecht.
«Gehen wir also», antwortete ich. «Vielleicht kommen wir überhaupt zu spät, ist Ihnen das klar? Giraffen sind gewöhnlich nicht widerstandsfähig, wenn sie erkranken.»
Auf Taouches Stirn erschienen neue Schweißtropfen, und Nasser tupfte sie weg, als wir zum Parkplatz gingen. Nasser stieg in einen Lieferwagen und Taouche drückte wieder meinen Arm. «Au revoir, Herr Doktor. hoffen wir, daß alles gut geht.»
Nasser und ich machten uns auf den Weg zu dem Dorf bei Sbeitla. Es war eine endlose Fahrt, zuerst südwärts durch Zitronenwälder und Tabakfelder, die in der Nachmittagssonne rotgolden glühten, dann westwärts, weg vom Golf von Hammamet, Meile um Meile durch Gestrüpp und Steppe. Alle paar hundert Meter kamen wir nur im Schneckentempo vorwärts, weil Schaf- oder Ziegenherden, Eselskarren oder rauchspuckende Lastwagen vor uns dahinkrochen. Die Dunkelheit brach plötzlich herein, zwischen Wolkenfetzen tauchte der Halbmond am Himmel auf, und der Weg begann bergauf zu führen. Kälte und Geholper verhinderten das Einschlafen, aber zu sehen gab es nichts außer dem grauen Staub, den die Scheinwerfer erhellten. Nach-

dem Nasser herausgefunden hatte, daß ich nicht mit Elizabeth Taylor verwandt bin, sank er enttäuscht in Schweigen. Ich selbst äußerte nur ab und zu: «Imschi, imschi!» Das war eines der wenigen arabischen Wörter, die ich kannte; es bedeutet «schneller», bewirkte aber keine merkbare Geschwindigkeitserhöhung.
Die niedrigen Häuser und engen Straßen von Sbeitla verrieten kein Zeichen von Leben; alles lag im Dunkeln. Wir kletterten durch gewundene Täler, wo der Wind dicken Staub in den an den Seiten offenen Lieferwagen blies, so daß mir die Augen brannten. Endlich schwenkte Nasser von der Landstraße in einen ausgefahrenen Feldweg ein. Die Scheinwerfer erhellten weiße Gebäude, die auf drei Seiten einen Hof umrahmten – die Quarantänestation. Nasser hielt und rief etwas auf arabisch, worauf Abu al Ma'arri und drei Männer mit Petroleumlaternen aus einer Tür kamen. Alle trugen einen Aba und ein Käppchen außer Abu, der mit einem abgetragenen französischen Militärmantel prangte. Sein ewig lächelnder Mund wies nur zwei geschwärzte Zähne auf, und über jedem Auge zickzackte wie ein Blitz eine schneeweiße Narbe. Wie einer meiner Schimpansenpatienten im holländischen Zoo Rhenen hatte er an jeder Hand sechs Finger. Er stellte mir die andern vor: Hussein, Abdul und noch ein Abdul.
«Wo sind die Giraffen?» fragte ich ohne Umschweife, weil ich keine Zeit verlieren wollte.
Abus fröhliches Gesicht glänzte im sanften Schein der Petroleumlampen. Sein Melonenschnittenlächeln verbreiterte sich, als er in gebrochenem Französisch sagte: «Fünf sind tot, Herr Doktor. Aber sieben leben noch. Ich habe sie angestochen, wie Sie es wünschten.»
Er führte mich zu einem Gehege hinter einem der alten Zementgebäude. Im schwachen Licht der Petroleum-

laternen bot sich mir ein schrecklicher Anblick. Wie ein zusammengebrochener Holzstapel lagen die Giraffen auf der Seite, bunt durcheinander in unnatürlicher Stellung mit aufragenden Beinen. Zuerst war es unmöglich, die toten von den lebenden zu unterscheiden.
Ich kletterte über den Zaun und ging vorsichtig durch das Beingewirr. Trotzdem stieß ich an ein Hinterbein. Dieses Tier lebte noch, denn das Bein trat aus, ohne die Rammkraft, die einem Raubtier, das in der afrikanischen Steppe übergierig nach Giraffenfersen schnappt, den Bauch aufschlitzen kann; doch der Tritt genügte, mich in die Knie sinken zu lassen. Fünf bis sechs eisenharte Hufe waren ein paar Zentimeter von meinem Kopf entfernt. Eine Berührung, und mein Gehirn konnte zermalmt werden. Mit der Vorsicht eines Menschen in einem Minenfeld stand ich auf und setzte meine Runde in diesem Leichen- und Krankenhaus fort. Ja, sieben Tiere atmeten noch. Bei einigen ragten die Injektionsnadeln aus dem Bauch hervor. Trotz meiner Anweisung, sie nur links einzustechen – an dem Punkt, wo der Giraffenmagen der Haut am nächsten ist –, glänzten manche Nadeln auf der rechten Seite der Tiere. Sie staken im Darm und waren nutzlos fürs Gasablassen im Magen.
Die noch lebenden Tiere erduldeten ihre Qualen mit der stummen Tapferkeit, die für die Würde meiner Patienten kennzeichnend ist. Es wird oft gesagt, Giraffen hätten keine Stimme. Das entspricht nicht der Wahrheit; ich habe sie so manches Mal einen kurzen zirpenden Schrei ausstoßen hören. Diese armen Geschöpfe aber waren ganz still.
«Bringen Sie mir noch eine Laterne, aber geben Sie auf die Füße acht», rief ich Abu zu.
Endlich verstand er und stelzte zu mir. Ich hieß ihn

beide Laternen hochheben, wählte eine Giraffe aus und stach ihr ein besonderes Instrument zum Gasablassen durch die Haut in den Magen. Übelriechende Luft entwich, der Bauch der Giraffe sank ein wenig ein, aber dann kam zu meinem Ärger blubbernder bräunlicher Schaum heraus. Wie ich befürchtet hatte, war das Gas im Magen keine Riesenblase, sondern es hatte sich feiner Schaum gebildet, den das Tier nicht mit Aufstoßen hinausbefördern konnte. Dafür diente nun das Waschpulver. Es löste den Schaum im Giraffenmagen auf gleiche Weise auf, wie kosmetischer Badeschaum Seifenschaum auflöst.

«Haben Sie den Giraffen kein Waschpulver eingegeben?» fragte ich den Araber.

«Waschpulver?» Er machte ein verwirrtes Gesicht.

«Ja, Waschpulver – poudre à laver, dans la bouche!» Ich kämpfte verzweifelt mit den Wörtern.

Abu lachte breit und schüttelte den Kopf.

Ich machte die Runde bei allen lebenden Tieren und ließ so viel Gas ab wie möglich. Alle stießen Schaum aus. Ein Glück, daß ich mir von Shelagh Waschpulver hatte mitgeben lassen. Vielleicht konnte ich wenigstens ein paar Giraffen retten. In einer Weinflasche löste ich etwas Pulver in Wasser auf. Zu Hussein und Abdul Nummer eins sagte ich langsam und deutlich: «Haltet den Kopf dieser Giraffe fest. Ich will ihr das hier zu trinken geben.» Ich wendete gleichzeitig Zeichensprache an, und sie begriffen.

«Manchester United», sagte Hussein sinnloserweise.

Von Griechenland bis Indonesien, wo immer ich auch arbeite, ich treffe mindestens einen Menschen, dessen Kenntnisse der englischen Sprache sich auf Fußballausdrücke beschränken, gewöhnlich auf «Manchester United». Der Mann, der den ersten Yeti fängt und mir

zur Untersuchung bringt, wird, wenn nichts anderes, so auf jeden Fall «Manchester United» sagen.
Nacheinander flößte ich den Giraffen das Waschwasser ein. Danach galt es, die giftige Wirkung der gärenden Nahrung in den Mägen zu beheben. Ich injizierte hochprozentiges Vitamin B direkt in den Blutstrom, wie man es bei Menschen zu machen pflegt, die mit einer Alkoholvergiftung ins Krankenhaus eingeliefert werden. Unter den lebenden Giraffen war ein trächtiges Weibchen. Ich nahm vorsichtig eine innere Untersuchung vor und fühlte, daß sich das Kalb in seinem Wasserbett bewegte. Erstaunlich, daß es den Kampf noch nicht aufgegeben hatte.
Mehr konnte ich in dieser Nacht nicht tun. Abu al Ma'arri führte mich in mein Quartier. «Bitte sehr, Herr Doktor, hoffentlich fühlen Sie sich hier behaglich.» Es war ein kleiner Raum ohne Tür, kahl bis auf eine strohgefüllte Matratze auf dem Boden, zwei ordentlich gefaltete Decken und ein Bild des Präsidenten Bourguiba an der Wand. Mein Mitbewohner war ein Gecko, der hurtig hinter dem Präsidenten Bourguiba verschwand, als Nasser mir eine Schüssel mit trübem Waschwasser und einen Krug starken süßen Tee brachte. Im Schein einer Petroleumlampe wusch ich mich, trocknete mich mit meinem Hemd ab, trank den Tee und streckte mich auf dem unbequemen Lager unter den Decken aus. In einem anderen Zimmer lachten die Araber und murmelten bewundernd, als Abu ihnen vorführte, wie geschickt er Ratten mit den bloßen Händen zu fangen verstand. Trotz Lärm, Kälte und dem unangenehmen Ziegen-, Schweiß- und Knoblauchgeruch der Decken fiel ich bald in tiefen Schlaf.
Am folgenden Morgen war ich schon früh auf. Während der Nacht war noch eine Giraffe eingegangen,

aber die übrigen sechs lagen nicht mehr auf der Seite, sondern saßen auf die Brust gestützt. Bei fünf Tieren – darunter das hochträchtige Weibchen – widerhallte der Bauch nicht mehr wie ein gespanntes Trommelfell, wenn ich daran klopfte, doch bei einem war er immer noch stark gebläht. Während die Männer die sechs toten Giraffen fortschleiften, machte ich im ersten Morgenlicht abermals die Runde und gab den Tieren sowohl Vitamin B als auch ein Anregungsmittel für den Blutkreislauf. Bei Sonnenaufgang sahen meine Patienten schon viel besser aus. Das immer noch leidende sechste Tier drainierte ich abermals.

Danach mußte ich abwarten, und derweil schaute ich mich auf der Station um. Sie war erschreckend verschmutzt; ein hoher Misthaufen türmte sich neben dem runden Steinbrunnen, aus dem Nasser und die andern das Wasser mit einem Eimer schöpften. Die Luft roch nach Dung und verbranntem Holz. Als ich mich mit dem Rücken an eine Mauer lehnte und mich von der Sonne wärmen ließ, vernahm ich ein Kreischen aus einem Winkel des Hofs. Die Araber scharten sich um etwas, das wie ein Hundezwinger aussah, schauten angespannt und redeten durcheinander, während sich Hussein mit einem Stecken in der Hand vorbeugte. Abu lachte vergnügt und klatschte mit den sechsfingrigen Händen. Wieder das Kreischen. Ich vermochte es nicht zu deuten. Ein Schwein? Nein. Eine Katze? Was es auch war, es ließ mich schaudern. Ich erhob mich und ging hinüber. Sie blickten sich nach mir um, als ich herankam, und machten mir Platz.

Hussein stand vor einer Holzkiste mit einer Tür aus dicken Eisenstäben. Stolz fuhr er mit dem Stecken zwischen die Stäbe und stach kräftig zu. Abermals ertönte das furchtbare Gekreisch. Ich bückte mich und spähte hinein. Vor mir hatte ich das traurigste Tiergesicht, das mir jemals vor die Augen gekommen ist. Die Kiste enthielt eine Hyäne. Sie füllte die Kiste fast ganz aus, hatte keine Möglichkeit, sich umzudrehen, zitterte, keuchte mit offenem Maul, in dem jeder sichtbare Zahn ausgebrochen war; das eine Auge spiegelte Todesangst, das andere war eine blutige Masse. Hals und Vorderbeine wiesen Wunden und Schnitte auf, die blutenden Ohren Risse. Neben mir stieß Hussein wieder den Stecken durch die Stäbe und bohrte ihn der Hyäne in die Backe. Sie wandte den Kopf ab, so weit sie konnte, aber sie vermochte der grausamen Spitze nicht zu entgehen. «Tottenham Hotspur», krähte Hussein.

Ich fühlte, wie mir das Blut aus dem Kopf wich, und das Gesicht prickelte mir in kaltem Zorn. Ich richtete mich auf und öffnete den Mund. Ich wollte etwas hinausschreien, irgend etwas. Aber kein Ton kam. Die Araber sahen mich an und grinsten vergnügt.

«Schlechter Hund», sagte Abu und zog mich zur Rückseite des Gefängnisses. Auch hier waren Eisenstäbe angebracht. Das Hinterteil der Hyäne zeigte die gleichen Verletzungen wie ihr Kopf.

Hussein kam mit seinem Stecken zu uns. «Anstoß», sagte er und deutete auf die Fesselgelenke der Hyäne. Ich sah, was ihn so stolz machte: Das arme Tier war gelähmt. An beiden Hinterbeinen war die Achillessehne mit einem scharfen Instrument durchschnitten worden. Ich stellte mich mit dem Rücken vor die Stäbe, so daß Hussein seinen Stock nicht hindurchstecken konnte. Ich hatte meine Stimmbänder wieder in der Gewalt, aber in zitternder Wut brachte ich nur die Worte hervor: «Was soll das?»

«Schlechter Hund», wiederholte Abu lächelnd. «Er tötet Hühner. Ist schmutzig und stinkt. Taugt nichts.»

«Kein schlechter Hund», entgegnete ich. «Warum verwundet ihr ihn? Pourquoi blesser?»
Alle Araber lachten freundlich. Abus zwei geschwärzte Zähne waren entblößt, als er höflich erklärte: «Aber, Herr Doktor, er muß lernen. Gut für einen schlechten Hund, n'est-ce pas?»
Hussein, dem meine Beine den Weg zu seinem Opfer versperrten, ging wieder zur Vorderseite. Aufbrüllend lief ich ihm nach und entriß ihm den Stecken. «Genug damit!» schrie ich und zerbrach den Stecken über meinem Knie. «Rien ne va plus!» Ich hob die Stockhälften auf und zerbrach sie wieder und wieder, bis ich sie mit den Händen nicht kleiner kriegen konnte. Die Araber schauten mir zu. Hussein machte ein böses Gesicht, trat nach der Kiste und schlenderte davon. Die andern folgten ihm. Ich kauerte vor dem verängstigten Tier und blickte ihm in das eine Auge. Es mußte ein Einzelgänger sein, der gefangen worden war, als er sich von seinem Rudel in den Bergen abgesondert und hier auf der Station Nahrung gesucht hatte. Ich konnte nichts für ihn tun. Beide Türen waren mit einem rostigen Hängeschloß gesichert, und selbst wenn ich die Hyäne hätte freilassen können, wäre sie mit den durchtrennten Achillessehnen nicht weit gekommen. Eine solche Verletzung war bei Menschen und Haustieren ein schweres Hindernis, von den Geschöpfen der Wildnis gar nicht zu reden.
Eine Stunde später zeigte sich bei den Giraffen weitere Besserung außer bei der einen, deren Bauch immer noch geschwollen war. Ich beschloß, sie zu operieren und sie von dem gärenden Mageninhalt zu befreien. Es war mein erster größerer Eingriff an einer Giraffe, einer Spezies, die auch heute noch im bestausgerüsteten Tierpark schwer zu betäuben ist. Ich injizierte ihr ein

starkes Schlafmittel und wendete dann beim Bauchfell auf der linken Seite Lokalanästhesie an. Abu und die andern schlenderten herbei, um zuzusehen, wie ich die Haut desinfizierte und den Magen aufschnitt. Er war voller übelriechender Früchte und Grünzeug, und der überwältigende Alkoholgeruch der Pfirsiche bestätigte die Ursache der aufgetriebenen Bäuche. Mit bloßen Händen schöpfte ich die Verdauungsbrühe heraus und sorgte beim Wegwerfen dafür, daß die Gewänder meiner Zuschauer bespritzt wurden. Dann schüttete ich eine kleine Menge Penicillin über den restlichen Mageninhalt, um allzu eifrige Bakterien abzutöten, und nähte zu. Aber die ganze Zeit, während ich einfädelte, Muskeln und Haut mit der Zange schichtete und zusammenfügte und die eigensinnigen Fliegen vom Operationsfeld verscheuchte, konnte ich nur an etwas denken: an die Hyäne.

An diesem Abend saß ich allein auf dem Boden meines Zimmers und verzehrte mein Abendessen, das aus Hammelfleisch und Brot bestand. Die Giraffen waren fast vergessen, so sehr quälte mich der Gedanke an die Notlage der Hyäne. Wenn ich die Kiste mit Gewalt aufbrach, konnte das arme Tier nirgends hinflüchten. Ich wußte, daß die Araber ihm hin und wieder Futter und Wasser vorsetzten; wahrscheinlich würde es noch wochenlang ihrem grausamen Vergnügen dienen. Schließlich traf ich die Entscheidung.

Gegen elf Uhr waren die Araber schlafen gegangen. Außer gelegentlichem Ziegengemecker und dem unablässigen Gegurre der dösenden Tauben war alles still. Nach ungefähr einer Stunde zündete ich meine Laterne an, entnahm meiner Tasche alles, was ich brauchte und schlich auf den Hof hinaus. Ich hielt die Laterne hoch, um nicht auf dem Mist auszurutschen und näherte

mich leise dem Gefängnis der Hyäne. Ich hörte sie im Dunkeln hecheln und konnte mir vorstellen, daß sich ihr die Haare sträubten, als sie mein Kommen spürte. Ich holte Spritze und Ampulle hervor, füllte die Spritze und blies die Laterne aus. Ich ging zur Rückseite der Kiste, streckte die Hand durch die Stäbe hinein und fühlte einen zitternden Hinterbackenmuskel. Die Hyäne knurrte leise. Schnell stach ich die Nadel ein und drückte den Kolben hinunter. Das Tier gab ein kurzes Quietschen von sich, und ich zog die leere Spritze zurück. Ich blickte mich um: Niemand war durch den Laut des «schlechten Hundes» geweckt worden.
Rasch huschte ich zu meinem Zimmer zurück, ohne die Laterne anzuzünden, so daß ich den Dunghaufen nicht sah und hineintrat. Das kümmerte mich nicht weiter, denn als ich auf meiner Matratze saß und meine verseuchten Schuhe mit Watte säuberte, wußte ich, daß die Hyäne jetzt schmerzlos verendet war. Es geschieht selten, daß ich in meinem Beruf ein Tier abtun muß; doch selbst mit den modernen humanen Methoden ist es unerfreulich, einem lebenden Geschöpf den Tod zu bringen. Aber in jener dunklen nordafrikanischen Nacht dieser Hyäne eine tödliche Dosis eines schnell wirkenden Giftes zu geben, das gehört zu den befriedigendsten Dingen, die ich jemals als Tierarzt unternommen habe.
Am folgenden Tage hatte sich der Zustand der Giraffen weiter gebessert, und diejenige, die ich operiert hatte, holte die andern rasch ein. Ich gab noch mehr Injektionen, und am Nachmittag des zweiten Tages sah ich zu meiner Freude, daß alle mit Ausnahme des trächtigen Weibchens auf den Beinen waren. Sie taumelten noch ein bißchen und zupften nur an dem Heu, das die Männer ihnen auf meine Anordnung hin verabreichten;

aber wenigstens standen sie. «Wenn eine Giraffe umsinkt», hatte Matt Kelly immer zu mir gesagt, «steht sie nie mehr auf.» Die trächtige Kuh lief über von Milch und bemühte sich entschlossen, aber vergeblich, auf die Beine zu kommen. Wenn ich Glück hatte, konnte ich in zwei Tagen abreisen.

Als ich am dritten Morgen zu dem widerlichen Felsenloch hinter den Gebäuden ging, das unsere Toilette darstellte, lief ich beinahe in sechs angebundene Kamele hinein, die alle ein großes Bündel Espartogras auf dem Rücken trugen. Das Nächststehende spuckte mich gehässig an. Hinter ihnen unterhielten sich Abu al Ma'arri und die andern mit vier Männern, die ebenfalls mit Aba und Käppchen bekleidet waren. Als die Fremden mich gewahrten, redeten sie aufgeregt auf Abu ein und warfen mir mißtrauische Blicke zu.

«Salam aleikum», grüßte ich.

Nur Abu antwortete mit unsicherem Lächeln: «Aleikum salam, Herr Doktor. Sie wünschen Ihr Frühstück? Nasser macht gleich den Tee und bringt ihn Ihnen.»

Die Kameltreiber starrten mich stumm an. Ich dachte nicht daran, dem Ruf der Natur zu folgen, wenn diese Bande mir zusah.

«Merci», sagte ich. «Nachher müssen wir die Giraffen mit dem Pfeil behandeln.» Es war nicht mehr möglich, den Tieren von Hand eine Spritze zu geben, das trächtige Weibchen ausgenommen, und ich wollte ihnen die notwendige Dosis mit der Narkosepistole verabreichen. Ich ging zurück und stellte leicht beunruhigt Betrachtungen an, was die Araber mit ihren neuen Freunden wohl zu bereden hatten. Zwanzig Minuten später erschien Nasser mit dem Tee. Inzwischen hatte ich meine Pfeile geladen. Nach dem Frühstück begab ich mich zu den Tieren. Die Zebras ergötzten sich an der frischen

Futterladung, die der Lastwagen gestern gebracht hatte; die Nashörner schliefen noch, und die Giraffen waren in bester Verfassung. Die Bauchpunkturen hatten keinen Schaden angerichtet, und die Operationswunde des einen Tieres heilte schon ohne die geringste Komplikation. Ich freute mich wie ein Schneekönig. Die zukünftige Mutter saß aufrecht und wiederkäute. Vielleicht würde sie heute aufstehen.
Plötzlich zerriß ein gellender Schmerzensschrei die Luft. Mein erster Gedanke war: Wen zum Teufel quälen sie jetzt? Aber dieser Schrei klang nach einem Menschen, und er war hinter den Gebäuden ertönt. Ich rannte um die Ecke. Alle Araber, sowohl Abus Gruppe als auch die Fremden, scharten sich um den Kopf eines stehenden Kamels. Zwei Männer hingen an seinem Lederzügel, während es sich gurgelnd bäumte. Abu tanzte herum und hüpfte auf einem Fuß wie ein Derwisch. Er hatte geschrieen, wie ich erkannte, denn mit der linken Hand umklammerte er sein rechtes Handgelenk, eine zerquetschte, blutige Masse, von der zwei seiner sechs Finger nur noch an Hautfetzen herunterhingen. Das Kamel stellte sich abermals auf die Hinterbeine, streckte den Hals und spuckte mit Gurgelgebrüll einen Gegenstand von der Größe und Form eines Tabakbeutels aus. Einer der Treiber fing ihn flink auf und steckte ihn in den Halsausschnitt seines Abas, mir blieb gerade noch Zeit, zu erkennen, daß es ein zugeschnürter Beutel aus Öltuch war. Alle Männer außer Abu, der seinen Tanz fortsetzte, hatten die Augen auf mich gerichtet. Plötzlich ging mir auf, was der Beutel enthielt und wie Abus Finger zwischen die kräftigen Backenzähne des Kamels geraten waren. Jähe Furcht ergriff mich. Ich hatte einen Blick auf etwas Böses erhascht, auf ein Glied in einer langen schmutzigen Kette, die sich von den Mohnfel-

dern Asiens zu den verrufenen Kneipen am New Yorker Times Square und am Londoner Piccadilly Circus erstreckte.

Abus Gewand war blutdurchtränkt. Die Männer beachteten ihn nicht, sondern schauten nur mich an. Ich wies auf Abu und sagte: «Doktor. Médecin très nécessaire!»

Abu hielt inne und blickte mich an. Er lächelte nicht. «Nein», erwiderte er fest. «Ich komme in Ihr Zimmer. Sie machen es.»

«Aber . . .» begann ich.

«Ich kann nicht zum Doktor gehen», unterbrach er mich.

Hussein trat vor, und ich fror bis ins Mark, als er zuerst auf mich deutete und dann mit demselben Finger quer über seine Kehle fuhr. «Abseits», sagte er. «Strafstoß.»

Schwindlig vor Furcht, kehrte ich in mein Zimmer zurück und entnahm meinem Instrumentenkasten das größte Skalpell. Ich umwickelte die Klinge mit Watte und versteckte das Skalpell unter meinem rechten Hosenbein in der Socke. Es war schiere Angst, die mich bewog, nicht dramatische Vorstellungskraft, die Narkosepistole mit einer 10-Kubikzentimeter-Spritze zu laden und eine gefährlich aussehende Nashornnadel aufzusetzen. Ich stellte den vollen Gasdruck ein. Dann saß ich auf der Matratze, die Waffe in Reichweite. Ich sann darüber nach, mit was für satanischen Einfällen der Mensch unschuldige Geschöpfe vernichtet, um sich selbst Vorteile zu verschaffen. Diese schönen Kamele, die dort draußen angebunden waren, dienten unwissentlich dem Verbrechen. Waren sie erst über der Grenze in Algerien, so wurden sie geschlachtet und die kostbare Fracht ihrem Magen entnommen. Ich wünschte fast, ein verbrecherischer Veterinär stünde im Solde

dieser Bande, so daß man sich zur Entnahme der Beutel mit einer Operation begnügen und das Leben der Kamele schonen würde.
Abu machte diesem bizarren Traum ein Ende. Ich sprang auf, die Narkosepistole in der Faust; aber seine Miene war traurig, und stumm streckte er die verletzte Hand aus.
«Sie müßten ins Krankenhaus oder zu einem Arzt, verstehen Sie», sagte ich.
Er schüttelte heftig den Kopf. «Nein. Sie können es machen. Habe ich es nicht selbst gesehen?» Er fixierte mich fest. «Tun Sie's und vergessen Sie alles. Es ist nichts.» Langsam wiederholte er: «Es – ist – nichts. Bitte merken Sie sich das.»
Die Drohung hinter seinen Worten hing in der Luft, als ich seine Hand desinfizierte. Ich verband gerade die Fingerstummel, als Abdul Nummer zwei hereinstürzte und aufgeregt Arabisch hervorsprudelte. Abu übersetzte: «Die Giraffe mit Kalb ist aufgestanden, aber wieder umgefallen.»
Ich ließ Abu stehen, stieß die Kameltreiber beiseite, die offenbar mein Zimmer bewacht hatten, und eilte zum Gehege der Giraffen. Da lag das trächtige Weibchen am Zaun, mit starren Beinen und verdrehtem Hals. Es atmete nicht mehr, und die Augen hatten den glasigen Blick ins Unendliche, den ich nur allzu gut kannte. Es war tot. Beim Sturz hatte es sich den Hals am Zaun gebrochen. Benommen stand ich da. Nasser kam herbeigelaufen, und ich rief ihm zu: «Schnell ein Messer! Vite!»
Wie ein Zauberkünstler holte er unter seinem Aba einen scharfen Dolch hervor. Ich ergriff ihn, sprang über den Zaun, und zum erstenmal in meinem Leben nahm ich den Urkaiserschnitt vor. Mit flinkem Schnitt

wurde die Gebärmutter entblößt, in der immer noch etwas zuckte. Sorgfältig schnitt ich sie auf. Ich steckte die Hand hinein und fühlte ein warmes, schlüpfriges Hinterbein. Ohne Zeit zu verlieren oder mich um Eleganz zu bemühen, packte ich das Bein und zog daran. Der schlaksige Körper eines Giraffenkindes kam durch den langen Schlitz in der Gebärmutter ans Tageslicht. Ich legte das Junge auf den Boden und holte Atem nach der Anstrengung. Die kleine Gestalt zuckte. Ich kniete nieder und behorchte das Herz. Es schlug!

Mit einem Freudenruf hob ich es an den Hinterbeinen hoch und stellte es auf die Nase, um Maul und Nüstern zu reinigen. Ich schlug auf seine Brust, ein Niesen wurde hörbar, und ein Augenlid, das mit den längsten Wimpern außerhalb Hollywoods besetzt war, flatterte. Ich rief Nasser herbei, um das schwere Tier mit seiner Hilfe aufzurichten. Wir schüttelten es mit aller Kraft. Wieder hinunter. Wieder hinauf. Abermals wurde die Brust geschlagen, und dann geschah auf einmal das Wunder: Das Kalb atmete. Cäsar sei so auf die Welt gekommen, heißt es, genau so als Waisenkind aus einem Mutterschoß. Dieses Kerlchen würde leben, und ich taufte es sogleich Julius. Es zappelte und setzte sich auf. Die großen runden Augen blickten mich an, und ich fragte mich, ob junge Giraffen wohl auch wie Entchen von dem ersten lebenden Geschöpf, das sie sehen, geprägt werden und sich daran gebunden fühlen.

Der Gedanke, daß Julius dazu neigen könnte, mich «Mama» zu nennen, verflüchtigte sich, als ich hinter mir Stimmen hörte. Ich drehte mich um und sah die Kameltreiber mit Hussein und Nasser sprechen. Sie schienen ärgerlich zu sein, und der eine von ihnen wies mit dem Daumen in meine Richtung. In der Aufregung über Julius' Ankunft hatte ich andere, dunklere Dinge vergessen. In der Hoffnung, entwaffnende Fröhlichkeit vorzutäuschen, schwenkte ich die Arme und rief: «Das Giraffenkind hat Hunger. Ich muß es in mein Zimmer nehmen und füttern.» Halb trug, halb schleifte ich die widerspenstige kleine Giraffe zum Hof. Das Herz klopfte mir, als ich um die Ecke wankte. Der Hof war menschenleer, aber neben dem Misthaufen stand Nassers Lieferwagen – und der Schlüssel stak im Anlasser. Rücksichtslos schleppte ich Julius über den unebenen Boden und warf ihn wie einen Kartoffelsack über die hintere Rampe des Wagens. Furchtsam vergewisserte ich mich, daß noch immer niemand zu sehen war, zog dann meinen Rock aus, wickelte ihn um Julius' Beine und verknotete die Ärmel.

Dann lief ich, wobei mir Adrenalin durch die Adern floß, in mein Zimmer, ergriff die Narkosepistole und meine Tasche und lief zum Wagen zurück. Unterwegs verlor ich Medizinflaschen, meine Aderpresse und andere medizinische Ausrüstungsgegenstände. Ich las sie nicht auf, aber als ich gerade in den Wagen springen wollte, erhaschte ich einen Blick auf den Topf, in dem das Hammelstew fürs Mittagessen über dem offenen Feuer vor dem Zimmer der Araber schmorte. Unwillkürlich kramte ich in meiner Tasche nach der Büchse, die ein starkes Abführmittel für Pferde und Zebras enthielt. Es sah aus wie Cayenne-Pfeffer und hatte wenig Geschmack. Einen Augenblick später hatten Abu al Ma'arri und seine Freunde genügend Pulver in ihrem Essen, daß sich bei vier Zugpferden dramatische Wirkungen ergeben hätten, und ich konnte mir vorstellen, wie es den Kerlen vierundzwanzig Stunden lang ergehen würde.

«Mit besten Grüßen von einer Hyäne, ihr Schufte», rief ich, warf die Büchse fort und lief zu dem Wagen, wo Julius klaglos und mit weitgeöffneten Augen lag. Im Nu saß ich am Steuer, drehte den Zündschlüssel und ließ den Motor an. Der Motor brüllte, und ich legte den knirschenden Gang ein. Die Räder wirbelten Kies, Staub und Mist auf, wir schossen los, hinaus aus dem Hof und auf den gefurchten Feldweg. Zehn Minuten später knatterte ich mit einer kleinen Giraffe, die an meinem Ohr saugte, durch die Straßen von Sbeitla. Mit einem einzigen Aufenthalt an einer Tankstelle fuhren Julius und ich durch nach Tunis.

Müde und staubbedeckt saß ich dann im Büro des staunenden Zoodirektors von Tunis. Julius bedurfte fachmännischer Aufzucht, und ich wollte, wenn möglich, das nächste Flugzeug nach Paris erreichen. «Sorgen Sie gut für ihn», sagte ich, als ich mich verabschiedete. «Er ist mein Kind.»

Ich hatte gerade noch Zeit, Herrn Taouche in seinem zitronenblütenduftenden Garten aufzusuchen und ihm alles zu erzählen. Als ich zu der Erklärung kam, wieso Abu al Ma'arri für den Rest seines Lebens wie alle Menschen zehn Finger haben würde, schloß Taouche die Augen und kaute nervös an seiner Zigarre. Ob er in das üble Geschäft verwickelt war, vermochte ich nicht zu erkennen. Er sagte nichts weiter, bedankte sich nur und versprach mir einen Bonus mitsamt meinem Honorar, sobald er meine Rechnung erhalten hätte. Diese Rechnung wurde nie bezahlt: Drei Wochen später starb Herr Taouche an einem Herzschlag.

11. Von Bischöfen und Tierkindern

Im Gegensatz zu anderen Weltreligionen kennt das Christentum keine besondere Tiertheologie. Nachdem der Herr am fünften Tage Wale und andere Meerestiere erschaffen hatte, schenkte er am sechsten Tage seine Aufmerksamkeit der Erdfauna und gab sich dann alle Mühe, die oft recht reizlose und unerfreuliche Spezies des nackten Affen zu schaffen. Freilich, Thomas von Aquino betrieb scholastische Haarspaltereien über das Wesen der ungeschliffenen Seele, und der heilige Franziskus hätte auf der Assisi-Zweigstelle des Tierschutzvereins gesessen, wenn es diesen Verband schon im zwölften Jahrhundert gegeben hätte; aber protestantische Bischöfe kann man in den Vereinen der Jäger, Schützen und Fischer zu Hunderten zählen, und fromme Bauern in den Mittelmeerländern betätigen sich als Singvögelfänger. Spanische und lateinamerikanische Katholiken verlassen die Messe, um nachmittags der Ritualschlächterei des schwarzen Stiers beizuwohnen. Ich finde das sonderbar. Je länger ich mich mit Tieren befasse, über ihre Schönheit staune und über die Vollkommenheit, mit der sie ihre Fäden im Lebensgewebe spinnen, desto mehr neige ich zu einer umfassenden Theologie aller lebenden Geschöpfe, des Skorpions und der Made ebensosehr wie des Tigers und des Wals. Die toten Tiere offenbaren unter meinem Seziermesser nicht nur sich selbst, sondern auch das, was ich bin: Teil des durch und durch zweckmäßigen, durch und durch schönen, endlosen Rades des Wachstums und der Veränderung, des Todes und der Wiedergeburt. Nichts ist chaotisch. Man schaue nur mit sehenden Augen näher hin. Die Kirche zeigt mitunter eine leicht unsichere Besorgnis für Tiere, was ich kurz nach meiner Rückkehr aus Tunesien erlebte, als mich ein Pfarrer in einer Landgemeinde in Yorkshire ersuchte, bei einem Sondergottesdienst für Haustiere einen Vortrag zu halten. Der Anlaß wurde durch die Anwesenheit eines Bischofs geehrt, der seine Predigt mit Aphorismen über Sperlinge und ihr Dasein im Wohlfahrtsstaat und Daniels Verhalten gegenüber Großkatzen spickte und sich darüber ausließ, wieviel glücklicher wir alle wären, wenn wir wie die Gürteltiere leben würden. Ich kam nicht dahinter, was an diesen Miniaturtanks den würdigen Geistlichen so beeindruckte, daß er sie als christliches Ideal hinstellte. Um seinen Standpunkt zu erläutern, holte er aus seinem roten Gewand einen zusammengerollten kleinen Vertreter dieser Spezies hervor. Er hatte ihn aus einem Zoologischen Garten ausgeborgt, und der dramatische Auftritt des Tierchens wirkte elektrisierend auf die dösenden Chorknaben.

Unglückseligerweise ließ der Bischof die gepanzerte Kugel fallen, worauf sie die Kanzelstufen hinunterrollte und die Chorknaben noch mehr elektrisierte. Sie sprangen unzeremoniell auf und krochen herum, um das Tier, das der Orgel zustrebte, einzufangen. Das Gürteltier gewann um eine Kopflänge, verschwand im Pfeifenwald und ward nicht früher wiedergesehen als eine Woche später beim Abendgottesdienst.

Die Gemeinde hätte nach der Ermahnung des Bischofs «Wenn wir gut zu den Tieren sind, ehren wir das Werk Gottes» niemals auf den Gedanken kommen können, daß der ehrwürdige Geistliche zweimal in der Woche auf die Jagd ging und Besitzer zweier vielbenutzter Purdey-Gewehre war. In der Kirche saßen Kinder, die Hunde, Katzen, Sittiche und Kaninchen mitgebracht hatten. Einige drängten sich vor dem Portal mit Ponys.

Liebevolle Eltern, verschmitzte Schulbuben mit Ringelnattern in einem Einmachglas und Schildkröten in den Taschen, kleine Mädchen, die eine Goldfischschale umklammerten, alle saßen sie nebeneinander in den Bänken der aus dem sechzehnten Jahrhundert stammenden Kirche. Es war auch ein Junge mit einem Makaken da, einem kräftigen, untersetzten Schweinsaffen. Immerzu zog der Affe die Brauen in die Höhe, während er zu dem Prediger aufschaute, mit dem leicht herausfordernden Ausdruck der Makaken, der ihn wie einen skeptischen, sogar agnostischen Zuhörer aussehen ließ. Der Junge hielt ihn mit einer Leine fest.

Tiersegnung dürfte wohl etwas über dem Niveau der Segnung von Motorrädern und Rasenmähern stehen. Gottesdienste für Haustiere erfreuen jedenfalls die Kinder, die ihnen in der Hoffnung beiwohnen, daß irgend etwas geschehen wird. In diesem Fall war schon etwas geschehen, und das durchgebrannte Gürteltier sollte noch lange Gesprächsstoff bleiben.

«... und so entlasse ich euch mit diesen Worten: Seid gut, geduldig und lieb zu allen Tieren, besonders zu denjenigen, die euch so große Freude machen. Im Namen des Vaters ...» und so weiter und so fort. Nach der Predigt des Bischofs wurde noch ein Kirchenlied gesungen, und alle schlurften hinaus. Der Bischof ging auf dem Kirchhof in der Menge unter und segnete die Tiere.

Hier draußen war es warm und sonnig. Ich hatte nichts mehr zu tun und wollte eine Weile zuschauen, bevor ich mich vom Pfarrer verabschiedete. Der Bischof zeigte sich wohlgelaunt und gesprächig, während er die Hand segnend erhoben, mit dem einen oder anderen plauderte. Er gurrte den Sittichen zu, die ihm vors Gesicht gehalten wurden, kraulte einige Hunde hinter den Ohren und ließ sich rittlings auf einem Esel fotografieren. Plötzlich drängte sich der Junge, der den Makaken mitgebracht hatte, durch die Menge, die Leine schwenkend, an deren Ende kein Affe mehr war. Menschen und Tiere stoben auseinander, als hätte sich ein Abgrund geöffnet, denn ein untersetztes braunes Wesen kam daher. Der Schweinsaffe schoß den Pfad herunter, zwängte sich durch die Hecke und dann geradewegs durch das offene Fenster eines dahinter geparkten glänzenden neuen Bentley. Er wurde von seinem Besitzer verfolgt, dem sich alle anwesenden Buben anschlossen und danach wir Erwachsenen.

Im Auto belustigte sich der Affe sehr. Er machte hurtig das Handschuhfach auf und verstreute den ganzen Inhalt. Eine Tabakbüchse, die auf dem Vordersitz lag, warf er zum Fenster hinaus, und der Plastikdeckel des Innenlichts wurde abgerissen und zerkaut.

«Harry!» rief der Besitzer des Affen. «Hör auf damit und komm her!» Er riß den einen Wagenschlag auf.

Harry entblößte seine gefährlich aussehenden Zähne, machte eine Grimasse wie der Bösewicht im japanischen Theater und biß in die Hand, die sich nach ihm ausstreckte. Obwohl der Junge stark blutete und Schmerzen litt, streckte er tapfer die linke Hand aus. Harry ergriff sie, riß sie an seinen Mund und schlug die Fangzähne in die Handfläche. Der arme Junge fiel rückwärts zu Boden, und die Tür wurde zugeknallt. Der Pfarrer führte den Verletzten weg.

Mittlerweile hatte sich der Bischof einen Weg durch die Menge gebahnt. «Ich muß doch sagen», stieß er hervor, und sein Gesicht verlor den leutseligen Ausdruck, «das ist mein Auto.» Durchs Fenster betrachtete er den Schweinsaffen, der jetzt wie eine zornige Schmeißfliege im Innern umhersauste. «Wir müssen den Kerl irgendwie herauskriegen.» Niemand meldete sich freiwillig. Jetzt entdeckte Harry das Armaturenbrett, das fesselnde Knöpfe und Hebel aufwies, von Chrom, Plastik und Glas glänzte. Darunter war ein zusammengedrehter bunter Draht, dem ein Forschergeist nicht widerstehen konnte. Als Harry an dem einladenden Draht zog, ertönte ein befriedigendes Knacken, und das Brett, das ein Gewirr von allen möglichen Spielzeugen verdeckt hatte, fiel ab.

«Wir müssen den Affen aus meinem Auto kriegen», wiederholte der erblaßte Bischof.

Der glänzende elektronische Urwald, der nun bloßlag, bezauberte Harry. Mit einer kräftigen behaarten Hand packte er ein Bündel Drähte und zerrte daran. Sie lösten sich, und Metallstückchen klirrten zu Boden. Die elektrische Uhr blieb stehen.

Harry sah den Bischof mit skeptisch hochgezogenen Brauen an und drückte auf den Hupenknopf. Da die Drähte nicht mehr an ihrem Platz saßen, funktionierte die Hupe nicht. Harry zerrte, und der Knopf brach ab. Harry warf ihn zum Fenster hinaus.

«Bitte, Hochwürden, Sie haben Tschirpie noch nicht gesegnet», sagte ein kleines Mädchen, das sich zum Bischof durchgedrängt hatte, und hielt einen Käfig mit einem Wellensittich in die Höhe.

«Hm, hm,», machte der Bischof.

Ich staunte über die Geschwindigkeit, mit der das Äffchen das solide gebaute Auto auseinandernahm. Wenn eine Harry-Mannschaft abgerichtet würde, die verschiedenen herumliegenden Metallstücke ebenso flink zusammenzusetzen, wäre das Arbeitsproblem in der Automobilindustrie ein Ding der Vergangenheit.

«Tut denn niemand etwas? Der verfluchte Affe zerstört meinen Wagen!»

«Bitte, Hochwürden. Sie haben Tschirpie noch nicht gesegnet», drang das kleine Mädchen in ihn. Man merkte, daß sein Arm ermüdete.

«Nächstes Jahr! Nächstes Jahr!» rief der Bischof, dessen Gesicht fast ebenso rot geworden war wie sein Gewand und schob das Kind beiseite.

Ich muß gestehen, ich genoß das einzigartige Erlebnis. Das Innere des Autos war ein Chaos. Harry saß auf dem Rücksitz und schaute sich um, ob ihm irgend etwas entgangen war.

Ich beschloß, einzugreifen. Schweinsaffen gehören zu den eigensinnigsten und bösartigsten Makaken, und es wäre reine Torheit gewesen, sich mit diesem Tier im engen Raum eines Autos einzulassen. Eine Narkosepistole hatte ich nicht bei mir, aber in meinem Wagen lagen Betäubungsmittel und Injektionsspritzen. Ich bat die Frau des Pfarrers, eine Banane zu holen. Währenddessen besichtigte ich das halbgeöffnete Fenster. Die Öffnung hatte für Harrys Sprung genügt; also konnte er auf diesem Weg auch flüchten, wenn er wollte; aber ich konnte das Fenster nicht hochkurbeln, ohne den Schlag zu öffnen. Ich schickte einen Chorknaben in die Kirche mit dem Auftrag, mir ein Kniepolster zu bringen. «Paß auf», sagte ich, als er zurückkehrte. «Klettere aufs Dach, genau über diesem Fenster, und wenn ich dir ein Zeichen gebe, hältst du das Polster fest über die Fensteröffnung.»

Begeistert kletterte der Junge auf das lackierte Verdeck. Der Bischof lehnte sich stöhnend an die Hecke und legte seine Hand über die Augen.

Ich hielt ein Bananenstück durchs Fenster. Harry schnupperte daran, billigte es und verzehrte es. Ich bot ihm noch ein Stück an, hielt es aber diesmal außerhalb des Fensters. Harry streckte langsam die Hand danach aus. «Jetzt!» rief ich dem Jungen auf dem Verdeck zu, packte gleichzeitig Harrys Hand und zog mit aller Kraft daran. Harry kreischte, aber der Junge hatte die Fensteröffnung so verkleinert, daß ich aufhören mußte, das stählerne Muskelpaket und die bleckenden Zähne aus dem Auto zu ziehen. Im Nu hatte ich die Nadel in Harrys Arm gestochen und den Kolben ganz hinuntergedrückt. Ich ließ den Arm los, und Harry verzog sich grollend auf den Rücksitz. Zwei Minuten später sackte er zusammen und schlief. Ich machte den Schlag auf und holte ihn heraus. Wir hatten Glück gehabt – nie mehr würde er sich auf diese Weise überlisten lassen.

Es bestand keine Hoffnung, den Bentley des Bischofs in Gang zu bringen. Er mußte in die nächste Stadt für eine größere Reparatur abgeschleppt werden. Ich erbot mich, den Bischof mitzunehmen und ihn am Bahnhof abzusetzen.

«Vielen Dank, Herr Doktor», sagte er, nachdem er ausgestiegen war. «Um nichts auf der Welt möchte ich Ihren Beruf haben. Die verdammten Tiere!»

Wenn seine letzten Worte buchstäblich zu nehmen wären, müßte es Harry schwerfallen, am Himmelstor Einlaß zu finden.

Trotz dem Erlebnis mit dem Bischof und seinem Bentley brauche ich beim normalen Verlauf der Dinge mit der Kirche nicht die Klingen zu kreuzen. In bezug auf andere Religionen kann es zu Reibereien kommen. Im Norden Englands leben viele moslemische Pakistani, die an bestimmten religiösen Festtagen Lämmer schlachten. Die Regeln schreiben vor, daß die Opfer nicht von Menschen gegessen, hingegen Raubtieren verfüttert werden dürfen. Zu dieser Zeit kommen ganze Wagenladungen sauberer Kadaver in den Zoologischen

Gärten an, und die Pakistani stellten nur die Bedingung, das Fleisch ausschließlich den Großkatzen vorzusetzen. Die Kadaver werden feierlich im Vorratsraum abgeladen, und die Lastwagenfahrer ziehen ab, glücklich in dem Bewußtsein, daß den Vorschriften des Glaubens Genüge getan sei. Kurze Zeit später versammeln sich christliche Tierwärter in der Küche, bewaffnet mit Knochensägen, Hackbeilen und langen Messern, um zu entscheiden, wer welches Stück als Sonntagsbraten erhalten solle . . .

Der moslemische Kalender hing im Büro eines Hauptwärters. Die Feiertage waren rot unterstrichen, so daß die Angestellten im voraus wußten, in welcher Woche sie mit Lammgerichten rechnen konnten. Sogar der jüngste Zoogehilfe konnte sagen, wann der Ramadan endete, aber wahrscheinlich hatte er keine Ahnung, in welchen Monat Ostern fiel. Neben diesem Kalender waren noch zwei andere Papiere an der Wand befestigt. Das eine war die Liste für die Verteilung:

Direktor: 1 Keule, 2 Schultern, 2 Beine, Brust
Veterinär: 2 Schultern, 2 Beine, Nierenstück, Brust
Oberwärter: 2 Schultern, 1 Bein, Leber, Brust
Assistent des Oberwärters: 1 Bein, Nierenstück
Hauptvogelwärter: 4 Rippenstücke
Reptilienwärter: 1 Rippenstück, Kopf
und so weiter bis
Gehilfe: Leber

Das dritte Papier war das wichtigste. Da das Lammfleisch, wenn es kam, in Hülle und Fülle kam, mußte Vorsorge getroffen werden, daß bei den Angestellten keine Übersättigung eintrat, und deshalb konnte man sich hier von Menüvorschlägen anregen lassen:

Montag: Lamm Argenteuil
Dienstag: Lammviertel Dordonnaise
Mittwoch: Lamm Kasimir
Donnerstag: Kebab
Freitag: Lamm-Pilaw
Samstag: Ragout
Sonntag: Lammcurry
Die Rezepte für die genannten Gerichte können an der Kasse bezogen werden.

An der Kasse amtete Nellie, und zum Dank für die Abgabe der vervielfältigten Rezepte erhielt sie in der Schlemmerwoche immer eine Lammkeule als Sonntagsbraten.
Es kam der Unglückstag, an dem einer der pakistanischen Fleischspender seine Handschuhe liegenließ und kurz nach der Ablieferung in den Zoo zurückkehrte. Hier fand er ein Dutzend Amateurmetzger, die unter den Adleraugen des Hauptwärters die Stücke gemäß der Rangliste fröhlich abteilten. Die Szene, die darauf folgte – der Pakistani ergriff ein Hackbeil und ging damit in hysterischer Wut auf die erröteten Frevler los –, hätte der Auftakt zu einem Heiligen Krieg sein können. Glücklicherweise trat der Direktor wie aufs Stichwort auf (um seine geliebte Keule abzuholen), und die Sache wurde vorübergehend beigelegt.
Einige Tage später suchte mich ein höflicher Pakistani zu Hause auf und stellte sich als der Imam der Gemeinde vor, deren Opfer vom Zoo profaniert worden war. Im Norden Englands gab es nicht viele Raubtiere, wenigstens nicht so große, daß sie haufenweise Lämmer hätten verzehren können; infolgedessen bildeten die Zoologischen Gärten ein geeignetes Mittel, die Kadaver loszuwerden. Auf Schutt- und Abfallhalden

durften sie ja nicht abgeladen werden, und Verbrennungsanstalten kamen nicht in Frage. Ob ich Rat wüßte?

So sehr ich meinen unrechtmäßigen Fleischanteil auch genossen hatte, ich war ethisch gebunden, ihm den bestmöglichen Rat zu geben. «Wenn Sie die Lämmer geopfert haben», sagte ich, «übergießen Sie die Kadaver mit einer ungiftigen grünen Pflanzenfarbe. Das schadet den Löwen und Tigern nicht, aber für Menschen ist das Fleisch dann abstoßend.»

Der Imam dachte ein Weilchen nach. «Ja, das kann ich meinem Volk empfehlen. Grüne Farbe verunreinigt das Opfer nicht.»

Damit war die Sache erledigt. Die Lieferungen der geopferten Lämmer wurden fortgesetzt. Die Großkatzen waren die erfreuten Nutznießer der neuen Abmachung, und die Gefahr eines Heiligen Krieges im Zoogelände war abgewendet. Aber der Hauptwärter und seine Gehilfen hatten eine Mordsarbeit, die ungefärbten Fleischstücke herauszuschneiden, und die Rangliste in seinem Büro wurde geändert. Jetzt stand ganz zuunterst:

Veterinär: 1 Niere (falls übriggeblieben)

Der Zoo, der knapp der Gefahr entging, durch einen Heiligen Krieg vernichtet zu werden, war einer von mehreren im Norden Englands, die ich nun regelmäßig besuchte. Das Bellevue war immer noch mein Hauptklient, war es in all den fünf Jahren gewesen, seit ich die Betreuung der Tiere von Norman Whittle übernommen hatte, und hier fiel es Matt Kelly eines Tages auf, daß sich Simba, ein viermonatiger kleiner Löwe, absonderlich bewegte.

Simba hatte ein glückliches, sorgenfreies Leben mit seinen Eltern und Geschwistern geführt, bis ihn sein Vater unvermittelt in den Rücken biß. Die Wunde sah nicht schlimm aus – nur zwei Löchlein in der Haut –, aber das Löwenjunge wurde auf den Hinterbeinen wacklig. Matt rief mich, und die Röntgenaufnahme des Rückens zeigte, daß eine allmähliche Lähmung eintrat: Der eine Zahn des erwachsenen Löwen hatte einen Knochen verletzt, und es hatte sich ein Abszeß entwickelt.

Ich betäubte Simba und nahm ihn im Auto nach Rochdale mit, um ihn zu operieren. Ich fand die Stelle, wo der schmutzige Zahn im Knochen eine eitergefüllte Tasche hervorgerufen hatte. Ich kratzte den Knochen aus und setzte einen Drain ein, so daß ein kleiner Gummischlauch aus der Hautwunde ragte. Nach dem Zunähen sah Simba wie ein aufblasbares Spielzeug aus, das nur an eine Luftpumpe angeschlossen werden mußte.

Nun aber die lange Nachbehandlung und postoperative Pflege. Simba war teilweise gelähmt und mußte katheterisiert werden, und das ließ sich nicht von heute auf morgen beheben. Er brauchte so etwas wie ein Krankenhaus, wo ich ihn im Auge behalten konnte. Shelagh wußte Rat.

Zu unserem alten Bauernhaus in Rochdale am Rande der Heide gehörte ein großer, von einer Mauer umgebener Garten. Shelagh hatte den Gedanken, hier ein Löwenspital zu bauen. Von außen sieht es eher wie ein Gartenschuppen aus, und heute dient es unserem Ziegenbock Henry als Stall. Als der Steuerinspektor es besichtigte, um sich zu überzeugen, daß wir die Baukosten mit Recht als Berufsspesen aufgeführt hatten, war es wirklich Simbas Krankenzimmer, in dem er sich aufhielt, bis er wieder Herr seiner Beine und seiner Harnblase war.

Das war etwas nach Shelaghs Herz. Während ich der

medizinischen Seite oblag, tägliche Injektionen gab und die Reflexe prüfte, war Shelagh Simbas Pflegerin, Physiotherapeutin, Köchin und Spielgefährtin. Alle zwei Stunden badete sie den widerstrebenden kleinen Löwen in Babyschaum, damit seine Hinterbeine durchs unwillkürliche Wasserlassen nicht wund wurden, trocknete ihn mit einem weichen Badetuch ab und rieb die empfindlichen Stellen mit Salbe ein. Ernährt wurde er mit Tatar, und da er bei schönem Wetter zum Gebrauch seiner Glieder draußen auf dem Rasen ermuntert wurde, genas er allmählich.

Heute, wo Löwenjunge weniger kosten als die Kisten, in denen sie transportiert werden, und ihr Fell hundertmal mehr wert ist als das lebendige Tier, werden Löwen als Massenware betrachtet, und die meisten Züchter tun sie als charakterlos und uninteressant ab. Gewiß, sie sind faul, aber wie jedes Tier werden sie um so fesselnder, je näher man sie kennt. Das lernten wir beide, Shelagh und ich, durch Simba.

Nachdem Shelagh den ganzen Sommer über Simba physiotherapeutisch behandelt hatte und der kleine Löwe vollständig genesen war, wurde es Zeit für ihn, in den Zoo zurückzukehren – zur Freude der Bauernkatzen, die in unserem Garten keine Jagd auf Mäuse machen konnten, ohne von einem knurrenden goldblonden Geschöpf mit Riesentatzen beschlichen zu werden. Vorher aber nahm ich ihn mit zu meinem Debüt im Fernsehen. Wir sollten über seine Lähmung und die Heilung interviewt werden.

Als ich ihn an einer Hundeleine ins Studio führte, zeigte es sich, daß Simba, inzwischen zu eindrucksvoller Größe herangewachsen, beim Betreten der heiligen Hallen keineswegs von Ehrfurcht erfüllt wurde. In einem Korridor kam uns ein Schauspieler in Kostüm und Maske eines römischen Senators entgegen. Da er sich eingehend in einem Handspiegel betrachtete, sah er den Löwen nicht, der an meiner Seite dahinhoppelte. Als die in Sandalen steckenden Füße des Schauspielers auf gleicher Höhe mit uns waren, bekam Simba Lust auf eine Rauferei. Er sprang in die Höhe und schlug mit eingezogenen Krallen so kräftig nach den Kniekehlen des Senators, daß der Mann mit wallender Toga zu Boden fiel. Mit vielen Entschuldigungen half ich dem unverletzten, aber verdatterten Schauspieler auf die Füße. Da gewahrte er Simba, der sich niedergelegt hatte und mich abwartend anblickte.

«O mein Gott, was ist das?» rief der Senator und klammerte sich an mich. «Soll bei ‹Julius Cäsar› ein echter Löwe mitmachen?» Er stieß mich von sich, warf sich das lose Ende der Toga theatralisch über die Schulter und rannte davon.

Wir fanden das Plateau, wo das Interview aufgenommen werden sollte. Simba fand keinen Gefallen an den Scheinwerfern, und es kam ihm vor, als wollte sich der Tonmeister, der das Mikrofon hin und her schwenkte, über ihn lustig machen. Stets war es gerade außer Reichweite; vielleicht sollte das ein Spiel sein. Er wollte es herausfinden. Es gelang ihm, mit einem Hochsprung die Krallen in das Mikrofon zu schlagen, bevor der Tonmeister es wegschwenken konnte. Das Drahtgehäuse des Mikrofons krachte zu Boden. Simbas Augen funkelten, das war kein schlechtes Spiel.

Als ich endlich mit dem Löwen neben mir in meinem Sessel saß, wurde Simba von der Natur gerufen. Er watschelte weg von mir mitten in den Raum, hockte sich und entleerte seinen Darm. In Sekundenschnelle war die Luft erfüllt vom unverkennbaren Geruch des Löwenkots. Ich holte Simba zurück und bat um Schaufel und Eimer. «Lassen Sie nur», wurde mir gesagt. «Das wird schon in Ordnung gebracht.» Minuten vergingen, ohne daß etwas geschah. Der Geruch wurde immer durchdringender. Zwei Männer kamen herein, gingen zu dem Haufen, sprachen zwei Minuten lang darüber und verschwanden dann. Alle möglichen Leute wanderten mit verzogenem Gesicht und einem Taschentuch vor der Nase umher und warfen scheele Blicke auf das Zeugnis von Simbas gesunder Verdauung. Ich bat abermals um Reinigungsutensilien. Niemand schenkte mir Gehör.

«Ich bitte Sie», sagte ich laut und nachdrücklich, denn allmählich verlor ich die Geduld, «ich brauche nur eine Schaufel, und im Nu ist die Sache in Ordnung.»

Eine elegant gekleidete Assistentin kam zu mir gehuscht. Sie nahm mich am Arm und sagte ernst: «Sie dürfen sich nicht einmischen, Herr Doktor. Es handelt sich um eine Gewerkschaftsangelegenheit.»

«Gewerkschaft?» wiederholte ich ungläubig. «Was hat die Gewerkschaft damit zu tun?»

«Nun ja, die Frage ist, welche Gewerkschaft hier im Haus für die Säuberung zuständig ist.»

«Aber es wäre im Handumdrehen erledigt. Was für Gewerkschaften haben denn da mitzureden?»

«Also, da ist die Gewerkschaft der Leute, die im Fernsehstudio putzen, in allen Gebäuden, verstehen Sie, aber da ist auch die Gewerkschaft der Bühnenhandwerker hier im Aufnahmestudio.»

«Soll das heißen, man kann sich nicht einigen, wer nun hier saubermachen soll?»

«So ist es.»

«Beide Gewerkschaften pochen auf ihr Privileg und wollen der andern die Arbeit nicht gönnen?»

«Nicht unbedingt. Verstehen Sie, diese ... diese Be-

schmutzung ist im Reglement nicht vorgesehen. Es handelt sich nicht nur um die Reinigungsfrage, sondern um die Sonderbezahlung für die Arbeit.»
Noch mehr Leute besichtigten nun den Kothaufen, umkreisten ihn und diskutierten tiefsinnig darüber. Es hätte eine suspekte Bombe sein können. Eine andere junge Dame kam mit einem Duftspray und erfüllte die Luft mit billigem Rosenparfüm. Die Mischung mit dem Löwengestank ergab einen noch abstoßenderen Geruch.
«Was soll denn nun werden?» knurrte ich verstimmt.
«Es findet gerade eine Besprechung statt. Es wird bald eine Entscheidung getroffen werden.»
Die Zeit verstrich. Das junge Mädchen ging fort. «Hören Sie mir einmal zu», sagte ich zu der versammelten Gesellschaft, «könnte ich nicht, um die Sache zu erleichtern, als Mitglied des Vereins der Löwenkotentferner den Boden mit einer Zeitung putzen?»
«Leider nicht, Herr Doktor. Sie sind nicht Mitglied einer Gewerkschaft», erwiderte jemand.
Weitere zehn Minuten vergingen; dann kam ein Mann herein und verkündete, die Angelegenheit sei geregelt worden. In knapp zwanzig Sekunden hatten zwei Männer mit Besen und Schippe den Boden blitzblank geputzt.
«Welche Gewerkschaft hat gesiegt?» fragte ich die Assistentin.
«Die Bühnenhandwerker. Sie führten ins Treffen, das Zeug müsse als Requisit betrachtet werden, nicht als Schmutz. Schließlich setzten sie sich durch. Sie bekommen nun die Zulage.»
Ich wünschte, Shelagh würde einer Gewerkschaft angehören; sie wäre reich geworden, so oft hatte sie schon hinter Simba hergeputzt und in seinem Krankenzimmer saubergemacht.

Natürlich bringt es besondere Befriedigung, Zoobabys wie Simba zu helfen. Ich freute mich, als Katja, eine Schimpansin im Bellevue, Robert eine Tochter schenkte, sie war jetzt die jüngste Schwester von Li. Sie wurde Topas getauft. Sie war ebenso neugierig und tatendurstig wie ihr Bruder. In seinem Lager waren übrigens immer noch Reste von meinem rosa Hemd zu sehen. Die Orang-Utans und die Schimpansen waren im Bellevue nebeneinander untergebracht, allerdings getrennt durch eine feste Steinwand, so daß die beiden Gruppen einander nicht sehen konnten. Die Käfige waren vorn verglast, um Bakterien und Viren, die Menschen einschleppen mochten, von den Affen fernzuhalten. Der Gang zwischen Gitter und Glas erstreckte sich durch die ganze Länge des Hauses.
Zwar war es uns klar, daß sich ein Affenbaby durch die Stäbe zwängen konnte, aber das war noch nie passiert, weil Schimpansenjunge sich nie weit von ihrer Mutter entfernen – dies galt, bis Topas auf dem Schauplatz erschien. Sie schlüpfte vergnügt durch die Stäbe und wieder in den Käfig hinein, jagte ihrem eigenen Schatten nach und spielte im Zwischenraum. Ihre Mutter Katja schien nichts dagegen zu haben, zumal das Äffchen immer nach kurzem Ausflug zu ihr zurückkehrte. Eines Tages aber, als Shelagh und ich mit Len vor dem Glas standen und Topas beim Spielen zuschauten, tat sie plötzlich etwas Neues, das uns erschreckte, weil wir uns der möglichen ernsten Folgen bewußt waren.
Nachdem sie aus dem Käfig geschlüpft war, lief sie nach links den Gang hinab, bis sie zum erstenmal vor dem Lebensraum der Orang-Utans stand. Sie war fasziniert. Hinter den Stäben gewahrte sie den mächtigen Harold, den Patriarchen und Weisen seiner Gruppe. Er saß im häuslichen Kreis mit Jane und seinen anderen

Frauen, die ihre Jungen stillten, ihren Herrn und Gebieter kraulten und die Tagesration von Früchten und Gemüsen sortierten. Len hatte das Futter absichtlich im Holzwollelager versteckt, damit sich die Orang-Utans mit der Schatzsuche die Zeit vertreiben konnten. Topas betrachtete mit großen Augen die rotbraunen «Waldmenschen», wie ihr Name auf malaiisch lautet.

Von den drei Primaten, den Gorillas, Schimpansen und Orang-Utans, waren die Orang-Utans von jeher meine Lieblinge. Sie haben ein friedliches, freundliches, nachsichtiges Wesen, und ich zog sie den düsteren Gorillas und den quecksilbrigen Schimpansen bei weitem vor. Trotzdem können sie, wenn sie sich herausgefordert fühlen, jähzornig und angriffig werden, was Len am eigenen Leibe erfahren hatte: In der Wut hatte Harold ihm einen Zeh und einen halben Schuh abgebissen. Es ließ sich unmöglich voraussagen, was geschehen mochte, wenn ein Fremdling wie Topas plötzlich unter ihnen erschien. Harold und seine Angehörigen waren schon auf sie aufmerksam geworden. Für uns war es zu spät, ums Haus herumzulaufen und in den Gang zu rennen. Wir konnten nur hoffen, daß die kleine Schimpansin zu Katja zurückkehren würde, bevor sie als Eindringling angesehen wurde.

Offenbar fand Topas die Familiengruppe höchst einladend, denn sie schlüpfte ohne weiteres zwischen den dicken Stäben durch und schlurfte zu dem mächtigen Harold; dabei entblößte sie die Zähne und verzog die Lippen zu dem Grinsen, das unter Schimpansen Freundschaft bedeutet. Wenn Harold oder eine seiner Frauen übelgelaunt war, konnte die kleine Topas vor unseren Augen in Stücke gerissen werden.

Es geschah jedoch das genaue Gegenteil. Die kleine Schimpansin wurde in den Familienkreis der Orang-

Utans aufgenommen, als ob sie ihre soeben aus der Schule zurückgekehrte Tochter wäre. Sie nahm ihren Platz zu Harolds Füßen ein. Er sah sie von oben herab an und streckte den einen Zeigefinger aus, anscheinend als Aufforderung, damit zu spielen. Sonst rührte er keinen Muskel. Die Orangjungen kamen zu ihr und schoben ihr Holzwolle unter, wie um es ihr bequem zu machen. Jane schälte eine Banane zur Hälfte ab und hielt sie Topas vors Gesicht. Es war ein entzückendes Schauspiel. Da spielte Onkel Harold den vollkommenen Gastgeber und Gönner gegenüber seiner Lieblingsnichte von nebenan, und niemals hätte man gedacht, daß er sie vorher noch nie gesehen hatte. Topas fühlte sich ungemein wohl, binnen kurzem saß sie auf Onkel Harolds unförmigem Bauch und hüllte sich in seine langen Haare. Harold duldete sie wie ein Sultan einen seiner vielen Haremssprößlinge.

Shelagh und ich sahen der rührenden Szene eine halbe Stunde lang zu. Dann aber kam Katja zum Gitter des Nebenkäfigs und keckerte besorgt. Es war, als riefe sie ihrem Kind zu: «Komm jetzt nach Hause, Topas. Du darfst Onkel Harold nicht länger belästigen. Sei brav und bedank dich höflich. Ein andermal kannst du ihn wieder besuchen.»

Topas rutschte von Harolds Bauch hinunter, warf den Orangweibchen eine Kußhand zu und kehrte auf demselben Weg zurück. Katja nahm sie in ihre Arme, die viel weniger behaart waren als Onkel Harolds Gliedmaßen und brachte sie zu Vater Robert, der nicht Harolds Bauch hatte. Ob sie wohl zu ihr sagten: «Nun erzähl uns von den Leuten nebenan. Hast du dich gut unterhalten?»

So begann eine erfreuliche Bekanntschaft. Wenn Katja und Robert beschäftigt waren oder von ihrem stets aktiven Kind genug hatten, entwischte Topas und verbrachte ein paar Stunden bei den Nachbarn. Einmal wurde beobachtet, daß sie Onkel Harold eine Mohrrübe mitbrachte.

Die Besuche hörten erst auf, als Topas wegen ihrer Größe nicht mehr durch die Stäbe schlüpfen konnte, aber unterdessen gab es für sie andere interessante Dinge in der Außenwelt. Ray Legge liebte es, sie auf seine Rundgänge durch den Zoo mitzunehmen, und manchmal durfte sie auch in seinem Büro sitzen, wenn er dort Papierkram zu erledigen hatte. Sie weidete sich an neuen Orten und neuen Gesichtern; besonders gefesselt wurde sie von einigen arabischen Kamelen, die vor kurzem in Quarantäne gegeben worden waren. Bei ihrer Ankunft boten sie einen traurigen Anblick. Sie waren verseucht von winzigen Milben, die eine der menschlichen Krätze ähnliche Hautkrankheit hervorriefen. Wir stellten ein umfassendes Programm auf, um die gequälten Tiere von ihren Schmarotzern zu befreien: Wir besprühten sie, badeten sie und rieben die blutenden Stellen jeden Tag mit Heilsalbe ein; aber die Milben hatten sich tief in die Haut gebohrt und wurden geschützt von den Verdickungen und Schuppen, die sich gebildet hatten. Schließlich entschied ich mich für eine Radikalkur: Ich wollte den Schmarotzern mit einem Kontaktgift zu Leibe rücken, dabei mußten die Kamele mit Wurzelbürsten und heißem Wasser geschrubbt werden.

Topas begleitete Legge auf seinen Gängen und schaute zu, wie die Wärter die Kamele abbürsteten und das Insektizid einrieben. Sie lernte den Arbeitsablauf kennen: Eimer wurden mit heißem Wasser gefüllt, die Chemikalien kamen hinzu, und dann erfolgte das Schrubben und Einreiben. Nachdem dies einige Wochen lang fortgesetzt worden war, rief ein Hilfswärter aus dem großen Affenhaus aufgeregt in Legges Büro an. Er machte aus seinem Fehler keinen Hehl: Er hatte beim Reinigen die Tür des Schimpansenkäfigs kurze Zeit offengelassen, und nun war Topas verschwunden. Nicht etwa, daß sie ein gefährliches oder unberechenbares Tier gewesen wäre, keinem Kind, keiner alten Dame drohte Gefahr; aber was würde geschehen, wenn sie in aller Unschuld dem Löwengelände oder dem Bärengraben einen Besuch abstatten sollte? Solches Glück wie bei Onkel Harold war ihr dort vielleicht nicht beschieden.

Eine große Suchaktion wurde veranstaltet, die Wärter durchstöberten den ganzen Zoo vom Aquarium bis zum Elefantenhaus. Endlich wurde Topas gefunden. Die Kamelwärter riefen Legge zu sich, damit er den Flüchtling abhole. Beim Betreten des Kamelhauses bot sich ihm ein überwältigender Anblick: Die Behandlung der Dromedare hatte es Topas offenbar angetan, denn hierher war sie gelaufen, um bei der Pflege der kranken Dromedare behilflich zu sein. Da stand sie inmitten der großen Tiere, die ihre Anwesenheit bis jetzt geduldet hatten, ohne sie mit ihrem Mageninhalt zu bedenken, womit sie Mißbilligung auszudrücken pflegen. Die kleine Äffin hatte beschlossen, sie gründlich abzureiben; wenn die Menschen sich dabei keuchend abmühten, wollte sie ihnen einmal zeigen, wozu eine gescheite und kräftige junge Schimpansin fähig war. Sie hatte einen gefüllten Wassereimer in den dichten Wald von Kamelbeinen gezogen und sich mit einem Säuberungsbesen der Wärter bewaffnet.

Während der Zoodirektor und der Kamelwärter zuschauten, tauchte Topas die Besenbürste ins Wasser, wobei der Eimer umfiel. Dann begann sie, immer mit freundlichem Gesichtsausdruck und unter Gekecker,

das wahrscheinlich den Dromedaren den Befehl erteilte, stillzustehen, die Beine und Unterbäuche zu schrubben. Von den Menschen, die herbeigekommen waren, ließ sie sich nicht weiter stören; nur ab und zu warf sie einen Blick über die Schulter, um sich zu überzeugen, daß ihre Hilfsarbeit zur Kenntnis genommen wurde. Kein schlechter Gedanke, die anstrengende, durchnässende, eintönige Arbeit in Zukunft von Schimpansen verrichten zu lassen!
Die Angelegenheit war jedoch nicht damit beendet, daß Topas ins große Affenhaus zurückgebracht wurde. Eine Woche später kratzte sie sich immerzu an Armen und Brust, und ich stellte einen ganz feinen Ausschlag fest. Zuerst hielt ich es für eine allergische Reaktion auf irgend etwas, das sie verzehrt hatte, aber die Proben ergaben, daß sie sich bei den Dromedaren angesteckt hatte. Topas litt an Kamelkrätze. Sie war nicht sehr erfreut, als sie nun an der Reihe war, mehrmals in der Woche mit einem Spezialshampoo eingeseift zu werden, aber mit so etwas muß ein Schimpanse rechnen, wenn er sich im Zoo tierärztlich betätigt.

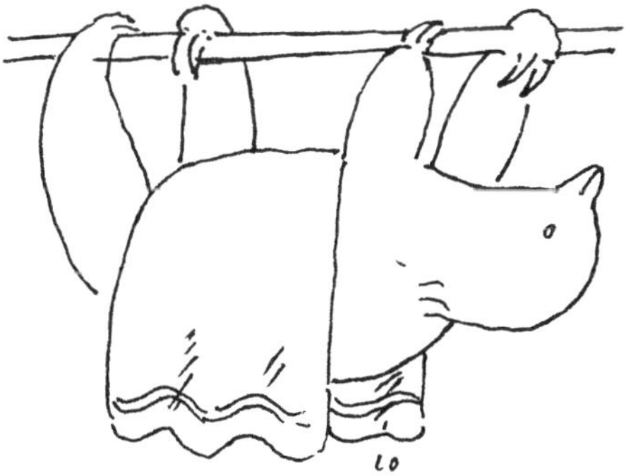

12. Der Schimpanse Li

Wie um sich von seiner Schwester Topas nicht ausstechen zu lassen, nahm ihr älterer Bruder Li neuerdings einen guten Teil meiner Dienste in Anspruch. Erfinderisch wie eh und je bewies er mir, daß ein junger Affe, der ohne Taschen zur Welt kommt und normalerweise weder Tragbeutel noch Frühstücksdose besitzt, den Menschen das Rätsel aufgeben kann, wo er wohl seine Nüsse aufbewahren mag.

Nachdem ich mich stundenlang damit abgemüht hatte, Schlangen mit einer Salbe gegen Hautparasiten einzureiben, wollte ich nach Hause fahren. Aber da winkte mich der Affenwärter Len zu sich. Bei Len konnte man nie wissen. Er liebte es nicht, von Alltäglichkeiten Aufhebens zu machen, er meldete einen möglichen Notfall mit großer Kaltblütigkeit. Matt Kelly tobte mit rotem Gesicht, klappernden Zähnen und geschwollenen Adern, wenn den Tieren etwas fehlte, Len hingegen ließ in gleicher Lage einen brevierlesenden Trappisten als unruhestiftenden Aufwiegler erscheinen. Von Len in absoluter Gemütsruhe aufgehalten zu werden, konnte bedeuten, daß sämtliche Tiger ausgebrochen waren oder die Elefantenkuh unter Schwierigkeiten Fünflinge gebar.

Ich kurbelte das Wagenfenster hinunter und fragte: «Was gibt's denn?»

«Li hat Borsten, Herr Doktor.»

Was meinte er? Stachelschweine richten die Borsten auf, und zornige Hunde sträuben sich die Haare, aber bei Schimpansen kommt etwas Ähnliches nicht vor. Mögen sie noch so wütend oder kampflustig sein, ihre glänzenden schwarzen Haare bleiben flach wie ein Pfannkuchen.

«Borsten? Was soll das heißen?»
«Es kommen hinten lauter Strohhalme hervor. Auch Zweiglein.» Len kratzte sich am Kopf. «Ich weiß nicht, was in ihn gefahren ist. Ich fürchte, er könnte sich verletzen.»
Ich stieg aus und ging mit ihm zum großen Affenhaus. Der mächtige Harold, umgeben von seinem Weibervolk, blies freundlich Speichel in meine Richtung, und Robert grinste mich an. Li saß in seinem Freiluftquartier auf einem Ast und bewarf die Tauben auf der Brustwehr mit Bananenschalenstückchen. Li war kein Vogelliebhaber, und er dachte gar nicht daran, die Tauben zu füttern. Er bemühte sich vergebens, eine abzuschießen – eine Heldentat, die ihm mit einem stärkeren Geschoß, nämlich mit einem halben Apfel, schon mindestens zweimal gelungen war.
«Sehen Sie, was ich meine?» sagte Len und deutete auf Lis Hinterteil, das über den Ast hinausragte.
In der Tat, aus Lis Hinterteil sproßten Halme, Stengel und ähnliche Pflanzenteile. Die Strohhalme und Zweiglein bildeten einen Borstenkranz.
«Glauben Sie, daß das alles durch den Darm gegangen ist?» fragte ich. «Unverdaute Fasern, die festklemmen?»
«O nein, Ausgeschlossen. Li steckt sich das alles in den After. Ich beobachte es schon seit einer Woche. Ihn scheint es nicht zu stören, aber ich befürchte, er könnte sich innerlich verletzen. Warum tut er das, Herr Doktor?»
Ja, warum? Li sah aus, als ob ihm Schwanzfedern wüchsen. Hatte er den Tauben so lange zugesehen, daß er die Illusion hegte, sich eines Tages in die Lüfte erheben zu können? Wollte er sich mit einem flugwürdigen Schwanz auf die Spitze seines Baumes schwingen und mit fuchtelnden langen Armen die Tauben in ihrem

eigenen Element verfolgen? Ich tat diesen albernen Gedanken mit einem Schulterzucken ab und überlegte ernsthaft die Möglichkeiten.
Juckte ihn das Hinterteil? Würmer?
«Ob es ihn wohl juckt, Len? Hat er sich gekratzt oder gerieben?»
«Nein, ich glaube nicht. Er sucht die Halme und Zweiglein sorgfältig aus, und es macht fast den Anschein, als wollte er sie verstecken – ein guter Platz für eine Sammlung.»
Ich blieb bei meinem unmittelbaren Verdacht, daß Oxyuren den Schimpansen juckten und daß er das Stroh zum Kratzen benutzte. «Ich lasse Ihnen einen Wurmsirup da, Len. Er hat Obstgeschmack, den Schimpansen mögen. Geben Sie ihm den Sirup nach Vorschrift. Wenn er Oxyuren hat, wird er bald davon geheilt sein. Ich schaue ihn mir in einer Woche wieder an. Dann dürfte er borstenfrei und ungeschmückt sein.»
Eine Woche später war Li kerngesund. Seinen künstlichen Schwanz hatte er aber immer noch; er war sogar noch größer und dichter.
«Er ist noch immer ein Borstentier», sagte Len ausdruckslos.
Da die anderen Schimpansen den Fetischismus nicht übernommen hatten, entschloß ich mich zu einer gründlichen Untersuchung und schmuggelte ein Schlafmittel in Lis Vormittagskakao. Als er schläfrig in der Astgabelung seines Baumes hing, holten Len und ich ihn herunter und legten ihn im Lazarett auf den Bauch. Behutsam zog ich die Halme und Zweiglein aus dem After und guckte mit einem Otoskop hinein. Damit besichtigt man eigentlich den äußeren Gehörgang und das Trommelfell des Menschen, aber ich hatte festgestellt, daß es ebenso nützlich ist, wenn man die Atemlöcher

der Delphine oder die Beutel der Koalas untersuchen muß. Die Fremdkörper hatten die Darmschleimhaut nicht beschädigt, und es war auch kein Anzeichen von Schmarotzern oder von einer juckenden Entzündung zu entdecken.
Ich nahm ein paar der Strohhalme und betrachtete sie näher. Als ich sie in den Händen drehte und wendete, entdeckte ich etwas, das mich große Augen machen ließ. Sogar Len pfiff durch die Zähne. Li hatte sich nicht geschmückt, nicht Parasiten bekämpft und nicht fliegen wollen. Man hätte meinen können, er habe ein Buch über die unglücklichen Verbrecher gelesen, die bis zum Ende des neunzehnten Jahrhunderts dazu verurteilt wurden, ihre Strafe auf französischen Gefangenenschiffen abzusitzen. Da sie unter den unseligen Umständen unter Mördern, Dieben und Desperados lebten, versteckten sie ihre kostbarsten Besitztümer – eine Messerklinge vielleicht, einen Feuerstein, ein zusammengerolltes Papier – in einem hohlen Knochen. Dieser Knochen wurde tief in den After geschoben.
Lis Strohhalme und Zweiglein hatten denselben Zweck und der Schatz, den er versteckte – nicht vor Verbrechern, sondern vor freßgierigen Schimpansen – bestand aus Sonnenblumenkernen. Jeden Tag versorgte Len die Affen mit getrockneten Sonnenblumenkernen, die reich an essentiellen Fetten und anderen Nährstoffen sind. Die Schimpansen liebten sie ganz besonders, und sowie das Futter kam, durchwühlten sie es nach den begehrten Kernen und versuchten so viele wie möglich zu erwischen. Die Geschicktesten und Fixesten gewannen dabei. Li war noch weiter gegangen; damit bewies er die Fähigkeit dieser Primaten, ein Werkzeug zu benutzen.
Die Strohhalme, die in meiner Hand lagen, waren längs gespalten. Sorgsam eingefügt ins hohle Innere reihten

sich da Sonnenblumenkerne. Die Zweiglein eigneten sich weniger gut als Aufbewahrungskammer. Auch sie waren an der Spitze gespalten, doch da sie nicht hohl waren, ergaben sie kein so vortreffliches Versteck wie die Halme. Alles in allem hatte Li siebenundsechzig Sonnenblumenkerne gehortet. Fraglos waren sie nicht zufällig dorthin geraten; der junge Schimpanse mußte sie gleich nach der Futterabgabe eingesammelt und sich gleichzeitig ebenso viele einverleibt haben. Der Vorrat war für schlechte Zeiten bestimmt oder für eine Orgie mitten in der Nacht, wenn nur die Schreie der Pfauen die Stille im schlafenden Zoo unterbrachen – dann konnte Li heimlich seinen Vorrat hervorholen und in der Dunkelheit schlemmen.

Lis eichhörnchenhafte Sammelleidenschaft war zwar wissenschaftlich hochinteressant, aber sehr ungesund, denn sie mußte schließlich zu einer Mastdarmentzündung führen. Obwohl es mir widerstrebte, ihn des Vergnügens zu berauben, ordnete ich an, für sein Lager nur noch Holzwolle zu verwenden, nicht mehr Stroh. Zweige, deren Rinde verdauungsfördernde Stoffe enthält, ließ ich ihm, aber nur solche mit großem Durchmesser, so daß sie nicht als Versteck für Sonnenblumenkerne zu gebrauchen waren.

Li war von da an kein Borstentier mehr. Wenn man sein unverändertes Verhalten beobachtete, sein brennendes Interesse an allem, was rings um ihn vor sich ging, und sein mißbilligendes Gekecker den fliegenden Tauben gegenüber, konnte man nicht erkennen, daß seinem Bemühen, den Sonnenblumenkernenmarkt aufzukaufen, ein Schnippchen geschlagen worden war. Manchmal aber stelle ich Betrachtungen an, wenn ich vor seinem Käfig stehe und ihn beobachte. Vielleicht bedeutet das Glitzern in seinen braunen Augen, daß er etwas weiß, wovon Len und ich nichts ahnen: daß Schimpansen mehr als nur einen genialen Einfall haben, wie sie ihre Schätze verstecken können.

Es war gut, daß wir Li gerade zu jener Zeit entborstet hatten, denn ein paar Tage später steckte Edith den Kopf in mein Sprechzimmer und sagte: «Wenn Sie keinen Notfall haben, sind Sie morgen zu einer Gesellschaft eingeladen. Es ist etwas ganz Besonderes, im Queens Hotel in Manchester. Ein Mittagessen für Tiere.»
«Was?» gab ich zurück. «Bekomme ich etwa auch Hundekuchen und Katzenfleisch aus der Büchse?»
«Na ja, die Sache ist anscheinend so gedacht», erklärte sie, «daß die Haustiere ihre Besitzer mitbringen, möglichst prominente Leute. Der Zoo schickt Li mit Len, und man möchte, daß Sie mit dabei sind.» Ich zögerte, weil ich an das Fiasko bei der Segnung der Tiere dachte; aber Edith fuhr fort: «Der Tierschutzverein veranstaltet das Ereignis um zu Geld zu kommen, es wird eine Teilnahmegebühr verlangt.»
«Also gut», sagte ich schicksalsergeben. «Notieren Sie für morgen zwei Stunden Abwesenheit: Dienst als Hofnarr eines königlichen Schimpansen.»
Als Li noch jünger gewesen war, hatte ich verboten, ihn und die anderen Schimpansenbabys zu Kindergesellschaften und Schulbesuchen mitzunehmen, weil immer eine Ansteckung mit Masern oder Erkältungen, zumindest ein verdorbener Magen zu befürchten war. Jetzt aber durfte Li an solchen Anlässen gelegentlich teilnehmen. Er ging sehr gern aus, am liebsten mit Matt Kelly, der manchmal Vorträge hielt. Es endete unweigerlich damit, daß die beiden in einem Lokal landeten, wo Matt ein Glas Bier trank und Li Kakao erhielt.

Am folgenden Tag fuhr ich zum Queens, dem größten Hotel von Manchester, wo es schon von felligen, gefiederten und schuppigen Tieren wimmelte und die Pressefotografen die bedeutendsten Tierhalter knipsten. Da war auch Li, hübsch bekleidet, nicht mit meinem gestohlenen Hemd, sondern mit den rot-weißen Farben der Fußballmannschaft Manchester United. Auf einem großen Tisch am Ende des Saales standen Futterschüsseln, gefüllt mit der richtigen Nahrung für jedes Tier, und an der Wand hing die Tischordnung. Es gab Sonnenblumenkerne für die Papageien (ich hoffte, daß Li sie nicht sofort erspähen würde), Obstsalat für die Affen, Fleisch und Hundekuchen für die Hunde, rohe Leber für die Katzen. Für die Reptilien war zwar Platz geschaffen worden, aber kein Futter aufgestellt, weil man annahm, daß sie unter solchen Umständen nichts zu sich nehmen würden. Neben jeder Schüssel stand eine Schale Wasser. Auch hohe und niedrige Stühle waren vorgesehen und Sitzstangen für die Vögel. Man stellte es sich so vor, daß die Besitzer hinter ihrem Tier stehen und zusehen würden, wie in Noahs Arche geschlemmt wurde, während Blitzlichter aufflammten und Kameras surrten.

Ich versorgte mich mit Gin und Tonic, bezog meinen Posten in einem stillen Winkel und bewunderte das Kaleidoskop des Tierreichs. Eine Filmschauspielerin, die sich von einem Fotografen zwei Totenkopfäffchen ausgeliehen hatte, nippte an einem Cocktail und erstarrte vor Entsetzen, als die Äffchen ihrer Nerzstola etwas Unsagbares antaten; ein stattlicher Ratsherr durchtränkte seine Weste mit Martini, als der Dalmatiner, den er an der Leine hielt, auf einen vorbeikommenden Papagei zuspringen wollte; ein Flughund, den ein Schlagersänger mitgebracht hatte, verfing sich in den

Haaren einer Kellnerin, die mit einem Tablett voller Kanapees zwischen den Menschengästen herumging. Der Flughund hatte nicht aufgepaßt, wohin er ging, weil er vor einem Falken flüchtete, der ohne Haube auf der behandschuhten Hand eines als Robin Hood kostümierten Gastes saß. Dieser Vorfall führte zu dem Ungemach, das mich ins Geschehen hineinriß.

Die Kellnerin, die sich von einem Vampir angegriffen fühlte, ließ das silberglänzende Tablett fallen, so daß sich die appetitlichen Brötchen über den Teppich verstreuten. Die Hölle brach los, denn die Hunde und Katzen, die Affen und Buschbabys, die in Anbetracht des bevorstehenden Diners alle wahrscheinlich einen leeren Magen hatten, dachten natürlich, nun sei es soweit, und stürzten sich auf die Toaststückchen mit geräuchertem Lachs, Ei und Salami und auf die Pumpernickeltürmchen mit pikantem Käse. Es muß ja Folgen haben, wenn sich ein reizbarer hungriger Papagei, der auf ein Krabbenbrötchen niederschießt, Auge in Auge mit einem Terrier sieht, der zwar elegant mit Quasten, Schleifen und rotlackierten Krallen geschmückt, aber nur aufs Fressen erpicht ist; und wenn eine für ihren Eigensinn berühmte Ziege das eine Ende einer Selleriestange zwischen den Zähnen hat und ein muskulöser Rhesusaffe im Matrosenanzug nach dem anderen Ende greift.

Der Lärm war ohrenbetäubend: Vögel kreischten, Hunde bellten, Katzen aller Arten fauchten, Affen heulten und Menschen schrien.

Es folgte noch Schlimmeres. Als sämtliche Kanapees verschlungen waren, blickten die Tiere einander mit dem Verlangen nach dem Hauptgang an. Ein buntes Durcheinander von Fellen und Gefieder entstand zwischen den Beinen der Tierhalter. Damen brachen in

Tränen aus, weil ihre geliebte Mieze oder ihr tadellos gepflegter Fido in dem Gewühl verschwand, umherfliegende Vögel ihnen das Glas aus der Hand schlugen und sich Leinen, Ketten und andere Bindeglieder um Stuhl- und Hosenbeine, hochhackige Schuhe und Palmentöpfe wickelten. Am ärgsten erging es einem Stadtrat, der umgerissen wurde, als seine Fußgelenke wie von einem Lasso eingefangen wurden. Der Würdenträger mußte es erdulden, daß Pfoten und Klauen kreuz und quer über ihn tappten, weil die Tiere sich aus dem Gewirr befreien wollten.

Zu dem Lärm und der Verwirrung kam nun ein neuer Schrecken. Ein Tierhändler hatte eine vier Meter lange Python mitgebracht. Beim Ausbruch der Feindseligkeiten hatte die Riesenschlange die Lage abgeschätzt, sich mit dem Entschluß, neutral zu bleiben, ihrem Besitzer entwunden und unter einem der ringsum an den Wänden aufgestellten Sofas ein verhältnismäßig ruhiges Plätzchen gesucht. Unter den Sitzen verliefen die Rohre der Zentralheizung, und um diese Rohre ringelte sich die Schlange, wahrscheinlich um den Vorgängen von der Tribüne aus zu folgen. Der Tierhändler, der sie zurückholen wollte, kroch auf allen vieren zu ihr und machte sich daran, sie von den Rohren zu entwinden. Das war keine leichte Arbeit bei einem so großen Tier: Immer wenn er einen Teil der Schlange festhielt, wand sie sich mit einem anderen Teil um so fester um ihren Halt. Der Mann zog und zerrte, und je mehr er zerrte, desto größeren Widerstand leistete sie. Als er sich immer verzweifelter bemühte, bekam die Python es mit der Furcht zu tun. Wie die meisten Tiere verlieren erregte Schlangen die Kontrolle über ihre Eingeweide, und bald durchdrang den Speisesaal des vornehmen Hotels der unbeschreibliche Gestank einer erregten

Riesenschlange. Nur wenige der Anwesenden hatten diesen Geruch jemals wahrgenommen, aber ihre verglasten Augen und verzerrten Mienen verrieten, daß sie dieses Erlebnis nie vergessen würden.
Inzwischen war der große Eßtisch vollständig unbeachtet geblieben. In der Mitte thronte eine riesige Torte aus Biskuit und Schlagsahne, die für viele der eingeladenen Tiere als genießbar angesehen wurde. Sie war mit dem rot-goldenen Wappen von Manchester belegt, einer kleinen Plastikscheibe. Die Presse hatte angekündigt, der Bürgermeister werde die Torte zerschneiden und die Stücke den Tieren, angefangen von Pekinesen bis zu Papageien, persönlich austeilen. Eßtisch und Torte wurden über dem Gebalge um die Kanapees vergessen. Ich war ganz davon in Anspruch genommen, mich vor Bissen zu hüten, während ich mich als Unparteiischer möglichst aus der Sache hielt. Len hielt Li an der Hand fest, aber der Schimpanse hatte gar keine Lust, an der Schlacht teilzunehmen, sondern gab sich mit der Rolle des überlegenen Beobachters zufrieden, blieb am Rande des Schlachtfeldes und zupfte nur ab und zu einem in Reichweite kommenden Papagei oder Sittich an den Schwanzfedern. Doch der Magen knurrte ihm, denn während des Kampfes um die Kanapees war keine Erdnuß und kein Kartoffelchips über seine Lippen gekommen. Plötzlich stach ihm die große Torte in die Augen. Einladend stand sie da, und ihr Aussehen sagte Lis Leckermaul sehr zu. Wie von ungefähr machte er sich von Lens Hand frei und schlüpfte zu der Tafel hinüber.
Li war schon auf dem Tisch und kostete von der Torte, als Len merkte, daß der Gast aus dem Zoo nicht mehr an seiner Seite war. «Li! Komm sofort her!» rief Len und bahnte sich einen Weg durch das Getümmel.

Li hatte ihn vielleicht nicht gehört, jedenfalls gehorchte er nicht. Er bohrte seine harten schwarzen Nägel tief in das köstliche Schlagrahmbiskuit und schlug sich eine Handvoll ins Maul.

Len wurde durch ein aufgeregtes Frettchen aufgehalten, das sich an sein Fußgelenk klammerte. «Herr Doktor Taylor, holen Sie Li!» rief er und hüpfte auf einem Bein, ohne den hartnäckigen Angreifer loswerden zu können. Ich sah den Räuber am Werk, und da ich mehr an seinen Magen als an etwas anderes dachte, beschloß ich, seiner Schlemmerei ein Ende zu machen. Aber es trennten mich etliche wütende Hunde von ihm.

Li schätzte blitzschnell die Lage ein und erkannte an Lens Gesichtsausdruck, daß sein Wärter nicht nur körperliche Schmerzen durch nadelspitze Zähne litt, sondern vor allem entschlossen war, ihm den Spaß zu verderben. Li besann sich nicht lange. Er nahm die ganze Torte vom Ständer und machte sich davon, um einen stillen Winkel zu suchen, wo er sich, unbelästigt von den anderen mißgünstigen Tieren, an dem wunderbaren Mittagessen erlaben konnte. Hinaus aus dem Speisesaal, den Gang entlang, die Treppe hinunter huschte der junge Schimpanse mit der verwüsteten Torte, die er mühelos auf der Schulter trug. Als er einmal rückwärts schaute, sah er uns in hitziger Verfolgung, begleitet von dem sehr ärgerlichen Hoteldirektor. Li gelangte in die Halle, ohne ein geeignetes Versteck gefunden zu haben. Die Gäste, die das Hotel betraten, blieben verdutzt stehen beim Anblick des kleinen Kellners, der offenbar ein Gastarbeiter aus einem fremden Lande war. Ein Page versuchte den Abtransport der Torte mit ausgestreckten Armen aufzuhalten. Für seine Mühe wurde er mit einem Spucketreffer ins Auge belohnt, und mit der Geschicklichkeit des berühmten

Mittelstürmers der Fußballelf, deren Farben der Schimpanse trug, entwischte Li.
Endlich fand Li den idealen Ort – wenigstens schien es so. Eine offene Tür führte in den Waschraum der Herren. Mit einem Blick überzeugte sich Li, daß seine Verfolger ihm nicht allzu nahe waren, verschwand mitsamt der Torte und drückte die Tür ins Schloß. Vorsichtig machten wir die Tür auf und traten mit dem zeternden Hoteldirektor ein. Nun standen wir vor einem heiklen Problem. Vor uns reihten sich geschlossene Türen. Hinter welcher war Li? Ich überließ die Entscheidung dem Hoteldirektor, der ja hier zu Hause war. Mit eingezogenen Schultern ging er von Tür zu Tür und sagte verzagt: «Verzeihung, wir suchen einen Schimpansen. Können Sie bitte antworten, damit wir wissen, daß er nicht hier drin ist?» Verwünschungen und andere Zeichen der Entrüstung ließen uns wissen, daß Menschen hinter der Tür waren.
Endlich kam der Hoteldirektor zu einer Tür, die zwar geschlossen war, aber nicht das rote Besetzt-Zeichen aufwies. «Ist jemand da drin?» rief der unglückliche Hoteldirektor. «Entschuldigen Sie die Störung.»
Keine Antwort. Li war in die Enge getrieben. Als sich Len mit einem Klimmzug in die Höhe zog und über den Zwischenraum oben äugte, sah er Li vergnügt auf der Toilette sitzen; er hatte die Torte auf dem Schoß und stemmte die Füße gegen die Tür. Mit dem Plastikwappen löffelte er hurtig den Leckerbissen.
Als Li sah, daß er das Spiel verloren hatte, stopfte er den Rest der Torte mitsamt dem Wappen in den Mund. Len riß die Tür auf und langte nach ihm, worauf Li die Überbleibsel in die Toilette fallen ließ. Er konnte sich nicht wehren, weil er den Mund so voll hatte, daß er fast erstickte. Len hatte gesehen, daß er das Plastikwap-

pen auch hineingestopft hatte, und wir erkannten sofort, was geschehen war: Es saß irgendwo im Rachen fest.
«Schnell, klopfen Sie ihm auf den Rücken, während ich ihn kopfüber hängen lasse», rief ich und hob den Schimpansen an den Fußgelenken in die Höhe, so daß sein Kopf nach unten baumelte.
Len klopfte und klopfte den behaarten schwarzen Rücken; Li hustete und keuchte, aber das Wappen kam nicht heraus. Li ermattete, und aus der spitzbübischen Eskapade drohte etwas Ernstes zu werden. Ich legte ihn auf einen Stuhl im Waschraum und schickte Len nach meiner Tasche im Auto. Besorgt betrachtete ich Lis vertrautes Gesicht; Zahnfleisch und Lippen wurden schon bläulich. Sein Atem ging mühsam und geräuschvoll. Alle Vitalität schien ihn auf einmal verlassen zu haben. Er hatte weder Lust noch Kraft, sich zu wehren, als ich seine Kiefer weit öffnete und mit den Fingern hinter seine Zunge tastete. Ich fühlte nichts Anomales. Len stürzte mit meiner Tasche herbei, und ich holte mein Stethoskop hervor. Normalerweise haßte Li dieses Instrument; er fürchtete sich vor den Schläuchen ebenso wie vor Spielzeugschlangen, und er wehrte sich immer dagegen mit Nägeln und Zähnen; jetzt aber ließ er es widerstandslos über sich ergehen, als ich ihn abhorchte. Was ich hörte, bestätigte mir, daß der Schimpanse nicht genug Luft in die Lungen bekam. Die Tortendekoration stak irgendwo in seiner Luftröhre.
Ich bohrte eine Hand zwischen seine Zähne – sehr gewagt bei einem Affen, der seiner Kräfte mächtig ist – und zog seine lilagefärbte Zunge so weit wie möglich heraus. Len gab mir mit seinem Leuchtstab Licht. Ich konnte Lis Mandeln und Luftröhre deutlich sehen. Aus der Luftröhrenöffnung ragte ein pfeilförmiges rotes Pla-

stikstückchen hervor, ein winziges Stück von dem Wappen, aber es war so unglückselig eingezwängt, daß der Schimpanse jeden Augenblick ersticken konnte. Ohne meine Hand aus Lis Mund zu nehmen, holte ich aus meiner Tasche eine Arterienzange hervor, und während Len mir wieder leuchtete, führte ich sie in den Rachen des Schimpansen ein. Das Plastikstückchen bewegte sich bei jedem mühsamen Atemzug. Lieber Gott, laß es nicht noch tiefer in die Luftröhre rutschen! betete ich. Ich erreichte es mit der Zange und preßte die Backen fest zu. Ich holte es heraus. Li begann ein wenig leichter zu atmen, aber noch keineswegs normal. Der größte Teil des Wappens fehlte. Ich untersuchte abermals den Schlund – die violette Verfärbung ließ nach. Wo war der Rest der verfluchten Tortendekoration? Er konnte nicht die Luftröhre hinuntergerutscht sein, dazu war das Wappen zu groß. Da kam mir ein schrecklicher Gedanke. Wenn Li das Wappen in ein Dutzend kleine Teile zerkaut hatte, waren sie inzwischen in die Bronchien gesaugt worden. Es lief mir kalt über den Rücken, als ich mir die Folgen ausmalte: Eine Brustoperation überstieg meine Erfahrung mit Zootieren. Es gab nur noch eine Stelle, wo der größere Plastikteil stecken konnte: oberhalb des weichen Gaumens. Angenommen, Li hatte das Wappen fast verschluckt, aber herausgehustet, als der Splitter abgebrochen und in seiner Luftröhre steckengeblieben war, dann konnte dieser Splitter in eine Nasennebenhöhle gedrungen sein. Vielleicht saß er dort, eingeklemmt zwischen den Drüsen. Um hinter dem weichen Gaumen nachzusehen, brauchte ich etwas Ähnliches wie den Spiegel, den Zahnärzte benutzen.

«Bitte fragen Sie in der Bar, ob sie dort einen langen Stahllöffel zum Mixen haben», bat ich den Hoteldirektor. Damit würde es sich vielleicht machen lassen. Wenn ich nur einen Blick auf ein bißchen Rot oder Gold erhaschte, wußte ich Bescheid.

Li war über das Gröbste hinaus, aber er atmete immer noch mühsam und geräuschvoll. Die Luftröhre war immer noch irgendwie blockiert; der Gedanke an Plastikstückchen in der Lunge ließ mich nicht los. Der Hoteldirektor kehrte mit mehreren Rührlöffeln zurück, und ich wählte einen aus, der am Ende abgewinkelt war. Len mußte Lis Mund offen halten, und von dem Hoteldirektor verlangte ich etwas, das sicher noch kein Hoteldirektor hatte tun müssen: einen unruhigen Schimpansen im Schwitzkasten festhalten. Da Li nicht normal atmete, wagte ich nicht, ein Betäubungsmittel anzuwenden; es hätte die Atmung noch mehr behindern können.

Ich schob den Löffel zwischen die Mandeln und am weichen Gaumensegel vorbei. In der abgewinkelten Rundung spiegelten sich die Nasennebenhöhlen. Ich bewegte sowohl den Lichtkegel der Stablampe als auch den Löffel, um alles aufzufangen, was dort verborgen sein mochte. Plötzlich reflektierte der glänzende Stahl etwas Rotes und dann ein bißchen Gold. Dort war es! Das Wappen saß über dem weichen Gaumen.

Wenn ich Li dazu bringen konnte, durch den Mund zu atmen, konnte ich ihn in meine Praxis transportieren; aber ich wollte doch erst etwas versuchen, das nur manchmal gelingt. Ich setzte den unglücklichen kleinen Dieb aufrecht hin und versetzte ihm einen plötzlichen kräftigen Schlag auf die Stirn. Sein Kopf flog zurück, und er sah mich verwundert und vorwurfsvoll an. Nichts geschah. Nochmals schlug ich hart zu, und das Köpfchen versank zwischen den behaarten Schultern. Li würgte, hustete einmal, dann hörten wir ein Klirren,

als er etwas auf den Boden des Waschraums spuckte – eine rot-goldene Scheibe. Als ich das Teilchen einpaßte, das ich mit der Arterienzange herausgezogen hatte, war das Ornament vollkommen, kein Splitter fehlte.
Sofort ging Lis Atem normal, das merkwürdige Geräusch war nicht mehr zu hören. Er war im Handumdrehen der alte, trat den Hoteldirektor in die Magengrube und entwand sich seinem Griff. Das Wappen von Manchester war gerettet worden und Li kehrte heim in den Zoo, leicht belämmert von seinem Erlebnis, aber mit vollerem Magen als die anderen Tiere, die zu dem unglückseligen Festmahl erschienen waren. Aus unerfindlichen Gründen wurde eine solche Gesellschaft nie wieder veranstaltet.

Als ich nach diesem Mittagessen mit Tieren nach Hause kam, empfing mich der köstliche Duft von Shelaghs Fischauflauf. Ich gedachte, mir eine große Portion mitsamt Kartoffelbrei auf den Teller zu laden, nach dem unterbrochenen Genuß des nicht gerade sehr gehaltvollen Knabberzeugs im Hotel Queens.
«Du wirst nicht glauben, was heute mit Li vorgefallen ist», sagte ich vergnügt und zog meinen Mantel aus. «Ich erzähle dir alles, sobald ich mir ein paar Bissen zu Gemüte geführt habe.»
«Das geht leider nicht», erwiderte Shelagh, kam in die Diele geschossen und nahm ihren Mantel vom Haken. «Legge rief an, als du unterwegs warst. Du sollst sofort in den Zoo kommen. Die Eisbärin hat zwei Junge geworfen. Ich komme mit dir!»
Adieu, Fischauflauf! Es war natürlich Dezember. Ich hatte gewußt, daß es bei der Eisbärin Crystal bald soweit war. Man hatte das Quieken der Jungen gehört,

und Legge hatte die Narkosepistole benutzt, die, wie vereinbart, bereitlag. Offenbar hatte er Zwillingen das Leben gerettet!

Wenn auf der Straße nach Manchester eine der häufigen Radarfallen lauerte, war es eben Pech. Ich wollte in Rekordzeit zum Bellevue fahren. Wurde ich geschnappt, so hatte ich eine gute Entschuldigung, und wenn man mir meine Erklärung nicht glaubte, wollte ich mich halt damit trösten, meine ersten neugeborenen Eisbärlein in den Händen zu halten.

«Was sagte Legge?» fragte ich, als ich in die Straße nach Manchester einbog.

«Daß es nicht gut aussieht», antwortete Shelagh.

Mir sank das Herz. Ich wünschte, ich hätte ein Düsenflugzeug. Achtzehn Kilometer mußte ich zurücklegen, und alle Fahrzeuge vor mir schienen von Opiumessern im Schneckentempo mitten auf der Straße gelenkt zu werden.

Legge und die Zwillingsbärlein waren im Lazarett, als wir in den Zoo rasten. «Es ist leider zu spät», sagte er bekümmert. Matt Kelly stand stumm daneben. Zwei rundliche, schmierige Würmchen lagen reglos auf dem Tisch.

«Was ist geschehen?» fragte ich, öffnete die Mäulchen und betrachtete das farblose Zahnfleisch.

«Dem Wärter fiel nichts weiter auf, bis er sie ihr Lager wegkratzen hörte. Dann glaubte er ein schwaches Quieken zu hören. Ich betäubte Crystal sofort, und wir gingen hinein. Sie hatte ihr ganzes Lager bis auf den nackten Beton weggekratzt und die Jungen dorthin gelegt. Wahrscheinlich hat sie sie heute morgen geworfen. Sie waren schon kalt und rührten sich nicht. Hingen noch an der Plazenta. Sie hat sie auch diesmal vernachlässigt.»

Ohne das anregende Lecken und ohne die Wärme der Mutter hatten die Eisbärlein einen Kollaps durch Unterkühlung erlitten. Ich nahm ein Junges in jede Hand und drückte fest und rhythmisch die Brust. Ich fühlte keinen Pulsschlag. Sie waren schlaff und kalt.
«Ich bitte um heißes Wasser», sagte ich. «Aus der Leitung genügt es. Schnell! In einem Eimer oder sonst etwas.»
Matt brachte mir das Wasser im Nu. Ich tauchte die beiden Bärlein hinein, mit dem ganzen Körper, nur die Schnauze blieb draußen. Unter Wasser setzte ich das Massieren und Drücken der Brust fort. «Shelagh, übernimm du den einen. Du mußt rhythmisch pumpen, aber bohr die Fingerspitzen nicht zu stark ins Fleisch», ordnete ich an. Ich hatte schon öfters Lungenrupturen und Herzmuskelblutungen erlebt, weil die künstliche Beatmung bei kleinen Geschöpfen allzu nachdrücklich betrieben worden war.
Minuten vergingen, und plötzlich rief Shelagh: «Meiner bewegt sich!»
Ich betrachtete das Mäulchen; es hatte sich ein wenig gerötet. Ich hieß sie weiterpumpen und fuhr selbst damit fort. «Mehr heißes Wasser, Matt», befahl ich. Er füllte den Eimer bis oben. Da fühlte ich es ebenfalls. Mein Bärlein bewegte sich ein bißchen. Es war nicht mehr ganz so schlaff. Unter meinen Händen entstand in dem Fellklümpchen eine leichte Muskelspannung.
«Beide heraus!» sagte ich. «Mein Stethoskop!»
Ich horchte die jetzt warmen Bärlein ab. Bum-bum, bum-bum. Bei beiden schlug das Herz ganz schwach. «Sie leben!» jubelte ich. «Wieder ins Wasser, sie müssen weiteratmen!»
Die kleinen Körper wanden sich unter Wasser. «Jetzt wieder heraus! Ich nehme beide.»

In jeder Hand hielt ich auf Armeslänge entfernt ein Junges am Hinterteil. Dann schwenkte ich die Arme in schnellen weiten Kreisen. Ich hoffte, daß der Schleim in der Luftröhre durch die Zentrifugalkraft ausgeworfen wurde. Danach kamen sie wieder ins Wasser. Die Bärlein wehrten sich jetzt tapfer, aber aus der Kehle drang kein Quieken. «Wieder heraus! Wir wollen es mit Mund-zu-Mund-Beatmung versuchen.»

Shelagh nahm das eine Junge vor, ich das andere. Wir steckten uns die Schnauze in den Mund und bliesen sacht, aber fest. Die kleinen Brustkörbe dehnten sich. Wir gaben die Schnauze frei und ließen die Tierchen ausatmen. Wir warteten. Sie atmeten nicht automatisch. Nochmals Mund-zu-Mund-Beatmung. Und noch einmal. In unseren Händen fühlten sich die Zwillinge wie Sprungfedern an. Wir hörten auf und warteten. Die rosigen Mäulchen öffneten sich ein wenig, eine kleine Zunge erschien und untersuchte zaudernd die Außenwelt, und dann – ich konnte einen Freudenschrei nicht unterdrücken – atmeten beide kräftig durch.

Shelagh jubelte, Legge und Matt strahlten, ich lachte und lachte. Ich drehte die Jungen auf den Rücken, um ihre Kraft zu erproben. Sie strampelten und wanden sich in die richtige Bauchlage. Eine ausgezeichnete Reaktion, und dazu lieferten sie, von ihnen wahrscheinlich als Protest gegen die rüde Behandlung gedacht, den ersten Klageschrei. Shelagh war außer sich vor Begeisterung.

Sogleich begannen wir, ihnen eine Lösung aus vorverdautem Protein und Glukose in die Mäulchen zu träufeln, und zwar mit einer Flasche, die für zu früh geborene Menschenkinder erfunden worden war.

«Kommen Sie, Frau Taylor», sagte Legge zu Shelagh, nachdem er die erste Fütterung vorbereitet hatte, «Sie

sollen als erste die Ehre haben.» Damit reichte er ihr die Fläschchen.
Gespannt sahen wir zu, als sie den quiekenden Eisbärlein die Gummisauger anbot. Dann herrschte Stille. Die Mäulchen hatten zugeschnappt, und zufrieden saugten die Bärenzwillinge.
Nach der Fütterung kamen sie in eine Kiste mit infraroter Wärme, wo sie lustig herumkrochen.
An Legge und Matt war es nun, einen Fütterungsplan rund um die Uhr aufzustellen. Die Arbeit würde sich lohnen. Bären wachsen sehr schnell, und die beiden Jungen sahen nicht aus, als ob sie zurückbleiben würden.
«Gehen wir», sagte ich zu Shelagh, nachdem wir uns gewaschen hatten. «Der Fischauflauf kann noch länger warten. Vorher wollen wir im Restaurant einer Flasche Sekt den Hals brechen.»

13. «Alles bestens»

Die alte blinde Masseuse im Lion City Hotel von Singapur bearbeitete meinen Rücken mit ihren bloßen Füßen, bohrte ihre Fersen in jeden meiner schlechtgelaunten Wirbel und begleitete jedes hörbare Knirschen meiner Knochen mit einem frohlockenden «Atscha!»
Ich war auf dem Rückweg von Bangkok, dem Pfuhl gewissenlosen Tierhandels, wo ich Tiere begutachtet hatte, die von thailändischen Händlern zum Kauf angeboten wurden. Nicht nur hatte ich mir durch die Annahme des Auftrags wieder Whittles Zorn zugezogen wegen der Abwesenheit von der Praxis, sondern es war auch an sich eine niederdrückende Erfahrung gewesen. Ich hatte junge Elefanten befühlt, deren Haut durch verschiedene Geschwüre so knubblig wie Brombeeren war und hatte eine zeckenbedeckte lebende Königskobra vorsichtig aus einem stinkenden Haufen von etwa vierzig längst toten Gefährten gezogen. Ich hatte verdurstete Vogelspinnen gesehen – in heißen Ländern brauchen sie ebenso Flüssigkeit wie die Fänger, die sie für einen Cent das Stück verkaufen und die Händler, die sie für fünf Dollar das Stück weiterverkaufen – und festgestellt, daß die rötlichen Haare, die ihre furchterregenden Beine bedecken, auch nach dem Tod des Tieres schmerzhafte Entzündungen hervorrufen können. Ich war mit Tritten traktiert worden, als ich anämisch wirkenden Wasserbüffeln Blutproben entnommen hatte. Einmal war ich zu Boden geworfen worden, hatte bäuchlings im Lehm gelegen und mit beiden Händen meinen Hinterkopf geschützt, als ein Dutzend Büffel rings um und über mich hinweg trampelten.
Jetzt hielt ich mich mit meinen verschiedenen Verletzungen in Singapur auf, um ein paar Tage mit der Er-

forschung dieser kaleidoskopischen asiatischen Insel zu verbringen und mich von meiner Bekanntschaft mit den Büffeln zu erholen. Die alte chinesische Masseuse hatte Wunder gewirkt, was die Tilgung der Büffelspuren betraf, hatte aber auch ungeheure Mengen von Gaultherie-Öl in mich geknetet, geschlagen und geklopft. Ich bekam den durchdringenden Mentholgeruch trotz Waschen und Schrubben nicht weg, und nach der Behandlung war ich tagelang ein verkörpertes Riechfläschchen. Als ich, eingeladen von Feng Lo, einem wohlhabenden Lapislazulihändler, zur Besichtigung seiner Menagerie exotischer Tiere bei seinem Bungalow in der Nähe des berühmten Botanischen Gartens ankam, hatte ich für Tiere ungefähr soviel Anziehungskraft wie Kampfer für Motten.

Fengs ganzer Stolz waren seine vier Hartmann-Bergzebras. Die schönen, rundlichen Tiere waren im Hintergarten in einem schattigen Gehege untergebracht. Sie seien so zahm wie Esel, sagte er mir, ja, sein Neffe habe sogar auf dem Rücken des Hengstes gesessen. Tatsächlich trabten die Zebras ganz freundlich herbei, als Feng sie rief. Sie knabberten die Zuckerstücke, die er ihnen anbot; dann musterten sie mich und schnupperten an mir. Pfui Teufel! Die Ohren wurden zurückgelegt, die Augen gerollt. Die gerümpften weichen Nüstern schnaubten. Die drei Stuten machten zimperlich kehrt; der Hengst hingegen, nur um mir zu zeigen, wie ihm zumute war, fuhr auf mich los und biß mich genau in die Nasenspitze. Gestochen von Spinnenhaaren, fast zu Tode getreten von Wasserbüffeln, mit einem Geruch behaftet wie eine Hustenpastille – und nun das! Feng hüpfte mit einem Schwall von Entschuldigungen von einem Fuß auf den anderen; doch als ich mit einem Taschentuch vor der blutenden Nase dem Hengst nachblickte, der mit hochmütig erhobenem Schweif davongaloppierte, wurde ich von meinen Schmerzen abgelenkt. Sein einer Hoden war anomal, ungefähr fünfmal größer als der andere. Ich machte Feng darauf aufmerksam.

«Was könnte das sein, Herr Doktor?» fragte er mit besorgter Miene.

«Es könnte eine Hernie sein, oder ein Tumor. Was es auch sein mag, das Tier muß unverzüglich operiert werden. Wenn es ein Gewächs ist, muß es entfernt werden, und wenn es eine Hernie scrotalis ist, muß der Bruch behoben werden, bevor ein Stück des Darmes eingeklemmt wird.»

Feng saugte an dem bohnengroßen Solitär an seinem rechten Zeigefinger. «Aber wer kann das hier in Singapur machen? Die hiesigen Tierärzte kennen sich mit Reitpferden aus. Aber Zebras?» Er murmelte auf chinesisch vor sich hin. Auf einmal lächelte er und boxte mich in den Bauch. «Ha!» sagte er, als ob ihm nun alles klar wäre. «Kein Problem. Sie werden es machen, Herr Doktor. Was für ein guter Gedanke!»

«Aber ich . . .» begann ich. Weder eine Hernie noch ein Tumor erforderten kompliziertere Instrumente als diejenigen, die ich stets in meiner Tasche mitführte, der Haken an der Sache war nur die Betäubung. Ich konnte auf der Insel Barbiturate kaufen, doch sie mußen in eine Vene injiziert werden, was bei einem widerspenstigen, bockenden Zebra kaum zu machen war. Chloralhydrat im Wasser wirkte sicher, aber das Zeug schmeckte so widerlich bitter, daß der Hengst es erst nach zwei bis drei Tagen, verrückt vor Durst, trinken würde. Mit diesem Verfahren hatte ich es noch nie versucht, weil ich es barbarisch fand. Ich hatte Phencyclidin, aber ich hielt an meinem Schwur fest, es nie

wieder bei einem Zebra anzuwenden – nach jener furchtbaren Nacht im Bellevue, als ich in meiner Unkenntnis ein Zebra damit betäubt hatte. Betäubungsmittel für Zebras waren Etorphin und Xylazin, und beides gab es in Singapur nicht.
Da fiel mir mein Motto ein: «Immer *ja* sagen.» Hartmann-Bergzebras sind in ihrer Heimat Südwestafrika und Südangola fast ausgestorben; ein Teil der wenigen Bestände findet sich nur noch in Schutzgebieten und unter privater Betreuung. Kaum anzunehmen, daß ich dieses schöne Tier öfter treffen würde. Und der Hengst brauchte Hilfe. Die Maxime, Gelegenheiten positiv einzuschätzen, wenn immer noch die Möglichkeit besteht, andern Sinnes zu werden, hat sich in meiner Laufbahn oft bewährt. Es ist besser, etwas zu wagen, als sich durch Verzagtheit und Unentschlossenheit einer Unterlassungssünde schuldig zu machen. «Gut, Herr Feng», sagte ich entschieden, «ich mache es. Lassen Sie von Ihren Leuten eine feste Kiste für das Zebra zimmern, wie für einen Transport. Keine Löcher an den Seiten, sie muß ganz fest sein. Aber oben offen.»
«Wird morgen erledigt», antwortete er. «Wünschen Sie sonst noch etwas?»
«Ja. Eine Flasche Chloroform und die Adresse eines guten Schneiders, eines flinken, der es gewöhnt ist, für Touristen in vierundzwanzig Stunden einen Anzug anzufertigen.»
«Aha.» Er machte ein verdutztes Gesicht. «Sie brauchen einen Anzug?»
«Nicht für mich», sagte ich lächelnd. «Für das Zebra.»
Feng wunderte sich offenbar über mein plötzliches Interesse für die Einkleidung des Zebras, stellte aber aus Höflichkeit keine Fragen, sondern machte sich sogleich daran, die Herstellung der Kiste zu organisieren. Mich

brachte derweil ein Taxi zu der Adresse, die er mir gegeben hatte. Ich wurde im alten chinesischen Viertel am Rande einer Menschenmenge abgesetzt, die hingerissen die Vorgänge auf der Bühne einer Straßenoper verfolgte. Gongs dröhnten, Zimbeln klirrten, reiche Bösewichte wurden entlarvt und Dämonen in die Flucht geschlagen, während ich mir einen Weg durch die Menge bahnte und das kühle Innere einer kleinen Schneiderei betrat.

«Ich brauche etwas Ungewöhnliches», sagte ich zu dem Schneider, einem jungen Mann mit langem Schnurrbart. «Bis morgen, lieber noch bis heute abend. Für ein Zebra. Ja, für ein Zebra. Z-e-b-r-a. Ein schwarzweißgestreiftes Pferd.»

Ich erhielt Papier und Bleistift und machte eine Skizze von dem, was ich brauchte.

Chloroform war ein längst überholtes Betäubungsmittel, das ich noch nie bei einem größeren Tier angewendet hatte. Aber auf der Universität hatte ich gesehen, wie Pferde damit betäubt wurden, und jetzt brauchte ich eine ähnliche Maske, wie man sie damals benutzt hatte. Ein einfacher Riemen hielt einen Segeltuchzylinder, der aus zwei Teilen bestand fest; das Maul des Pferdes paßte in den oberen Teil, und der kleinere untere Teil war der Behälter für die mit Chloroform durchtränkte Watte. Durch ein Loch zwischen den beiden Teilen drang die chloroformgeschwängerte Luft in die Atemwege des Tieres.

«Ich habe aber kein Segeltuch», sagte der Schneider.

«Dann benutzen sie den festen Stoff, mit dem Sie Kragen und Aufschläge versteifen.»

Der Schneider willigte ein. Wir einigten uns auf einen Preis von fünf Dollar; um fünf Uhr konnte ich das seltsame Ding abholen.

Auf der Fahrt zum Lion City Hotel, wo ich meine Nase verarzten wollte, rief ich mir schaudernd ins Gedächtnis zurück, wie es zugegangen war, als ich das letztemal einem Studenten im letzten Semester zugeschaut hatte, der einem Pferd eine Chloroformmaske aufsetzte. Die Reitstute hatte sich beim ersten Atemzug gebäumt, so daß dem Assistenten der Halfter aus den Händen gerissen wurde, hatte steif eine Rückwärtsdrehung um 180 Grad vollführt und war mit dem Hinterkopf zu Boden gekracht. Seither hatte ich mich strikt an injizierbare Betäubungsmittel gehalten, nach dem Fiasko im Zoo Phencyclidin ausgeschlossen. Nun aber mußte ich notgedrungen Chloroform anwenden, ohne die genaue Menge zu kennen. Ich fragte mich, was Feng wohl sagen würde, wenn er wüßte, daß ich mich an seinem geliebten Zebrahengst üben wollte.

Wie versprochen, war die Maske um fünf Uhr fertig; der Schneider schien sehr gute Arbeit geleistet zu haben. Sie war stark, und in dem Maulkorb war das übliche seidene Etikett eingenäht: «Schneiderei Jerome Hua in Singapur – Hoflieferant seit dem 10. Jahrhundert.» «Erster und einziger Lieferant für Zebramasken» wäre meiner Ansicht nach eine noch wirksamere Reklame gewesen.

Da die Zebras keinen Stall hatten, sondern nur im Freien lebten, wo sie unter Bäumen Schatten fanden, beschloß ich, die Operation kurz nach dem Morgengrauen in der Kühle des neuen Tages vorzunehmen. Am vorhergehenden Abend bummelte ich durch die Gassen rings um die Bugis-Straße. Kleine Jungen verkauften dampfenden Reis. Raketen krachten und ließen Papierstreifen über die schäbigen Dächer regnen. Hübsche Mädchen drückten Zitronen über aufgehäuften Melonenscheiben aus. An einem Stand preßte ein

Junge Zuckerrohr aus und fing den süßen Saft in Eisbechern auf. Ich ließ mir einen Becher geben und spülte zwei schmerzstillende Tabletten hinunter, um die Muskelschmerzen zu lindern, die wieder eingesetzt hatten, wie um mich an die Wasserbüffel zu erinnern.

Während ich trank, schaute ich zu, wie am Nebenstand Fleischwürfel aufgespießt und mit einer würzigen Sauce bepinselt wurden. Ich konnte nicht erkennen, was für kleine Pelztiere der Budenbesitzer schlachtete. Neugierig ging ich hinüber. Es waren weder Kaninchen noch Katzen; das sah ich sofort, obwohl die Tiere inzwischen gehäutet und ihnen Kopf und Füße abgehackt worden waren. Den Budenbesitzer freute mein offensichtliches Interesse; er zog mich am Ärmel und deutete in den Hintergrund des Verkaufsstandes. Dort hing mit dem Kopf nach unten ein lebender Badul, ein früchtefressender Flugfuchs, dessen zusammengebundene Füße an einer Querstange befestigt waren.

«Er ganz frisch. Sie wollen, ich ihn töten? Schnell gebraten. Schmecken frisch sehr gut.» Der Mann lächelte mit Goldzähnen und zupfte mich wieder am Ärmel. Die Flügel des braunen Pelztiers waren mit einem Draht zusammengebunden, der ins Fleisch einschnitt und von getrocknetem Blut bedeckt war. Die schimmernden weichen Flughäute waren durchlöchert wie ein wollener Pullover von Motten.

«Wieviel kostet er?» fragte ich.

«Sechs Dollar. Aber ich braten ihn gut. Schmecken Ihnen.» Er ergriff ein Hackmesser. «Er sehr gut mit viel Soja.»

«Ich nehme ihn so, wie er ist», sagte ich und zog mein Hemd aus. «Packen Sie ihn damit ein.»

Der Mann war sprachlos. Dann blendete er mich wieder mit seiner achtzehnkarätigen Zahnpalisade. «Aha!

Sie nehmen mit. Sie wissen, wie kochen? Sie haben Frau, die gut kochen?»
«Ja», antwortete ich, «ich weiß mit ihm umzugehen.» Ich bezahlte die sechs Dollar, schnitt den Draht und die Schnur durch und wickelte den Flugfuchs selbst in mein Hemd ein, so daß nur die Nasenspitze hervorkam. «Guten Appetit, mein Herr», rief mir der Budenbesitzer nach, als ich mich auf die Suche nach einem Taxi machte. Im Hotel packte ich das quiekende Bündel in meinem Badezimmer aus. Die ausgebreiteten Flügel ließen mehr Licht durch als eine Scheibe Emmentaler Käse. Früchtefressende Fledertiere sind bis zu dreißig Zentimeter lang und können böse zubeißen, wenn sie sich mißhandelt fühlen. Nur langsam gelang es mir, seine Wunden zu reinigen und zu behandeln, für alle Fälle injizierte ich ihm langfristig wirkendes Penicillin. Als ich ihn losließ, flatterte er unsicher zur Stange des Duschvorhangs hinauf und verankerte sich dort kopfüber mit den Krallen. Von dort oben funkelte er mich böse an. Ich ging nochmals aus und kaufte bei den Straßenbuden, die die ganze Nacht hindurch regen Betrieb entfalteten, Pfirsiche, Kirschen, Mangos und Bananen. Ich legte die Früchte auf den Boden der Badewanne, benutzte das Bidet als ziemlich unwirksame umgekehrte Dusche und ging zu Bett.
Wie gewöhnlich vor einer größeren Operation wälzte ich sorgenvolle Gedanken über alle Schwierigkeiten, die mir bei der Behandlung des Zebras bevorstehen konnten. In Singapur sind die Nächte so feucht, daß man auch ohne derartige Gedanken ins Schwitzen gerät. Wenigstens stellte ich am nächsten Morgen fest, daß der Flugfuchs heruntergekommen war, um von den Früchten zu fressen, und jetzt, am Rande des Klosettkastens hängend, friedlich schlief.

An meine Zimmertür hängte ich außen das Schild «Bitte nicht stören», und sobald sich der Himmel erhellte, brach ich zu Fengs Bungalow auf. Es war schon alles für die Operation vorbereitet. Man hatte den Hengst in die Kiste gelockt. Ohne die drei Zebrastuten und ihre Gefährten im Gehege, zwei große Strauße und drei scheckige Gnus, aus dem Auge zu lassen, kletterte ich hinauf und betrachtete meinen Patienten. Er gab meinen Blick mit zurückgelegten Ohren zurück und schnaubte gereizt.

Normalerweise wird die Maske aufgesetzt, bevor man die chloroformgetränkte Watte in den unteren Teil schiebt. Aber vielleicht bot sich mir nur eine einzige Gelegenheit, dem Kopf des Zebras nahe zu kommen, ehe die Hölle losging; deshalb stieg ich hinunter und legte die Watte hinein, um erst danach den Fehdehandschuh aufzunehmen. Mit der Chloroformmaske in der linken Hand kletterte ich wieder hinauf. Der Kopf des Zebras war links von mir. Mit der rechten Hand streichelte ich behutsam die zottige Mähne. Der Hengst warf den Kopf hoch und versuchte vergebens, mit den Zähnen an mich zu gelangen; die Kiste war so eng, daß er den Kopf nicht zu drehen vermochte. Blitzschnell stülpte ich ihm mit der Linken die Maske übers Maul und fummelte mit der Rechten herum, um den Halteriemen über seine Ohren zu ziehen. Er brüllte wie ein Stier, trat aus und versuchte, aus dem Stand mit allen vieren in die Höhe zu springen.

Der Kistenrand schnitt mir in den Bauch, während ich mich vorbeugte und ingrimmig die Maske festhielt. Plötzlich bäumte er sich, die Vorderbeine scharrten an der Holzwand vor ihm, und der Riemen rutschte über seinen Schädel. Als das Zebra auf alle viere zurückfiel, wurde ich, da ich mich verzweifelt an den Riemen klammerte, durch den jähen Ruck in die Kiste gezogen. Für Feng und seine Leute, die gespannt rings um die Kiste standen, war ich in der einen Sekunde noch da, in der nächsten aber verschwunden. Die Kiste enthielt jetzt einen gereizten Zebrahengst, dessen Maul in einer maßgefertigten Narkosemaske stak, und einen Tierarzt, der mit rotem Gesicht und außer Atem rittlings auf dem Rücken des Zebras saß. Wäre die Tür in diesem Augenblick geöffnet worden, so wäre ein Paar hinausgeschossen, das bei einem Rodeo ein nie dagewesenes Schauspiel geboten hätte.

Das Zebra rührte sich nicht. Ich mich ebensowenig. Vielleicht kann ich hier sitzenbleiben, bis er zusammensinkt, dachte ich. Bewegte ich mich, so erregte er sich sicher wieder, oder aber ich rutschte zwischen meinen Patienten und die Kistenwand. Eine Weile ging alles gut, bis der überwältigende Geruch in seinen Nüstern die zunehmende Schläfrigkeit mit einer Woge der Furcht durchbrach. Er machte eine letzte explosive Anstrengung, streckte sich und vollführte den Bocksprung aller Bocksprünge. Für Feng und seine Leute wiederholte sich das vorherige Zauberkunststück in umgekehrtem Ablauf. Im einen Augenblick war nur eine Kiste da, im nächsten stieg ein Tierarzt wie ein Männlein aus dem Kasten auf und hing gleich einem weggeworfenen Hampelmann über dem harten Kistenrand.

Diese spektakuläre Doppelnummer rief neue Quetschungen an meiner Leibesmitte hervor. Unter Schmerzen kletterte ich auf den Boden hinunter, verfolgte, wie der Widerstand des Zebras verebbte, weil das Betäubungsmittel seine Wirkung tat.

«Du meine Güte!» rief Feng, während ich keuchte und mich nach dem Gaultherie-Öl der blinden alten Masseuse sehnte. «Das war ja direkt unglaublich, Herr

Doktor. Man merkt, daß Sie das schon hundertmal gemacht haben.»
«Ja», log ich.
Die Sonne begann einen Faden geschmolzenen Goldes über den Horizont des Südchinesischen Meeres zu ziehen; große graue Wolkensäulen verstreuten sich wie Pappeln am Himmel. Aus der Kiste kam kein Geräusch. Ich kletterte wieder hinauf. Der Hengst lag bewußtlos am Boden. Ich berührte ihn mit der Fußspitze. Keine Reaktion. «Es ist gut, Sie können die Tür aufmachen», rief ich. «Ziehen Sie ihn so schnell wie möglich hinaus.»
Sechs Chinesen zogen den Patienten hinaus, und ich begann mit der Untersuchung des vergrößerten Hodens. Eine Betastung genügte. Keine Hernie, sondern ein Tumor. Das ganze Organ war hart und unregelmäßig geformt. Wahrscheinlich ein gutartiges Gewächs, aber entfernt mußte es werden. Der Hodensack schien normal zu sein, die Zeugungsfähigkeit des Hengstes wurde also nicht beeinträchtigt. Ich untersuchte das Herz und die Lungen, rückte die Maske zurecht und wies Fengs Leute an, dafür zu sorgen, daß keines der anderen Tiere im Gehege meinem Feldlazarett nahe kam. Hierauf wusch und sterilisierte ich das Operationsgebiet. Ich machte nur einen Schnitt, entfernte den kranken Hoden und unterband die starke Blutzufuhr mit Katgut, das während der Heilung von den Geweben verflüssigt und resorbiert wird. Um sicherzugehen, daß es zu keiner katastrophalen Blutung kam, wenn das Tier herumlief, machte ich eine doppelte Ligatur. Wie ich es bei einem Pferd getan hätte, nähte ich den Hodensackschnitt nicht zu, damit er drainieren konnte, bestreute aber das Loch verschwenderisch mit einem antibiotischen, fliegenabstoßenden Pulver. Fertig. Ich

nahm dem Hengst die Maske ab, und eine Viertelstunde später erhob er sich torkelnd und schwankte langsam zu seinen Stuten hinüber.

«Jetzt wollen wir uns das Gewächs einmal näher ansehen», sagte ich zu Feng.

Ich kniete auf dem Boden und zerschlitzte den Hoden mit meinem Skalpell. Feng und seine Leute kauerten rings um mich. Man hörte ein deutliches «Ping», als die Klinge etwas Hartes traf. Ich verbreiterte den Schnitt mit den Fingern, und den Chinesen entfuhr ein Ruf der Verwunderung. Mitten aus dem geschwollenen Organ fiel ein weißlicher Gegenstand von der Größe einer Streichholzschachtel. Kein Zweifel, es war ein vollkommener Zebrabackenzahn. Er lag mitsamt den Wurzeln auf meiner Handfläche, glänzte wie Email und hatte eine höckrige Kaufläche.

«Ein Drachenzahn!» rief einer der Männer, streckte zaghaft die Hand aus und berührte das Ding mit einer Fingerspitze, als ob es aufspringen und nach ihm schnappen könnte.

«Was ist das für ein Tier, das seine Zähne in den Lenden trägt?» murmelte ein anderer ehrfürchtig.

Es entstand ein aufgeregtes Gebabbel auf chinesisch. Der eine sah es als ein Dämonenzeichen an; ein anderer meinte, wenn der englische Tierarzt nicht so töricht gewesen wäre, sich einzumischen, hätte der Hengst so etwas wie einen Zentauren zeugen können. Der Älteste, Fengs Gärtner, behauptete, der Zahn müsse sofort eingepflanzt werden, denn vielleicht sei dies der sonderbare Samen, von dem der ehrwürdige Weise Laotse gesagt habe, daraus werde der Baum der Erkenntnis wachsen.

Feng lachte unbändig, holte seine Brieftasche hervor, entnahm ihr vier oder fünf Geldscheine, zündete sein

Feuerzeug an und setzte sie in Brand. Als das Papier zu schwarzer Asche verbrannt war, blies er sie in die Luft und lachte wieder schallend. «Was für ein Glück, Herr Doktor!» rief er. «Was für ein Glück! Sie wissen, was es ist. Sie wissen es. Was für ein Glück!»

Ja, ich wußte, was es war, aber in dem erregten Tumult hatte ich kein Wort sagen können. Als der Zebraembryo in der Gebärmutter seiner Mutter lag, begannen die Zellen sich zu ordnen. Diejenigen, die Gehirn und Wirbelsäule werden sollten, nahmen ihren Platz ein, Nieren-, Leber- und Herzzellen bezogen ihre Stellung und so weiter. Während sich Tausende von Zellen gruppierten, verirrte sich jedoch eine, wie sich ein Kind aus einer Gruppe verlieren kann. So kommt es, daß sich ein gutartiger Tumor entwickelt, daß Knochengeschwülste in Nieren wachsen können, oder daß sich, wie in diesem Falle, ein Zahn in einen Hoden einbettet. Einmal eine Zahnzelle, immer eine Zahnzelle. Zauberei? Ja, Zauberei der Natur.

Bevor ich diesen faszinierenden Fehltritt der Embryologie dem begeisterten Feng erläutern konnte, hatte ich das Gefühl, der Himmel stürze über mir ein. Soeben hatte ich gesehen, wie Feng bewies, daß er es sich leisten konnte, Geld zu verbrennen. Bums! Da lag ich auf dem Boden, und zum zweitenmal in einer Woche grub sich meine Nase in einen Stoff, der für Rosenstöcke geeigneter war. Noch schlimmer, ich wurde von schweren, plumpen Füßen mit eisenharten Zehen bearbeitet. Ein Strauß trampelte auf mir herum. Der Mann, der die anderen Tiere im Gehege bewachen sollte, hatte in der Aufregung über den Zahnfund seinen Posten verlassen, und der Strauß war, Böses im Schilde führend, herbeigekommen. Jetzt vollführte er mit siegreich ausgebreiteten Flügeln seinen Kriegstanz auf mir. Er

verfügte nicht über die Kunst der alten blinden Masseuse, und er benutzte auch kein Gaultherie-Öl, sondern schleimiges weißes Exkrement. Stoisch schützte ich meinen Hinterkopf wieder mit den Händen und wartete ab, bis der kriegerische Vogel verscheucht war. Zerschlagen raffte ich mich auf, und fragte mich, ob ich wohl im Tierreich schlecht angeschrieben sei; jedenfalls schien es nicht an Tieren zu mangeln, die es auf mich abgesehen hatten, obwohl ich es eigentlich gut mit ihnen meinte.
«Sie müssen zum Frühstück bleiben, Herr Doktor», sagte mein Gastgeber und stützte mich, als wir zu seinem Bungalow gingen. «Ich möchte mit Ihnen über das Glück sprechen, das Sie mir gebracht haben.»
Die Quetschungen auf meinen Quetschungen machten sich etwas weniger bemerkbar, als ein Diener Reis, Eier und Gemüse auf eine Lapislazuli-Tischplatte stellte. Wir tranken den köstlichen Jasmintee, auf dem Blütenblätter schwammen. «Sagen Sie, Herr Feng», fragte ich, «warum haben Sie eigentlich die Geldscheine verbrannt?»
Er lächelte und zündete sich eine Zigarette an. «Wegen des Zahnes natürlich. Übrigens, geben Sie ihn mir bitte.»
Ich holte den Zahn aus meiner Tasche. Ich hatte ihn als Kuriosum behalten wollen, zur Erinnerung an die Operation, aber aus der Art, wie Feng ihn liebevoll in den Fingern drehte und dann in ein mit Lapislazuli eingelegtes Kästchen legte, war zu ersehen, daß er ihn als sein Eigentum betrachtete. Sein Zebra, sein Zebrahoden, sein Wunderzahn.
«Die Geldverbrennung ist eine alte Sitte, ein höflicher Dank an die Geister meiner Ahnen», erklärte er. «Man darf die alten Zeremonien nicht vergessen, Herr Dok-

tor, auch heute nicht, im Zeitalter des Fernsehens und der Atombombe.»

Ich wußte noch immer nicht, wofür er seinen Ahnen zu danken hatte. «Der Zahn ist nur ein sogenannter Fetalrest, ein Gewebe an einer Stelle . . .» Weiter kam ich nicht.

«Schon recht, schon recht», unterbrach er mich und winkte mit der Hand ab. «Sie wissen offenbar nicht, wie die chinesische Kultur solche Dinge ansieht. Wenn ein Zahn in einem Fortpflanzungsorgan wächst, im Born des Lebens und der Potenz, dann hat dieses Zusammentreffen tiefe Bedeutung. Ich fühlte seine Energie, als ich ihn berührte. Ich kann seine Eigenschaften, seine Fähigkeiten nicht beschreiben, aber sie sind da.»

«Sie glauben doch nicht etwa an Zauberei?»

Er lächelte leutselig und schaute mich über seine Brillengläser hinweg an. «Was ist Zauberei? Die heutige Naturwissenschaft ist Zauberei. Es gibt Kräfte, von denen wir Chinesen schon wußten, als die Menschen im Abendland Barbaren in Wolfsfellen waren. Diese Kräfte gab es damals, und es gibt sie auch heute. Sie sind unser Erbe, die Weisheit des Reichs der Mitte. Akupunktur, Heilkräuter – erst jetzt beginnt der Westen an den Dingen zu schnuppern, die unsere Vorfahren schon vor Jahrhunderten kannten.»

«Nun ja . . . Was wollen Sie denn mit dem Zahn anfangen?»

«Ganz offen, Herr Doktor, er wird mir eine Million einbringen.»

«Wie um alles in der Welt . . .?»

«Meiner Schätzung nach wiegt er fünfundvierzig bis fünfzig Gramm. Haben Sie eine Ahnung, wieviel ein Chinese, der die nötigen Mittel und die entsprechenden Bedürfnisse hat, für ein bis zwei Milligramm zahlen wird, wenn der Zahn zu Pulver zermahlen ist? Nein? Ich will es Ihnen sagen. Mindestens hundertfünfzig Pfund Sterling! Die Kraft meines Zebrazahns ist Liebe, verehrter Herr Doktor, Liebe.»

Ich hatte ein Zebra mit pathologischem Hoden operiert und meinem Klienten ein Aphrodisiakum beschert, den Rohstoff der Liebestränke, für die orientalische Herren, die reich an Geld, aber arm an Sexualkraft waren, gern ein Vermögen bezahlten. Ich schluckte leer und dachte an die Hunderte von Pferdezähnen, die im Schlachthof von Rochdale unbeachtet im Schmutz lagen.

«Glauben Sie mir», fuhr Feng fort, «wenn Tok Man in Medan von meinem Zebrazahn hört, wird er mir mit tausend Freuden fünfhundert Dollar für ein bißchen Pulver zahlen. Er ist ein arg geplagter Mann. Seit zehn Jahren hat er eine bildschöne Frau und kein Kind. Sie müssen wissen, er hat in seinem Garten eine Seekuh, nur damit . . .»

Ich spitzte die Ohren und fiel ihm ins Wort: «Eine Seekuh? Er hat eine Seekuh, Herr Feng?»

«Ja, wie ich gesagt habe, er hat eine Seekuh, die Fischer gefangen haben. Das ist ein Tier, das einen Mann in einen kräftigen jungen Liebhaber zurückverwandeln kann.»

«Wie das?» Meine Neugier war erwacht. Vermutlich meinte er einen Dugong, die Seekuh der australischen Gewässer, die Anstoß zum Mythos von der Meerjungfrau gegeben hat.

«Indem man ihre Tränen sammelt, Herr Doktor», erklärte Feng. «Die Indonesier sagen, daß ein paar Tropfen aus ihren Augen noch nie unwirksam geblieben sind.»

Er beschrieb mir die Seekuh in Medan, und daraus ging deutlich hervor, daß es sich um einen Dugong handelte, einen Wasserpflanzenfresser, ein harmloses Wassersäugetier, das wie alle Seekühe zur Verwandtschaft der Huftiere gehört, obwohl es eher einem Walroß ähnelt. Die Australier haben früher die Möglichkeit erwogen, sich Dugongs zu halten, denn ihr Fleisch soll köstlich schmecken. Ich hatte ihre Vettern, die Manatis, in Florida gesehen, aber ein Dugong war mir noch nie zu Gesicht gekommen.

«Ich würde diese Seekuh gern sehen, wenn es ginge», sagte ich. «Ist Medan sehr weit von hier?»

«Eine Stunde mit dem Flugzeug. Ich werde Sie bei Tok Man telefonisch anmelden, und ich schenke Ihnen die Flugkarte. Schließlich haben Sie mich heute zum Millionär gemacht, Herr Doktor Taylor.» Er ging zu einem Sekretär und entnahm ihm eine goldgefaßte Lapislazulischeibe mit einem wilden goldenen Drachen in der Mitte. «Und das ist auch für Sie. Der Drache wird Ihnen Glück bringen.»

Zwei Tage sollte es dauern, das Visum zu bekommen, damit ich nach Medan an der Nordostküste von Sumatra fliegen konnte, und diese zwei Tage wollte ich ganz friedlich verbringen, ohne von Yaks oder Tigern angegriffen zu werden, die vielleicht von der Verschwörung gegen mich gehört hatten.

Doch sowie ich das Lion City Hotel betrat, wurde ich hinausgeworfen. Der Direktor trat mir in der Halle mit meiner Rechnung entgegen; er war blaß und ungehalten. Ein Stubenmädchen war, ungeachtet des «Bitte-nicht-stören»-Schildes, in mein Zimmer gegangen und beim Betreten des Badezimmers von einem «Vampir» angegriffen worden. Dem Mädchen hatte man mehrere Gläser Brandy und einen Tag Urlaub geben müssen, und die übrigen Angestellten drohten, auf und davon zu gehen, wenn das Ungeheuer nicht getötet würde.

Der Hallenportier kauerte mit einer Flinte vor meiner Badezimmertür, in der Hoffnung, das Fledertier durchs Schlüsselloch erschießen zu können. Der Direktor hatte strengsten Befehl gegeben, die Tür unter keinen Umständen zu öffnen, so daß dem schießwütigen Portier die Sache erschwert wurde.

Ich bezahlte meine Rechnung, kaufte eine leichte Pan-Am-Reisetasche als Behälter für den Flugfuchs, machte das Badezimmer sauber, wobei ich mir ein bißchen wie ein entlarvter Graf Dracula vorkam, und marschierte aus dem Hotel. Ich beschloß, meinen Gefährten ins Hotel Hyatt zu schmuggeln. Nachdem ich dort eingezogen war, setzte ich meinen «Vampir» in sein noch eleganteres Privatbadezimmer und behandelte zum zweitenmal seine Wunden. Das mag sinnlos erscheinen, wenn man bedenkt, daß seine Artgenossen zu Tausenden wegen der Bedürfnisse oder Launen des Menschengeschlechts geschlachtet werden; aber ich finde immer noch, daß es sich lohnt, um das Leben eines Einzelgeschöpfs zu kämpfen. Ein Tier verdient Fürsorge um seiner selbst willen. Das ist einer der Gründe, warum Zoo-Arbeit mich mehr befriedigt als die Massentiermedizin.

Immerhin stellte mich mein adoptierter Fruchtfresser vor ein Problem. Das Aussehen des Zoos von Singapur gefiel mir nicht, aber ich konnte den Flugfuchs nicht nach Medan mitnehmen. Sechsunddreißig Stunden lang mühte ich mich ab, seine Wunden zu salben und ihm Injektionen zu geben, während er Pfirsiche und Mangos verzehrte und im Marmorbadezimmer des Hotels Hyatt eine ganz schöne Schweinerei anrichtete. An meinem letzten Abend in Singapur packte ich ihn wieder in die Pan-Am-Reisetasche und fuhr mit der Fähre nach Malaysia. Im Hafen nahm ich ein Taxi und wies den Fahrer an, mich landeinwärts zum ersten dichten

Wald zu bringen. Hier ging ich durch das hohe Gras ein Stück weit hinein, füllte meine Spritze noch einmal mit langfristig wirkendem Penicillin und hockte mich auf den Boden. Der Flugfuchs bekam seine letzte Injektion, sah mich an, quiekte, schwang sich aus der geöffneten Reisetasche und flatterte empor. Unsicher flog er unter dem dunkelgrünen Baldachin dahin und verschwand. Ich hoffte, daß er sich zurechtfinden würde. Ich kehrte schnurstracks zu dem verwunderten Taxifahrer zurück und sagte ihm, ich wolle wieder zum Hafen gebracht werden. Komischer Kauz, dieser Engländer, das stand ihm auf der Stirn geschrieben, macht einen so weiten Weg, nur um seine Notdurft zu verrichten!

Vom Hotel aus rief ich Norman Whittle an, um ihm Bericht zu erstatten und anzufragen, ob zu Hause alles gut gehe. «Ich bin mitten ins Liebestrankgeschäft geraten», sagte ich, «und morgen fliege ich nach Indonesien, um mir eine Seekuh anzusehen!»

Das interkontinentale Kabel zischte, während Whittle ein paar Sekunden lang meine Bemerkungen verdaute. «Hören Sie, Taylor», sagte er schließlich, «ich habe kein Wort verstanden. Wenn Sie betrunken in irgendeinem orientalischen Badehaus liegen, während ich alle Hände voll damit zu tun habe, bei sämtlichen Kühen die Tuberkulinprobe zu machen und seit sechs Tagen unter unaufhörlichem Regen im Dreck wate, werden wir ein ernsthaftes Wörtlein miteinander zu reden haben, falls Sie jemals zurückkommen.» Damit hängte er ein.

Daraufhin ging ich eigens nochmals aus und kaufte eine bunte Ansichtskarte mit einer Chinesin in schmucker Tracht. Es war so eine Karte, die das Mädchen im schlichten Evaskostüm zeigte, wenn man sie ein wenig bog. Ich adressierte sie an Norman Whittle

und schrieb darauf: «Beste Grüße aus dem Badehaus. Juhu!»
Am folgenden Tag flog ich nach Medan, einer verwahrlosten Stadt mit verschlafenen Straßen und Häusern, die von der Sonne bis aufs nackte Holz versengt sind, mit augenstechenden Staubwolken, die der heiße Wind aufwirbelt und prunkvollen knarrenden Rikschas. Ein riesiger, kahlköpfiger Chinese mit dem Körper eines japanischen Ringers, purpurrotem Hemd und bonbongestreifter Hose holte mich mit seinem Wagen ab. «Willkommen in Medan», sagte Tok Man.
Wir fuhren zwanzig Minuten, dann hielt Tok Man bei einem hohen Holzzaun inmitten dichter Hibiskussträucher. Der Zaun umgab ein raschelndes Tabaksfeld, hinter dem ein breiter gelber Sandstrand und das dunkelblaue Meer lagen. Durch ein Tor, das mit schweren Vorhängeschlössern gesichert war, gelangten wir in einen schattigkühlen Hof; ringsum sah ich Hütten, Käfige und vielerlei Kisten.
«Ich halte nur ein paar Tiere zu . . . zu persönlicher Verwendung», sagte Tok Man. «Wie ich von Feng Lo hörte, interessieren Sie sich für meine Seekuh. Kommen Sie, ich zeige sie Ihnen.»
Er führte mich zu einer großen sargähnlichen Kiste in einem Winkel des Hofes. Oben hatte sie ein starkes Gitter. Als ich hineinschaute, sah ich die unförmige Gestalt einer lebenden Sirene, einen hilflosen dunkelbraunen Pudding mit ausgetrockneter, rissiger Haut und verklebten entzündeten Augen. Es war tatsächlich ein Dugong – in erbärmlicher Verfassung.
«Warum halten Sie ihn so?» fragte ich entsetzt. «Das sind seltene und kostbare Tiere, die Wasser brauchen. Schauen Sie nur, wie seine Haut aussieht.»
«Ja, Sie sind kostbar, Herr Doktor», antwortete er. «Oh,

wie wundervoll wäre es, wenn ich von dem Tier Tränen bekommen könnte! Glauben Sie mir, ich habe alles versucht, ich habe mich nach Kräften bemüht, aber ich kann und kann es nicht zum Weinen bringen.»
Ich traute meinen Ohren nicht. «Aber ...» stammelte ich.
«Verstehen Sie, Herr Doktor», unterbrach mich der Fettkoloß, «wenn ich im Vertrauen mit Ihnen sprechen darf ... Ich bin ein Mann in den besten Jahren, und ich habe ein wahres Juwel von einer Frau, jedoch ...» er senkte die Stimme, «ich habe keine Kinder. Das ist für mich sehr betrüblich und peinlich. Ich habe schon vieles versucht, und ich mag die Hoffnung nicht aufgeben, aber ich bin und bleibe ... wie sagt man doch noch?»
«Impotent», warf ich ein.
Er nickte düster. «Jetzt versuche ich es mit den Tieren hier.»
«Wie stellen Sie das denn an?» fragte ich mit makabrer Neugier.
Er deutete ringsum. «Dort drüben halte ich Schlangen. Jeden Tag schneide ich einer die Gallenblase heraus und lasse die Galle in ein Glas Wein rinnen. Vielleicht wird das helfen.»
«Und die Seekuh?»
Tok Man seufzte. «Jeden Morgen schlage ich sie mit einem Bambusstock, um sie zum Weinen zu bringen. Aber bis jetzt habe ich noch keine einzige Träne eingesammelt.» Sein Gesicht erhellte sich hoffnungsvoll. «Herr Doktor, vielleicht können Sie mir zeigen, wie man sie zum Weinen bringt.»
Ich hätte mich fast gezwickt, um mich zu überzeugen, daß ich nicht zu Hause im Bett lag und einen surrealistischen Alptraum hatte. «Es wäre am besten, wenn Sie die Seekuh freiließen», sagte ich so fest wie möglich.

«Es gibt keine Möglichkeit, sie zum Weinen zu bringen. Seekühe haben nämlich keine Tränendrüsen.»
Er hatte nicht richtig zugehört. «Na, ja, ich werde sie weiterschlagen müssen», sagte er. «Sie frißt nichts, und ich muß Tränen bekommen, bevor sie eingeht.»
«Geben Sie ihr Salatblätter, die mit Wasser besprenkelt sind», antwortete ich. Ich mußte die Zähne zusammenbeißen. Am liebsten hätte ich einen Bambusstock genommen, und ihn tüchtig durchgeprügelt.
Ich begab mich zu dem Hotel, wo Tok Man ein Zimmer für mich reserviert hatte, konnte aber an nichts anderes denken, als an die trostlose Lage des Dugongs. Ich mußte etwas unternehmen, doch was?
Es gab nur eine Möglichkeit. Um elf Uhr verließ ich mit etwas Geld und meiner Arzttasche das Hotel, suchte mir eine Rikscha und setzte dem Läufer mit Mühe und Not auseinander, wohin ich wollte. Auf Umwegen kamen wir schließlich zu dem Hof im Hibiskusgesträuch. Dem verdutzten Kuli bedeutete ich, sich an den Zaun zu stellen. Ich hißte mich auf seine knochigen Schultern und zog mich hinauf. Der Vollmond schien den halben Himmel zu füllen, als ich in den Hof hinuntersprang. Keine Wachhunde, nur Heerscharen von Moskitos und das freundliche Quaken tropischer Frösche.
Zuerst schlich ich rings um den Zaun, um einen Ausweg zu suchen. Silbriger Wasserschimmer und Verwesungsgestank führten mich zu einem verschlammten Graben, in dem Wasser durch ein Loch im Zaun zum Meeresstrand floß. Ich ging zu der Kiste des Dugongs. Im dunklen Innern konnte ich nicht viel sehen, aber ich hörte ihn leise atmen. Ich befühlte das Gitter. Es war mit zwei Scharnieren und verschlungenem Draht befestigt. In der Ferne bellte ein Hund, als ein Gefährt vorbeirumpelte. Ich versuchte mir vorzustellen, wie wohl

ein indonesisches Gefängnis für einen Europäer aussehen mochte, der des Hausfriedensbruchs schuldig befunden worden war, und kalter Schweiß lief mir über die Stirn in die Augen.

Mit zwei Arterienzangen entfernte ich den Draht. Kurz darauf hatte ich das Gitter abgehoben und streichelte zum erstenmal einen Dugong. Für feine, zarte Tierbehandlung blieb mir jedoch keine Zeit. Ich kippte die Kiste und mit einem Plumps fiel der Dugong auf den Boden. Ich ging wieder auf dem Hof herum, bis ich Sackleinwand fand. Mehrmals gefaltet, ergab das einen Streifen, den ich um die Wurzel des Gabelschwanzes band. «Komm, Alterchen», flüsterte ich, «auf Zeremonien müssen wir verzichten.»

Ich schleifte das zweihundert Pfund schwere Tier rückwärts über den holprigen trockenen Boden. Es war knochenbrecherische Arbeit; zudem wußte ich, daß ich ihm die Bauchhaut aufrauhte. Nach einer Ewigkeit – so schien es mir – erreichte ich mit aufbegehrenden Muskeln den Graben. Ich mußte wohl oder übel in das schleimige Wasser steigen und meine Sirene durch das Loch im Zaun ziehen. Die Moskitos hatten einen Festtag, als ich durch Schlamm, Algen und Gewürm watete. Endlich war ich durch den Zaun. Meine Haare waren schweißverklebt. Ich zog den Dugong hinter mir durch das Loch.

Als nächstes durchpflügten wir stachliges Binsenzeug. Ich verlor einen Schuh. Kleine Fledermäuse glitten lautlos über unsere Köpfe. Bei jedem Geräusch duckte ich mich, und erwartete, im nächsten Augenblick entdeckt zu werden. Dann hörte ich – es war wie ein Geschenk – das Meerwasser leise über den Sand zischen. Am Strand machte ich Rast, setzte mich neben den Dugong und legte den Arm um ihn. Alle Tiere haben Liebkosungen gern, und vielleicht bot sich mir diese Gelegenheit nie wieder. Ich streichelte das weiche Maul und die zarten Lippen. Das Zahnfleisch war warm und samtig; der Atem roch wie der eines Rindes.

Dann aber ging es weiter, die leichte Böschung zum Ufer hinunter. Endlich konnte ich den Dugong von dem Schleppseil befreien und die Sackleinwand ins Wasser werfen. Der Dugong witterte den Ozean und bewegte unruhig den Kopf hin und her. Mit schmerzenden Muskeln bückte ich mich und rollte ihn wie eine Riesenwurst, bis ihm die Brandung den Sand abgewaschen hatte. Der Mond beschien seinen geschundenen Rükken, als sich das Tier orientierte, sekundenlang an der Oberfläche schwamm und dann mit einem Schlag des Gabelschwanzes im Schaum untertauchte. Weg war es. Müde, durchnäßt, wie ein Komposthaufen riechend stapfte ich am Hibiskusgesträuch entlang und schlug meinen verblüfften Rikschaläufer auf den Rücken. «Zurück zum Hotel», sagte ich, gab ihm alle Rupien, die ich in der Tasche hatte, und warf meinen zweiten Schuh in hohem Bogen fort.

Tok Man kam am folgenden Tag mit schlechten Nachrichten in die Hotelhalle. Vandalen waren in sein Tiergehege eingebrochen und hatten seine Seekuh gestohlen. «Manche Leute essen einfach alles», zürnte er. «Und meine Frau schilt mich mehr denn je. Sie scheint sich nicht darüber klar zu sein, daß ich mir ebensosehr wie sie Kinder wünsche. Auf mir liegt ein Fluch. Heute werde ich zehn Schlangen die Gallenblase bei lebendigem Leib herausschneiden und ihre Galle mit Wein trinken.»

Ich hätte die Schlangen auch freilassen sollen, dachte ich. Aber er hätte sich mit Leichtigkeit neue beschafft. Vielleicht . . . Ich beschloß, ihm einen Rat zu geben.

«Sie wissen ja, Herr Tok», sagte ich, «ich arbeite mit ungezähmten Tieren, und ich kenne tatsächlich ein Mittel – gewöhnlich spreche ich zwar nicht darüber – das noch tausendmal stärker wirkt als Schlangengalle oder Seekuhtränen, falls man die richtige Dosis einnimmt, nicht zuviel und nicht zuwenig. Es wirkt unbedingt. Wenn ich Ihnen davon etwas für Ihren persönlichen Gebrauch überlasse, versprechen Sie mir dann, es nicht in die falschen Hände geraten zu lassen?»

Sekundenlang dachte ich, der ungeschlachte Dicke wolle mich küssen. «Natürlich, natürlich, ja doch, ja doch!» sprudelte er hervor. «Was schulde ich Ihnen dafür?»

«Nichts», erwiderte ich. «Von Berufs wegen darf ich es Ihnen eigentlich nicht liefern. Ich tue es nur aus Gefälligkeit.»

Tok Man geriet ganz außer sich. Ich ging in mein Zimmer hinauf und öffnete eine Dose mit orangefarbenen, überzuckerten Vitamin-B-Tabletten. Ich zählte hundert ab, steckte sie in einen Umschlag und kehrte zu ihm zurück.

«Also, nehmen Sie jeden Morgen punkt acht Uhr eine Tablette und jeden Abend um neun Uhr eine zweite», unterwies ich ihn. «Sie wirken immer, ohne Fehlschlag. Aber sie dürfen sie nicht mit etwas anderem mischen. Keine Schlangengalle nebenbei, keine Seekuhtränen.»

Tok Man betrachtete den Umschlag, als ob es ein Beutel mit schönen schwarzen Perlen wäre. «Herr Doktor, wie soll ich Ihnen nur dafür danken!» jubelte er und drückte mir inbrünstig die Hand. Er bedankte sich auf dem ganzen Weg zum Flughafen und rief mir noch seinen Dank zu, als ich schon durch den Ausgang schritt.

Na ja, dachte ich, wenn er mir wirklich glaubt, könnten

die harmlosen Vitaminpillen gewiß wirken; dann wird das Leben vieler Reptilien geschont, Herr Tok braucht seine pflichtvergessene Seekuh nicht zu ersetzen, und der einzige Verlierer würde Herr Feng sein, denn ihm entging dann ein Kunde für seinen zerpulverten Zebrazahn.

In der Tat kam es so, denn zwei Monate später erhielt ich, nach England zurückgekehrt, ein Kabel von Tok Man aus Sumatra:

LIEBER DOKTOR WUNDERSAM STOP ALLES BESTENS STOP FRAU IN ERWARTUNG.

Doch als ich nach Singapur zurückflog und durch die Wolkenfetzen auf die Malakkastraße hinunterblickte, stellte ich darüber Betrachtungen an, wie es wohl dem Dugong gehen mochte, und ob er sich jetzt an den saftigen Unterwasserpflanzen gütlich tat. Ich dachte an einen Flughund und an einen Zebrahengst und dann an die Katzen, Hunde und Rinder, mit denen ich normalerweise jetzt auf der andern Seite des Erdballs beschäftigt sein müßte. Sicherheit und bequeme Bürgerlichkeit in Rochdale oder Herausforderung und Erfüllung? Toks Dugong oder Lieschen Müllers arthritischer Dackel?

Die Entscheidung wurde getroffen, als das Flugzeug in Singapur landete. Sobald ich wieder zu Hause war, wollte ich mit Norman Whittle Frieden schließen und ihm die Neuigkeit mitteilen: Ich war entschlossen, den Sprung zu wagen und eine eigene Praxis zu eröffnen, um mich von nun an nur noch den Wildtieren zu widmen. Es gab kein Schwanken mehr. Zebrahengst, Flugfuchs und Dugong hatten mir den Weg gewiesen.